Modelagem Ecológica em ecossistemas aquáticos

Carlos Ruberto Fragoso Jr.
Tiago Finkler Ferreira
David da Motta Marques

oficina de textos

© 2009 Oficina de Textos
CAPA E PROJETO GRÁFICO Malu Vallim
DIAGRAMAÇÃO Casa Editorial Maluhy & Co.
PREPARAÇÃO DE FIGURAS Resolvo Ponto Com.
PREPARAÇÃO DE TEXTOS Gerson Silva
REVISÃO DE TEXTOS Rena Signer

Dados Internacionais de Catalogação na Publicação (CIP)
(Câmara Brasileira do Livro, SP, Brasil)

Fragoso, Júnior, Carlos Ruberto
  Modelagem ecológica em ecossistemas aquáticos /
Carlos Ruberto Fragoso Júnior, David da Motta Marques,
Tiago Finkler Ferreira. – São Paulo : Oficina de Textos, 2009.

  Bibliografia
  ISBN 978-85-86238-88-8

  1. Ecossistemas 2. Gestão ambiental 3. Limnologia
4. Modelos ecológicos 5. Modelos matemáticos 6. Recursos hídricos
7. Recursos hídricos – Desenvolvimento
I. Marques, David de Motta. II. Ferreira, Tiago Finkler III. Título.

09-06549   CDD-551.48

Índices para catálogo sistemático:
1. Ecossistemas aquáticos : Modelagem ecológica : Limnologia
    : Ciência da terra   551.48

Todos os direitos reservados à Oficina de Textos
Trav. Dr. Luiz Ribeiro de Mendonça, 4
CEP 01420-040 São Paulo-SP - Brasil
tel. (11) 3085 7933 fax (11) 3083 0849
site: www.ofitexto.com.br e-mail: ofitexto@ofitexto.com.br

"A natureza deve ser considerada como um todo, mas deve ser estudada em detalhe."

Mário Bunge

Agradecimentos

Aqui seguem nossos agradecimentos a todos que colaboraram para que esta obra fosse realizada.

Gostaríamos de agradecer o apoio do Instituto de Pesquisas Hidráulicas (IPH) para a publicação deste livro. Colaboradores importantes também merecem destaque, como o Prof. Carlos E. M. Tucci, Prof. Walter Collischonn, a Engenheira Regina Camara Lins e a Bióloga Maria Betânia Gonçalves de Souza, que contribuíram com sugestões e informações adicionais. Os autores também agradecem o apoio incondicional de suas respectivas famílias que, sempre presentes, nos incentivaram e nos encorajaram a realizar mais um desafio.

Sumário

Apresentação, 11

Prefácio, 13

Capítulo 1 — Introdução à gestão do ambiente, 15
1.1 Desenvolvimento sustentável 15
1.2 Água como recurso 16
1.3 Ecossistemas aquáticos 16
1.4 Gestão ambiental 18
1.5 Modelos e indicadores 20
1.6 Histórico de desenvolvimento de modelos 21
1.7 Os modelos ecológicos 23

Parte I FUNDAMENTOS DA MODELAGEM

Capítulo 2 — Modelagem matemática, 28
2.1 Por que modelos matemáticos? 28
2.2 Elementos da modelagem 30
2.3 Tipos de modelos 32
2.4 Etapas da modelagem 37
2.5 Modelos no gerenciamento hídrico e ambiental 45
2.6 Tendências da modelagem ecológica 47

Capítulo 3 — Equações diferenciais, 49
3.1 Identificação dos processos 49
3.2 Fundamentos de uma equação diferencial 49
3.3 Métodos numéricos 56
3.4 Consistência e convergência 62
3.5 Estabilidade e precisão 63

Parte II PROCESSOS AMBIENTAIS

Capítulo 4 — Processos hidrológicos, 66
4.1 Escoamento 67
4.2 Evaporação e Evapotranspiração 70
4.3 Infiltração 75
4.4 Interceptação 76

Capítulo 5 — Escoamentos, 77
5.1 Equações do escoamento 78
5.2 Simplificação das equações 81

Capítulo 6 — Transporte de massa, 83
6.1 Processos químicos de ciclagem de nutrientes 83
6.2 Escala espaço-temporal 85
6.3 Transporte de poluentes 86

Capítulo 7 — Ciclos químicos, 89
7.1 Carbono 89
7.2 Nitrogênio 95
7.3 Fósforo 98
7.4 Oxigênio dissolvido 100

Capítulo 8 — Processos abióticos, 104
8.1 Componentes orgânicos e inorgânicos na água 104
8.2 Componentes no sedimento 106
8.3 Ressuspensão e sedimentação 109
8.4 Mineralização e oxigênio utilizado 117
8.5 Nitrificação, desnitrificação e condições de oxigênio . 119
8.6 Adsorção do fósforo 122
8.7 Imobilização do fósforo 123
8.8 Liberação de nutrientes (Difusão) 124
8.9 Reaeração 124
8.10 Temperatura na água 125

Capítulo 9 — Fitoplâncton, 130
9.1 Aspectos gerais para a modelagem 132
9.2 Produção 133
9.3 Respiração e excreção de nutrientes 142
9.4 Sedimentação, ressuspensão e mortalidade 142
9.5 Parâmetros 143

Capítulo 10 — Macrófitas aquáticas, 145

10.1 Produção 147
10.2 Respiração e excreção 152
10.3 Mortalidade 153
10.4 Consumo por aves 154

Capítulo 11 — Micro e macrofauna aquática, 155

11.1 Aspectos gerais para a modelagem 156
11.2 Zooplâncton e zoobentos 157
11.3 Peixes 160

Parte III MODELOS CONCEITUAIS

Capítulo 12 — Modelagem da bacia de drenagem, 166

12.1 Método racional 167
12.2 Método racional modificado 167
12.3 Método do SCS 169

Capítulo 13 — Modelos de rios, 175

13.1 Escoamentos em rios e canais 175
13.2 Regime permanente 175
13.3 Regime não permanente 178

Capítulo 14 — Modelos de lagos e estuários, 187

14.1 Equações governantes 188
14.2 Solução numérica 189
14.3 Condições iniciais e de contorno 197

Capítulo 15 — Modelos de reservatórios, 198

15.1 Aspectos gerais 198
15.2 Tipos de modelos 200
15.3 Modelo de balanço hídrico 201
15.4 Modelagem hidrodinâmica tridimensional 207

Capítulo 16 — Modelos de qualidade da água, 214

16.1 Modelos unidimensionais 214
16.2 Modelos bidimensionais 217
16.3 Modelos tridimensionais 221

Capítulo 17 — Modelos ecológicos simples, 222

17.1 Modelo fitoplâncton × zooplâncton 222
17.2 Modelo fitoplâncton × zooplâncton com heterogeneidade espacial 228

Parte IV TÓPICOS ESPECIAIS

Capítulo 18 — Estados alternativos, 234

18.1 Determinação dos estados de equilíbrio 237
18.2 Avaliação de estados alternativos: um exemplo ecológico 242

Capítulo 19 — Parametrização de modelos ecológicos, 246

19.1 A parametrização experimental para modelagem ecológica 248
19.2 A parametrização experimental para teste de hipóteses 251
19.3 Como o limnólogo pode atuar e contribuir para a modelagem ecológica? 255

Capítulo 20 — Estudo de casos, 258

20.1 Avaliação hidrodinâmica do Sistema Hidrológico do Taim 258
20.2 Simulações de fitoplâncton 265
20.3 Deriva de estados alternativos 268
20.4 Biomanipulação em lagos 278
20.5 Interações tróficas em cascata 281

Apêndice A – Nomenclatura, 288

Apêndice B – Funções de Hill e de Monod, 290

Apêndice C – Disponível em <www.ofitexto.com.br/modelagemecologica>

Índice remissivo, 291

Referências Bibliográficas, 295

APRESENTAÇÃO

A atual fase da Limnologia proporciona um conhecimento científico aprofundado dos ecossistemas aquáticos continentais, seus mecanismos de funcionamento e suas interações. Ao longo dos últimos 100 anos, houve uma evolução contínua desse conhecimento, com particular destaque, nos últimos 30 anos, da Limnologia Tropical (limnologia da região neotropical e da África).

Para que esse conjunto de informações seja utilizado de forma consistente e significativa, é necessário um processo de modelagem ecológica e matemática que possibilite avançar conceitos, promover cenários e desenvolver alternativas de gerenciamento integrado. *Modelagem Ecológica em Ecossistemas Aquáticos* preenche perfeitamente as atuais necessidades científicas e tecnológicas da Limnologia e do gerenciamento de recursos hídricos. A obra detalha, em seus três primeiros capítulos, os fundamentos de gestão do ambiente, a modelagem matemática e equações diferenciais, e descreve, com detalhes, processos hidrológicos, escoamento, ciclos biogeoquímicos, processos biológicos e o funcionamento da biota aquática. Apresenta nos capítulos posteriores (Parte II), a modelagem conceitual de bacias hidrográficas, de rios, da água e modelos ecológicos simples.

Um conjunto de estudos de caso e de parametrização é apresentado nos capítulos finais, que mostram as aplicações. Atualmente, gerenciamento de recursos hídricos, como todo o gerenciamento ambiental, não pode prescindir de modelos matemáticos e ecológicos, pois a integração de processos e a elaboração de cenários são alternativas que dependem da quantificação e da parametrização experimental, que orientarão tomadores de decisão e especialistas na escolha das melhores oportunidades de gerenciamento.

Portanto, esta obra é muito oportuna para o atual estágio de desenvolvimento do gerenciamento de recursos hídricos no Brasil. Não há dúvida de que estimulará a aplicação a muitos ecossistemas aquáticos do Brasil e da região neotropical; portanto, pode-se esperar um estímulo e a consolidação de dados existentes e de estudos de caso em represas, lagos e rios. Os autores estão de parabéns pelo trabalho realizado, e a obra reflete um esforço de trabalho executado pelos autores e sua equipe.

A obra, como enfatizado, será extremamente útil para graduandos e pós-graduandos de Biologia, Ecologia, Engenharia Ambiental, consultores e tomadores de decisão que necessitam aprimorar seus conhecimentos e aplicá-los na gestão de recursos hídricos.

Cumprimentos à Associação Brasileira de Recursos Hídricos (ABRH) pelo apoio à publicação e à Oficina de Textos por mais esta excelente produção.

São Carlos (SP), 16 de junho de 2009.

Prof. Dr. José Galizia Tundisi
Instituto Internacional de Ecologia
Professor Titular Feevale

Prefácio

A gestão compartilhada de recursos naturais fundamentada em conhecimento específico é a melhor forma de promover a conservação desses recursos. Essa gestão deve ser vivenciada por todos os componentes de uma sociedade moderna, por meio de ferramentas computacionais adequadas, que permitam analisar a resposta de um determinado ecossistema aquático diante de diferentes entradas. Uma dessas ferramentas é a modelagem matemática ecológica. Este livro apresenta uma abordagem geral sobre modelagem ecológica em ecossistemas aquáticos, tais como rios, canais, lagos, estuários e reservatórios.

Um modelo é a representação de algum objeto ou sistema em uma linguagem computacional de fácil acesso e uso, com o objetivo de entendê-lo. Com esse propósito, apresentam-se textos elucidativos sobre a representação matemática dos processos físicos, químicos e biológicos que ocorrem nesses ambientes. A utilização de modelos simples ou complexos, que podem ser estabelecidos a partir dessas informações, serve como plataforma científica para investigar, testar e elucidar conceitos ecológicos. Consequentemente, essa aproximação também possibilita a descoberta de novas propriedades emergentes em ecossistemas aquáticos.

O estudo e o entendimento de um ecossistema aquático implica o uso da Hidrologia, da Ecologia e da Hidrodinâmica para verificar como comunidades se relacionam com o meio físico, com a água, em sua quantidade e movimento, e como o ecossistema responde a agentes diretos e indiretos, naturais e antrópicos, e está conectado a outros sistemas, considerando diferentes escalas.

A integração dessa aproximação somente é possível por meio da modelagem ecológica, a qual permite verificar interações, conectividades, dinâmica do sistema e prognósticos de estados. Essa capacidade de entender a dinâmica e prever os estados também é uma ferramenta na definição de políticas e na gestão dos ecossistemas similares. A conservação e o uso dos recursos podem, dessa forma, coexistir e ser parametrizados.

Modelagem Ecológica em Ecossistemas Aquáticos encaminha o leitor, passo a passo, no processo da modelagem ecológica em ecossistemas aquáticos, integrando Ecologia, Hidrologia e Hidrodinâmica. A obra destina-se primordialmente a alunos de graduação e pós-graduação das áreas de Engenharia (civil, hídrica, ambiental), Biologia, Ecologia, Limnologia, usuários envolvidos em gestão, consultores e gestores.

Carlos Ruberto Fragoso Jr.
Tiago Finkler Ferreira
David da Motta Marques

Introdução à Gestão do Ambiente 1

1.1 Desenvolvimento Sustentável

De acordo com a Comissão Mundial sobre **Meio Ambiente** e Desenvolvimento, criada pelas Nações Unidas, o desenvolvimento sustentável é aquele capaz de suprir as necessidades da geração atual, sem comprometer a capacidade de atender às necessidades das futuras gerações. Em outras palavras, é o desenvolvimento que não esgota os recursos para o futuro nem compromete o desenvolvimento econômico e a **conservação ambiental**.

No entanto, para ser alcançado, o desenvolvimento sustentável depende muito de ações sustentáveis definidas a partir de um **planejamento integrado** e, principalmente, da consciência geral de que os recursos naturais são finitos.

Nos países desenvolvidos e em desenvolvimento, o crescimento econômico vem causando enormes desequilíbrios. Por um lado, o progresso de uma nação depende do desenvolvimento crescente da agricultura e dos bens extrativos – denominados primários –, bem como da indústria, onde ocorre a transformação de bens – denominados secundários – e do comércio. Por outro lado, a degradação ambiental e a poluição aparecem em decorrência desse desenvolvimento, o que leva ao esgotamento dos recursos naturais dos quais a humanidade depende. Esse tipo de modelo tende a ser insustentável, uma vez que os recursos não atendem mais às demandas impostas pelo desenvolvimento.

Dessa forma, o desenvolvimento sustentável sugere mecanismos de gestão que visem minimizar o uso e a degradação dos recursos naturais, sem comprometer o desenvolvimento e a prosperidade da nação. Isso só é possível quando abrimos mão de nossos arcabouços atuais de pensamento, que enfatizam a quantidade em vez da qualidade.

1.2 Água como recurso

A água é o recurso natural mais precioso do planeta. Embora 70% da superfície do planeta seja coberta por água, apenas 3% desse volume é constituído de água doce. Dessa parcela de água doce, 67% podem ser encontrados nas geleiras, 3% estão no solo e menos do que isso se encontra na atmosfera, restando 17% de água subterrânea estocada nos aquíferos do subsolo e apenas 6% são águas superficiais, incluindo rios, córregos, **lagos**, poços e **reservatórios** artificiais. Uma significativa parcela dessa água não é própria para **consumo**, como resultado crescente da poluição. Em contrapartida, cada vez mais a demanda por água potável cresce (*e.g.* com o aumento da população nas últimas duas décadas, o consumo *per capita* no Brasil dobrou), e milhões de pessoas no mundo já não têm acesso a água de boa qualidade, resultando em diversos problemas relacionados à água (escassez, saúde etc.). A escassez de água não é somente resultado de uma carência física de recursos hídricos, mas um **fenômeno** que se agrava por causa de problemas relativos à gestão desses recursos e ao governo.

Diante desse quadro, confirmam-se as projeções da ONU de que a água será a causa da maior crise deste século.

Dessa forma, ressalta-se a necessidade de implementar mecanismos que disciplinem o manejo da água para uma gestão inovadora e sustentável dos recursos hídricos, visando à conservação da biodiversidade aquática e ao não comprometimento do desenvolvimento econômico e das gerações futuras.

1.3 Ecossistemas aquáticos

Ecossistemas aquáticos continentais têm uma importância histórica confirmada quantitativamente. Sabe-se, por exemplo, que aproximadamente dois terços das grandes cidades distribuídas em todo o mundo (*e.g.* Xangai, Londres e Nova Iorque) estão localizadas próximas, ou em sua vizinhança imediata, a lagos e **estuários** (Souza; Kjerve, 1997). Esses sistemas são especialmente encontrados em paisagens planas de inundação e em áreas costeiras.

Ao mesmo tempo que a **diversidade** física e a produtividade biológica são características desses sistemas, também é reconhecida sua fragilidade às agressões antrópicas (despejos de efluentes, captação de água para abastecimento, irrigação, pesca, **biomanipulação** etc.) (Fragoso Jr.; Souza, 2003), as quais provocam fortes alterações na **fauna** e **flora** aquáticas (fitoplâncton, **zooplâncton**, macrobentos, macrófitas aquáticas, peixes etc.), e nos padrões de qualidade da água.

Existem muitos registros, nos últimos 200 anos, de ecossistemas aquáticos que sofreram contínuas mudanças em sua **estrutura trófica** (Wetzel, 1975). A maioria desses relatos diz respeito ao processo de **eutrofização** causado pela adição de **matéria orgânica** e carga de nutrientes provenientes de fontes de poluição pontuais e difusas (Jeppesen et al., 1998a, 1999, 2000a, 2000b, 2002; Jeppesen; Jensen; Sondergaard, 2002; Jakobsen et al., 2003, 2004; Scheffer; De Redelijkheid; Noppert, 1992; Scheffer et al., 1994a, 1994b; Van Den Berg et al., 1997; Moss, 1990; Moss et al., 1996; Perrow; Moss; Stansfield, 1994). Esse processo, na maioria das vezes, resulta em um aumento da **biomassa** fitoplanctônica seguido por: (a) florações de **cianobactérias** ou, **diatomáceas** ou clorofíceas (**algas verdes**); (b) desaparecimento da vegetação aquática submersa; (c) predominância de **peixes planctívoros** e piscívoros; e (d) redução da transparência da água (Moss, 1998). Uma vez que o ecossistema aquático tenha passado para um estado de águas túrbidas, para retornar ao estado inicial, a concentração de nutrientes deve ser reduzida a um nível muito abaixo do limiar crítico em que o sistema colapsou (Van Nes et al., 2002a, 2003). Portanto, a disponibilidade de nutrientes determina a produtividade potencial dos organismos aquáticos por meio de **interações tróficas** em cascata, ou seja, alterações na base da cadeia alimentar geram impactos ascendentes (*bottom-up effects*) sobre níveis tróficos mais altos (Scheffer, 1998).

Assim como a dinâmica de nutrientes, outros fatores abióticos também têm um importante papel nas interações tróficas em cascata. Em lagos temperados, por exemplo, com ciclo **sazonal** bem definido, fatores como luz e **temperatura** governam o ciclo reprodutivo de algumas comunidades aquáticas, tais como fitoplâncton (Fragoso Jr., 2005), macrófitas aquáticas (Van Nes et al., 1999, 2002a, 2002b) e peixes (Werner et al., 1983; Persson; Eklov, 1995). Em lagos subtropicais, com menores amplitudes climáticas, as interações tróficas têm um comportamento particular e sua influência sobre a estrutura trófica ainda é pouco conhecida. Portanto, luz e temperatura continuam sendo fatores condicionantes de **produção primária** desses ecossistemas (Esteves, 1998). Isso sugere que mudanças no regime climático também podem afetar diretamente a dinâmica da estrutura trófica em ecossistemas aquáticos.

Distúrbios no topo na cadeia alimentar, tais como biomanipulação, pesca e migração de peixes, também são responsáveis por mudanças na estrutura trófica da cadeia alimentar aquática. A biomanipulação (técnica muito utilizada para restauração de ecossistemas temperados), por exemplo, produz profundos impactos na estrutura Trófica, pela redução de peixes planctívoros e/ou bentívoros, levando a um aumento da comunidade zooplanctônica e à redução da **ressuspensão** de material de fundo e da população de fitoplâncton no sistema (Carpenter; Kitchell, 1993; Hansson et al., 1998; Meijer et al., 1994; Shapiro; Lamarra; Lynch, 1975; Shapiro; Wright, 1984; Van Donk et al., 1990). A pressão da pesca predatória sobre uma específica comunidade de peixes pode levar à dominância de outras comunidades aquáticas, tais como zooplâncton e fitoplâncton (Magnuson, 1991; Lévêque, 1995; Reid et al., 2000). Portanto, essas alterações sugerem efeitos tróficos em cascata descendentes (*top-down effects*), atingindo comunidades aquáticas de níveis tróficos mais baixos.

É essencial um esforço para otimizar as aptidões do meio ambiente (*e.g.* medidas de mitigação de impactos e a exploração humana) por meio de uma gestão ambiental racional (Coutinho, 1986). Toda interferência externa, assim como o comportamento hidrodinâmico e ecológico devem ser cuidadosamente investigados, no intuito de prevenir mudanças significativas da estrutura trófica e, principalmente, uma troca brusca de um estado estável de equilíbrio dominado por vegetação aquática com alta biodiversidade e boa transparência da água, para um estado de águas túrbidas com alta densidade de fitoplâncton, baixa biodiversidade e vários problemas de qualidade da água (Jeppesen, 1998; Moss, 1998; Scheffer, 1998).

1.4 Gestão ambiental

A gestão ambiental é uma prática muito recente, que vem ganhando espaço nas instituições públicas e privadas, na mobilização das organizações para a promoção de um meio ambiente ecologicamente equilibrado.

Seu objetivo é a melhoria constante dos produtos, serviços e do ambiente de trabalho, em toda organização, levando-se em conta o fator ambiental.

Atualmente, ela começa a ser encarada como um assunto estratégico porque, além de estimular a qualidade ambiental, também possibilita a redução de custos diretos (redução de desperdícios com água, energia e matérias-primas) e indiretos (*e.g.* indenizações por danos ambientais).

Uma gestão ambiental requer a reformulação e evolução da política ambiental, dando ênfase ao:
- desenvolvimento sustentável como objetivo prioritário;
- reconhecimento da relevância dos fatores (e atores) socioeconômicos na evolução dos problemas ambientais;
- reconhecimento da **complexidade** e da incerteza associadas a muitos problemas ambientais – ciência pós-normal; integração de diferentes tipos de conhecimento;
- envolvimento do público e das partes interessadas na formulação e implementação de políticas;
- reconhecimento da necessidade de adotar abordagens integradas, contemplando diferentes instrumentos para diferentes objetivos.

A prática corrente dessa política está condicionada à implementação de medidas e instrumentos que dão suporte ao desenvolvimento de atividades antrópicas e avaliam seus impactos no meio ambiente (Fig. 1.1).

Os princípios e objetivos dessa política são:
1. identificar e avaliar os problemas ambientais;
2. formular cenários de evolução;
3. definir prioridades e metas;
4. medidas e instrumentos de política;
5. implementação e controle.

FIG. 1.1 Medidas e instrumentos em diferentes setores

Para desenvolver uma gestão mais sustentável, foram criados novos conceitos de Avaliação Ambiental denominados **Avaliação Ambiental**

Estratégica (AAE) e **Avaliação Ambiental Integrada** (AAI). A AAE é um processo contínuo de avaliação da qualidade do meio ambiente e das eventuais consequências ambientais do desenvolvimento de uma área, região ou sistema. Ela define os procedimentos que devem ser incorporados a políticas públicas, planos e programas governamentais para assegurar a integração efetiva dos aspectos físicos, bióticos, econômicos, sociais e políticos. A AAI tem como objetivo avaliar a situação ambiental de uma área, região ou sistema, considerando as atividades antrópicas implantadas, seus efeitos cumulativos e sinérgicos sobre os recursos naturais e as populações humanas, e os usos atuais e potenciais dos recursos hídricos nos horizontes atual e futuro de planejamento. A AAI leva em conta a necessidade de compatibilizar as aptidões do meio ambiente com a conservação da biodiversidade e manutenção das espécies, a sociodiversidade e a tendência de desenvolvimento socioeconômico da região.

A AAI é realizada por meio de um Estudo de Impacto Ambiental (EIA), preconizado pela Resolução Conama nº 001/1986, um instrumento técnico-científico de caráter multidisciplinar, capaz de definir, mensurar, monitorar, mitigar e corrigir as possíveis causas e efeitos de determinada atividade sobre determinado ambiente. Desse estudo resulta um documento direcionado ao público leigo, denominado Relatório de Impacto ao Meio Ambiente (RIMA).

O desenvolvimento desse estudo requer uma abordagem interdisciplinar e sistemática, visando à prevenção ou eliminação de danos causados por uma determinada atividade no meio ambiente. No entanto, existe ainda um falta de ferramentas integradoras apropriadas que avaliem e antecipem os impactos dessas atividades, o que leva a um cenário de ineficiência nesse processo. Novas abordagens integradas são fundamentais, se desejarmos caminhar rumo a um gerenciamento integrado dos recursos hídricos.

1.5 MODELOS E INDICADORES

A vasta gama de fatores e **processos físicos**, químicos e biológicos dificulta a análise quantitativa em ecossistemas aquáticos. Além disso, o gerenciamento desses ecossistemas aquáticos é um campo de ação multidisciplinar, com um grande número de alternativas no planejamento, considerando seus usos, disponibilidades e preservação (Tucci, 1998). Em razão dessa diversidade de alternativas, é necessário utilizar metodologias que melhor quantifiquem os processos, auxiliando nas etapas de análise e tomada de decisão. Uma dessas metodologias é a **modelagem** matemática aplicada nesses ecossistemas.

A aplicação de modelos a questões científicas é quase compulsória, se quisermos entender um sistema complexo como é o caso de um ecossistema aquático. Não é simples investigar todos os componentes e suas interações no ecossistema sem o uso de modelos como ferramenta de síntese. As reações no sistema podem não ser necessariamente a soma de todas as reações individuais. Isso implica que propriedades do ecossistema não serão reveladas sem o uso de um modelo para todo sistema. O uso da modelagem como ferramenta para entender propriedades do sistema demonstra vantagens e revela lacunas no nosso conhecimento. Talvez a principal contribuição fornecida por um modelo seja o estabelecimento de prioridades de pesquisa, as quais podem revelar propriedades do sistema a partir de hipóteses científicas geradas pelo próprio modelo. Assim, os modelos, ao simular as interações no ecossistema aquático, não somente geram resultados que podem ser comparados com observações *in situ* ou experimentais, como também podem servir de plataforma de pensamento para importantes questões científicas.

1.6 Histórico de desenvolvimento de modelos

A evolução da modelagem pode ser dividida em quatro grandes fases (Fig. 1.2), relacionadas ao interesse social e à capacidade computacional da época. Os primeiros trabalhos de modelagem apareceram em meados da década de 1920, com o problema de alocação do lixo urbano. O trabalho precursor foi o de Streeter e Phelps (1925), no rio Ohio. Este e subsequentes trabalhos focavam a avaliação dos níveis de **oxigênio** dissolvido em rios e estuários. Ainda sem computadores, essas aplicações limitavam-se a soluções lineares, com geometria simples e considerando um estado permanente no tempo.

Na década de 1960, os computadores apareciam como uma ferramenta amplamente disponível, o que levou a um maior avanço dos

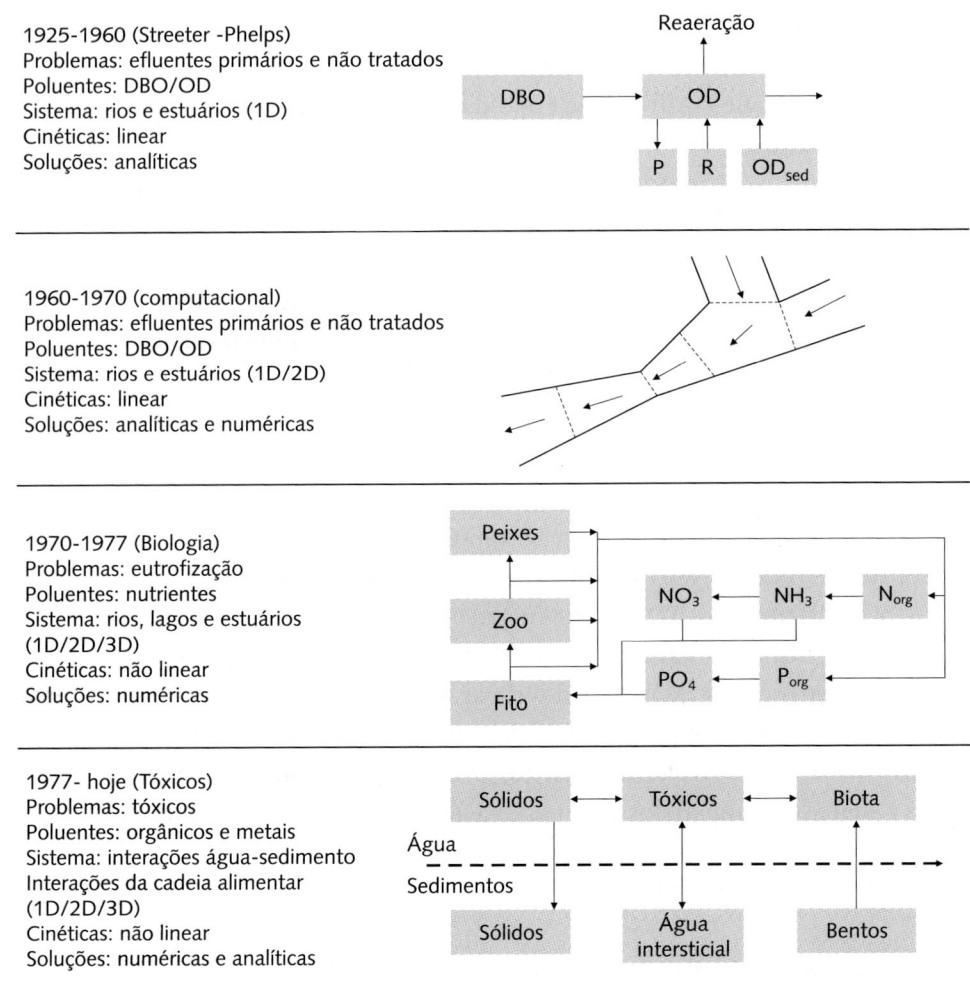

1925-1960 (Streeter -Phelps)
Problemas: efluentes primários e não tratados
Poluentes: DBO/OD
Sistema: rios e estuários (1D)
Cinéticas: linear
Soluções: analíticas

1960-1970 (computacional)
Problemas: efluentes primários e não tratados
Poluentes: DBO/OD
Sistema: rios e estuários (1D/2D)
Cinéticas: linear
Soluções: analíticas e numéricas

1970-1977 (Biologia)
Problemas: eutrofização
Poluentes: nutrientes
Sistema: rios, lagos e estuários (1D/2D/3D)
Cinéticas: não linear
Soluções: numéricas

1977- hoje (Tóxicos)
Problemas: tóxicos
Poluentes: orgânicos e metais
Sistema: interações água-sedimento
Interações da cadeia alimentar (1D/2D/3D)
Cinéticas: não linear
Soluções: numéricas e analíticas

FIG. 1.2 Quatro períodos de desenvolvimento de modelos para limnologia
Fonte: adaptado de Chapra, 1997.

modelos e de seu potencial de aplicação. O oxigênio ainda era o foco, mas os computadores permitiram aos analistas resolver problemas mais complicados, como complexas geometrias, maior detalhamento das **reações cinéticas** e simulações não permanentes no tempo (simulações dinâmicas).

Em 1970, outra marcante fase ocorreu, movida pela consciência ambiental da época. Os problemas de oxigênio dissolvido e de fontes pontuais davam espaço para o problema da eutrofização em ecossistemas aquáticos. Nessa época foram desenvolvidos os primeiros modelos que representariam a dinâmica da cadeia alimentar aquática, tais como os de Chen (1970), Chen e Orlob (1975) e Di Toro, Thomann e O'Connor (1971). Com o avanço computacional, poderiam ser empregadas soluções não lineares, retroativas, em sistemas com geometrias complicadas.

O mais recente estágio do desenvolvimento de modelos voltou-se a problemas envolvendo substâncias tóxicas, patogênicos e metais pesados, que representam uma grande ameaça para a saúde humana e para os ecossistemas aquáticos. Esse problema também é marcado efetivamente pelos debates políticos gerados. Entretanto, os problemas passados ainda perduram nos dias atuais, uma vez que o progresso computacional propiciou soluções mais próximas da realidade.

1.7 Os modelos ecológicos

Um modelo ecológico é aquele que considera em sua estrutura conceitual processos relacionados à biota do ecossistema. Em ecossistemas aquáticos, um modelo ecológico tenta reproduzir os processos relativos à cadeia alimentar aquática, para avaliar a dinâmica dos organismos e a sua influência nos aspectos físicos e químicos do meio ambiente. Esses modelos podem ser considerados como ferramentas de planejamento integradas usadas para identificar: (a) os estressores antrópicos em sistemas naturais, (b) os efeitos ecológicos desses estressores e (c) os atributos biológicos relevantes ou indicadores dessas respostas ecológicas. Dessa forma, modelos ecológicos representam uma boa alternativa para avaliações integradas de ecossistemas aquáticos, uma vez que eles possuem uma abordagem mais interdisciplinar e sistemática, e podem fornecer uma aproximação mais fiel dos danos causados por uma determinada atividade no meio ambiente.

A Fig. 1.3 mostra um esquema simplificado clássico de uma teia alimentar aquática, que poderia ser representada por um modelo ecológico. Como os componentes abióticos e bióticos no meio aquático possuem diferentes processos de desenvolvimento, diferentes aproximações são atribuídas para a modelagem de cada processo. Esses processos podem ser aproximados por funções empíricas ou determinísticas. A representação matemática de processos, tais como produção primária, secundária e outros ecofisiológicos, é resultado de experimentos em campo ou em laboratório e encontra-se disponível na literatura. Entretanto, muitos desses processos retratam a realidade de ecossistemas temperados.

Poucos modelos conseguiam distinguir classes de grupos como fitoplâncton, macrófitas e peixes, e assim, generalizavam os principais processos dos grandes grupos como uma variável de estado para todos. Atualmente, existem modelos capazes de distinguir classes de fitoplâncton (cianobactérias, clorofíceas, diatomáceas etc.), macrófitas (submersas, **emergentes** e flutuantes) e peixes (piscívoros, onívoros e planctívoros), considerando seus estágios de vida (juvenil e adulta) (*e.g.* Janse, 2005; Fragoso Jr et al., 2007).

Para retratar o alto nível de diversidade funcional dos organismos aquáticos, os modelos ecológicos devem incluir os principais processos de cada grupo, na forma de módulos que contêm um conjunto de equações diferenciais, os quais retratam as funções ecológicas e os coeficientes metabólicos referentes aos **processos biológicos**. Esses coeficientes são encontrados *in situ* ou experimentalmente, tais como (a) taxas de **respiração**, produções primária e secundária; (b) capacidade limite de suporte (*carrying capacity*) de biomassa ou densidade de espécie por área ou volume da água; (c) **assimilação** de nutrientes (**fósforo**, por produtores primários); (d) **competição** por nutrientes disponíveis na massa da água; (e) absorção de radiação fotossinteticamente ativa (*PAR*), taxas de crescimento, reprodução e **mortalidade**; (f) **excreção**, perda de biomassa e **decomposição**. Com a disponibilidade computa-

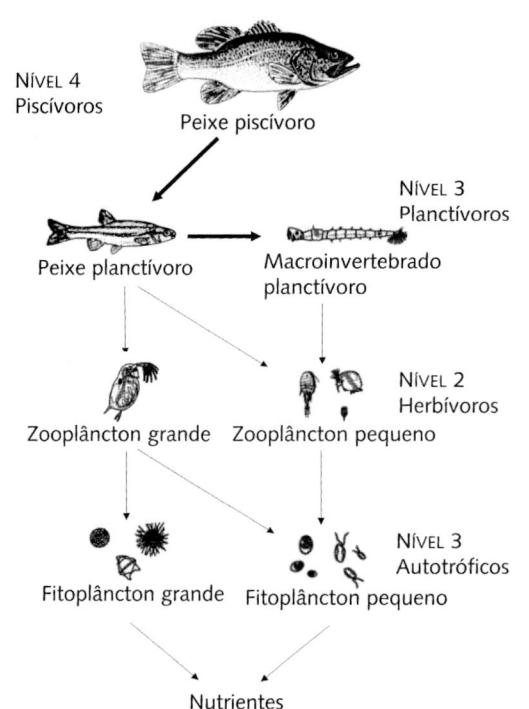

FIG. 1.3 Simplificação da cadeia alimentar aquática. A espessura das setas indica a força da interação

Fonte: adaptado de Carpenter e Kitchell, 1993.

cional atualmente oferecida, as aproximações tendem a incluir, com um maior nível de detalhamento, todos os elementos da cadeia aquática (*i.e.* comunidades aquáticas, ciclo completo do fósforo, **nitrogênio**, **sílica**, carbono e suas interações entre os organismos), e são essenciais para a avaliação de estoques, por exemplo, dos compartimentos do plâncton, macrófitas aquáticas, peixes e **bentos**.

Parte I
FUNDAMENTOS DA MODELAGEM

2 Modelagem matemática

2.1 Por que modelos matemáticos?

A vasta gama de fatores e processos físicos, químicos e biológicos dificulta a análise quantitativa de ecossistemas aquáticos. Além disso, o gerenciamento desses ecossistemas aquáticos é um campo de ação multidisciplinar, com um grande número de alternativas de planejamento, considerando usos, disponibilidades e preservação (Tucci, 1998). Em razão dessa diversidade de alternativas, utilizam-se metodologias que melhor quantifiquem os processos, auxiliando nas etapas de análise e na tomada de decisão, como a modelagem matemática aplicada a esses ecossistemas.

Um modelo é a representação de algum objeto ou sistema em uma linguagem de fácil acesso e uso, com o objetivo de entendê-lo e buscar suas respostas perante diferentes entradas. Quanto maior o número de interações envolvidas, mais complexos os sistemas e, consequentemente, mais desafiadores e necessários os modelos. Em Limnologia, o modelo é uma ferramenta desenvolvida para auxiliar o entendimento comportamental de um determinado ecossistema aquático, avaliando os efeitos de diferentes ações antrópicas, naturais, climáticas, bióticas e a interação entre essas forçantes.

Quanto mais complexos os sistemas, mais desafiadores e necessários são os modelos. Um projeto de estrutura de um edifício ou um circuito elétrico são exemplos em que o homem dimensiona o seu sistema especificando todos os condicionantes sobre os quais tem total controle, diferentemente de ecossistemas aquáticos, nos quais o comportamento do sistema é resultado de processos naturais. Nesse caso, o homem deve adaptar-se aos seus condicionantes, para entender o comportamento do ecossistema e utilizar seus recursos, protegendo suas diferentes características.

O modelo não pode ser tratado como um objetivo, mas como uma ferramenta para atingir um determinado objetivo. Ele pode ser utilizado para fins de **previsão, entendimento dos processos**, preenchimento das variáveis de interesse em um período sem levantamentos e geração de hipóteses, as quais podem ser testadas experimentalmente ou *in situ*. A modelagem deve ser utilizada em parceria com trabalhos experimentais, laboratoriais e de **monitoramento**; caso contrário, sua potencialidade de aplicação será comprometida.

Um modelo matemático pode ser utilizado para entender melhor o comportamento do sistema e antecipar os eventos, quantificando os impactos de um determinado distúrbio no sistema antes mesmo que ele ocorra, para que todas as medidas preventivas possam ser tomadas. Dessa forma, mesmo monitorando todas as variáveis de interesse de um sistema, o uso de modelos pode ser imprescindível se os objetivos do estudo forem mais amplos. No entanto, nenhuma metodologia poderá aumentar as informações existentes nos dados, mas poderá melhor extrair e interpretar as informações já existentes. Quanto menores as informações disponíveis, maiores serão as **incertezas** dos prognósticos resultantes dos modelos. Os dados permitem aferir os modelos matemáticos e reduzir as incertezas desses modelos na estimativa das variáveis de interesse. Isso significa que a modelagem e o monitoramento devem caminhar de mãos dadas rumo a um diagnóstico mais preciso dos efeitos sobre um sistema de um determinado fenômeno.

As metodologias apresentadas neste livro são baseadas na representação do sistema físico por meio de modelos estabelecidos por funções matemáticas, empíricas e conceituais. Parte dos ciclos hidrológico, hidrodinâmico, químico e biológico é assim modelada. Com a utilização de um modelo para análise das condições específicas de um projeto, o analista fica mais próximo da realidade física, resultando em uma solução mais econômica e segura. O julgamento do processo físico é indispensável ao analista em qualquer fase da utilização do modelo, pois a análise das alternativas de uso e a conclusão dos resultados devem ser elaboradas para que o modelo tenha real utilidade.

2.2 ELEMENTOS DA MODELAGEM

Uma modelagem matemática consiste basicamente de quatro componentes, visando representar um determinado fenômeno de interesse: (a) funções governantes ou **variáveis externas**; (b) variável de estado; (c) equações matemáticas; e (d) **parâmetros** (Fig. 2.1). Esses componentes auxiliam a tradução, em linguagem matemática, de um determinado fenômeno encontrado na natureza. Neste capítulo, descrevemos em detalhes cada componente da modelagem matemática e suas inter-relações.

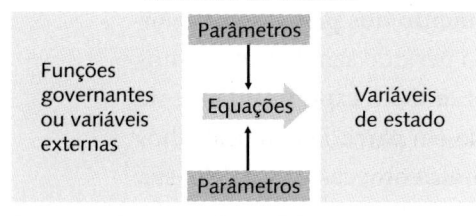

FIG. 2.1 Elementos da modelagem e suas inter-relações para explicar um determinado fenômeno

2.2.1 FENÔMENO DE INTERESSE

Os fenômenos são padrões encontrados na natureza que podem ser observados ou constatados (*e.g.* precipitação, escoamento de **rios**, eutrofização, alteração da estrutura trófica aquática promovida por um distúrbio). Tipicamente, os fenômenos são descritos a partir de suposições preestabelecidas quanto à homogeneidade, uniformidade e universalidade das propriedades de seus principais componentes, que incluem o espaço e as relações espaciais, o tempo e o modelo matemático que descreve o fenômeno. Entretanto, para modelar os fenômenos com o nível necessário de realismo, essas suposições rígidas são simplificadas e aproximadas de forma que o sistema seja capaz de representar (Couclelis, 1997):

- o espaço como uma entidade não homogênea tanto nas suas propriedades quanto na sua estrutura;
- as vizinhanças como relações não estacionárias;
- as regras de transição como regras não universais;
- a variação do tempo como um processo regular ou irregular;
- o sistema como um ambiente aberto a influências externas.

Para implementar ecossistemas espacialmente dinâmicos com as características mencionadas anteriormente, alguns princípios básicos relativos aos principais elementos desses sistemas devem ser considerados, entre os quais destacam-se: (a) a questão da representação do espaço e do tempo; (b) a estrutura do próprio modelo a ser utilizado para a representação do fenômeno espacial; e (c) a abordagem computacional para implementar esses princípios de forma integrada e consistente. Nas próximas seções, discutiremos os elementos da modelagem matemática utilizados para a representação de um fenômeno de interesse.

2.2.2 Funções governantes ou variáveis externas

São funções ou variáveis da natureza que influenciam o estado do ecossistema aquático. Em um contexto de gerenciamento, o problema pode ser formulado da seguinte maneira: se certos fenômenos são variáveis, qual será a influência no estado do ecossistema? O modelo é usado para prever a mudança no ecossistema quando variáveis externas são alteradas no tempo e no espaço. Entrada de carga de poluente, pesca, temperatura, radiação solar, precipitação, **evaporação**, fluxos da água de entrada e saída no sistema, por exemplo, podem ser considerados variáveis externas ou funções governantes.

2.2.3 Variável de estado

A variável de estado ou de interesse descreve, como o nome indica, o estado do ecossistema. A seleção das **variáveis de estado** é crucial para a estrutura do modelo, mas na maior parte dos casos essa seleção é trivial. Pode-se, por exemplo, optar por modelar o estado de eutrofização no lago, onde a escolha da concentração de fitoplâncton e de nutrientes como variáveis de estado é intuitiva. As variáveis de estado estão em função das variáveis externas e podem ser consideradas como a saída do modelo matemático. Dependendo do propósito de emprego do modelo, este poderá conter mais variáveis de estado do que realmente precisa, uma vez que uma variável de estado pode explicar outras. Por exemplo, em modelos de eutrofização, a concentração de fitoplâncton é diretamente controlada pela população de zooplâncton, a qual também poderia ser uma variável de estado.

2.2.4 Equações matemáticas

Os processos físicos, químicos e biológicos (*e.g.* **nitrificação**, produção primária, mortalidade) são representados no modelo por meio de equações matemáticas, que são as relações entre as variáveis externas e as variáveis de estado. Um mesmo processo pode ser encontrado em diferentes ecossistemas aquáticos, sugerindo que a mesma equação pode ser usada em diferentes modelos. As relações para cada processo podem ser encontradas na literatura ou desenvolvidas a partir de trabalhos de campo e experimentais (*e.g.* Jorgensen, 1986; Scheffer, 1998; Chapra, 1997). Um determinado processo pode apresentar inúmeras equações matemáticas, cabendo ao modelador decidir qual equação melhor representa um processo com o menor número de simplificações.

2.2.5 Parâmetros

O parâmetro é um valor que caracteriza um determinado processo no ecossistema. Ele pode ser considerado constante para todo um sistema em particular ou para uma parte do sistema, o que indica que um parâmetro também pode ser variável no tempo e no espaço. Em modelos ecológicos, os parâmetros têm uma definição científica, como, por exemplo, a taxa máxima de crescimento do fitoplâncton ou a taxa de consumo do fitoplâncton pelo zooplâncton. A complexidade de um modelo é representada pela quantidade de parâmetros empregados. Os modelos simples têm uma quantidade menor de parâmetros, enquanto nos modelos complexos o número de parâmetros é grande. Alguns livros apresentam faixas de valores conhecidos ou sugeridos para alguns parâmetros; contudo, a maioria dos parâmetros está sujeita a ajustes no intuito de aproximar ao máximo a saída do modelo aos valores observados em campo.

2.3 Tipos de modelos

Um ecossistema aquático pode ser classificado segundo vários critérios. Os modelos matemáticos que representam os sistemas também se enquadram nessas mesmas classificações, que dependem das variáveis externas e de estado, das aproximações matemáticas utilizadas e do comportamento do ecossistema aquático. Neste capítulo apresentam-se as mais comuns e importantes classificações de modelos matemáticos.

2.3.1 LINEAR E NÃO LINEAR

Quando uma equação matemática, representativa de um processo, contém apenas uma variável em cada termo, e cada variável aparece elevada à potência de ordem 1 (um), a equação é denominada linear; caso contrário, ela é conhecida como não linear. A condição necessária para um sistema possuir um comportamento linear é quando for validado o princípio da superposição (Fig. 2.2), ou seja, duas diferentes entradas produzem duas diferentes saídas no modelo. Se o princípio da superposição for válido, a soma das duas entradas produz a soma das duas saídas (Cheng, 1959). Em um lago, por exemplo, se as reações de um poluente são assumidas como de primeira ordem, então a linearidade do resultado do modelo permite que a superposição seja aplicada.

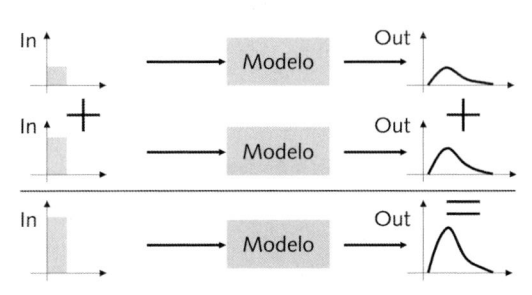

FIG. 2.2 Princípio da superposição aplicada à linearidade de modelos

2.3.2 CONTÍNUO E DISCRETO

Quando as variáveis são funções contínuas no tempo, então o modelo é classificado como contínuo. Se as mudanças nas variáveis ocorrem aleatória ou periodicamente em intervalos discretos, o modelo é chamado discreto (Fig. 2.3). Em sistemas contínuos, mudanças ocorrem continuamente com o avanço do tempo; já em sistemas discretos, mudanças ocorrem apenas quando os eventos discretos ocorrem, independentemente da passagem do tempo. Exemplo do registro de uma variável contínua no tempo é o uso do linígrafo gráfico para registrar níveis da água. O registro discreto dessa mesma variável é efetuado por réguas linimétricas, com o auxílio de um observador em determinadas horas do dia. Os ecossistemas

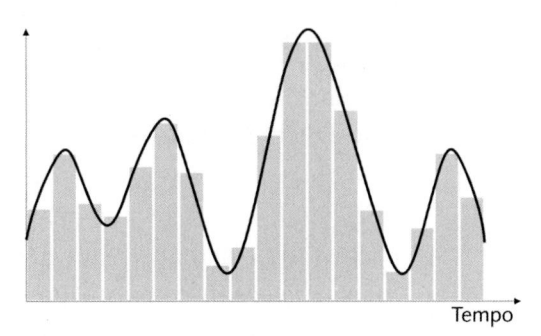

FIG. 2.3 Diferenciação entre a resposta de **modelos contínuos** (linha contínua) e discretos (barras)

aquáticos, em sua maioria, são contínuos, mas são representados por **modelos discretos**.

2.3.3 Estático e dinâmico

Quando o sistema é estático ou tem um estado estável (permanente), suas entradas e saídas não variam com a passagem do tempo. Os resultados de um **modelo estático** são obtidos por um simples modelo matemático com poucas equações. Quando o sistema depende do tempo, ele é chamado de dinâmico ou não permanente. Assim, a saída de um modelo em qualquer tempo depende do resultado do modelo no tempo anterior e das entradas do modelo no tempo atual. Por exemplo, se as entradas e saídas de poluentes em um ecossistema permanecessem constantes ao longo do tempo, resultando em um valor constante invariável de concentração de poluente dentro do sistema, poderia ser utilizado um modelo do tipo estático. Caso contrário, apenas um **modelo dinâmico** poderia explicar melhor o fenômeno.

2.3.4 Concentrado e distribuído

Um modelo é concentrado (*lumped model*) quando não leva em conta a **heterogeneidade** espacial; caso contrário, é distribuído (*distributed model*). Em ecossistemas aquáticos que apresentam grandes dimensões, é aconselhável o uso de um modelo distribuído, em razão da variabilidade espacial das variáveis físicas, químicas e biológicas. Entretanto, para ecossistemas aquáticos de pequenas dimensões, bem misturados, o uso de **modelos concentrados** pode ser uma alternativa viável em termos computacionais, de análise e de simplicidade (Fig. 2.4A). Vale lembrar que todo modelo distribuído trabalha localmente como um modelo concentrado, uma vez que o domínio de sistema é discretizado por um número finito de elementos, em cada um dos quais as variáveis de estado são calculadas de forma homogênea (Fig. 2.4B, C e D). Quanto maior o nível de **discretização** (número de elementos), melhor será a representação da heterogeneidade espacial das variáveis de estado e, por outro lado, maiores serão os custos computacionais para a solução do problema.

Em **modelos unidimensionais**, o sistema caracteriza-se por variações em uma direção das variáveis de estado (Fig. 2.4B). Rios são os sistemas

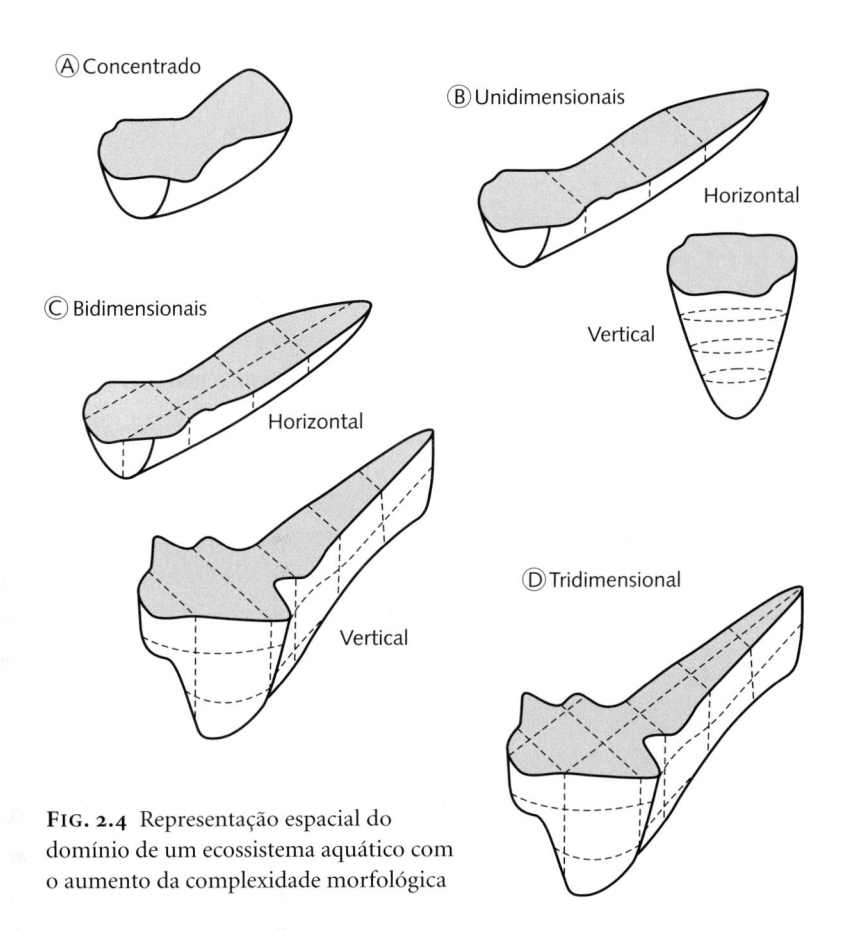

FIG. 2.4 Representação espacial do domínio de um ecossistema aquático com o aumento da complexidade morfológica

mais comumentes simulados com um modelo unidimensional na horizontal. Em ecossistemas profundos, termicamente estratificados, sem variação horizontal das variáveis de estado, geralmente se utiliza uma aproximação unidimensional na vertical. Quando o sistema apresenta grande heterogeneidade espacial tanto na direção vertical como na direção horizontal, modelos bi ou tridimensionais são mais apropriados (Fig. 2.4C, D).

2.3.5 ESTOCÁSTICO E DETERMINÍSTICO

Quando as variáveis de estado ou suas mudanças são bem definidas, as relações entre as funções governantes e as variáveis de estado são fixadas e as saídas são únicas, então o modelo desse sistema é chamado de determinístico. Porém, se alguma aleatoriedade ou probabilidade é associada com, no mínimo, uma das variáveis de saída do modelo, então o modelo é chamado de estocástico (Fig. 2.5). Os modelos determinísticos são construídos a partir de equações diferenciais, enquanto os modelos estocásticos incluem características estatísticas. Dessa forma, quando, para uma mesma entrada o sistema produz sempre a mesma saída, é chamado de determinístico; caso contrário, é chamado de estocástico.

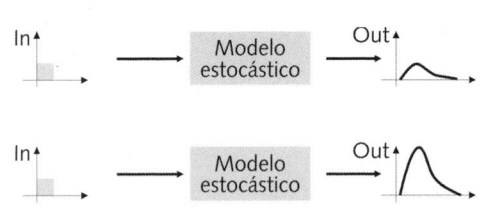

FIG. 2.5 Esquema de um modelo estocástico, o qual, para duas idênticas entradas, pode gerar duas diferentes saídas

Porém, um sistema com um comportamento aparentemente aleatório também pode ser determinístico. Quando o sistema é altamente não linear e dependente de suas **condições iniciais**, sua solução pode apresentar características de uma variável aleatória e passar pelos testes estatísticos e estocásticos. Esse processo é denominado de **caos determinístico**.

2.3.6 CONCEITUAL E EMPÍRICO

Quando as funções utilizadas na elaboração de um modelo levam em consideração os processos físicos, o modelo é denominado conceitual. Os **modelos empíricos** ajustam os valores calculados aos dados observados por meio de funções que não têm nenhuma relação, nem compromisso, com os processos físicos envolvidos. As diferenças entre esses modelos podem ser observadas na Fig. 2.6.

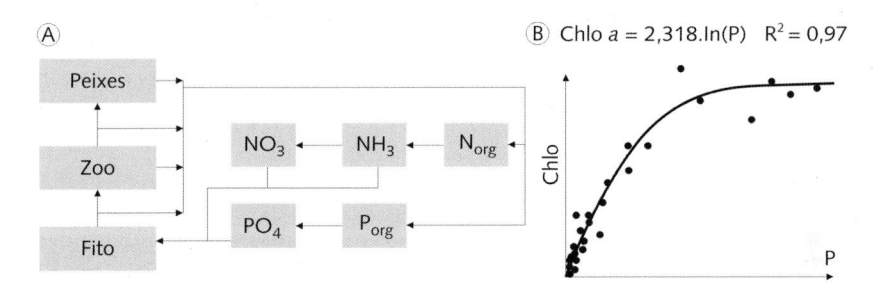

FIG. 2.6 Diferença entre modelos baseados em (A) sistemas conceituais e (B) em ajuste das variáveis observadas (modelos empíricos)

(B) Chlo $a = 2{,}318 \cdot \ln(P)$ $R^2 = 0{,}97$

2.4 ETAPAS DA MODELAGEM

Como método de pesquisa, a modelagem utilizada para construir um modelo quantitativo tem uma orientação metodológica a ser seguida. Nesse sentido, foram elaborados diferentes esquemas visando descrever as etapas pertinentes a um processo de modelagem matemática. Existem inúmeros métodos com diferente número de etapas; entretanto, o importante é que cada método contemple os objetivos específicos do problema. Diferentes objetivos necessitam de diferentes escalas espaciais e temporais. Um esquema geral é composto por oito etapas (Fig. 2.7), das quais algumas são bastante genéricas e podem ser tratadas particularmente por cada modelador. Outras, porém, são consideradas normativas (padrão) e merecem maior detalhamento, descritas brevemente a seguir.

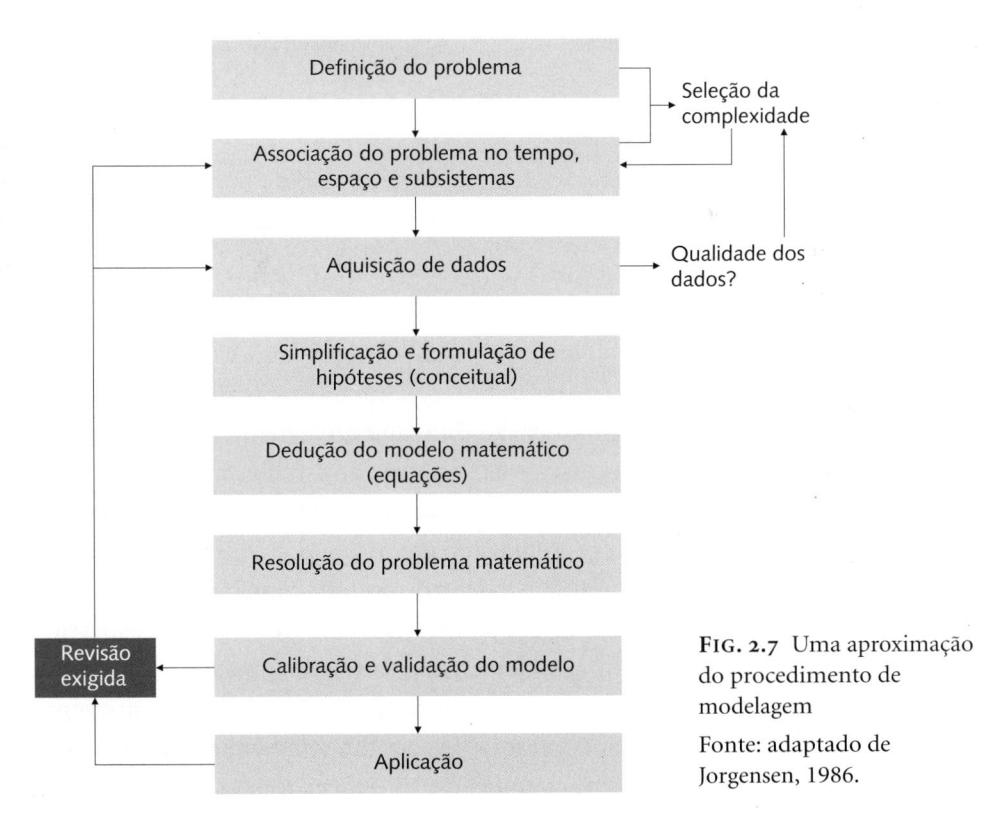

FIG. 2.7 Uma aproximação do procedimento de modelagem

Fonte: adaptado de Jorgensen, 1986.

2.4.1 Definição do problema

Partindo de uma situação real, identifica-se o problema a ser estudado, ou seja, o fenômeno observado que se deseja representar matematicamente. Em seguida, obtêm-se os elementos da modelagem necessários para sua solução.

Vários são os problemas encontrados em Limnologia, para os quais um modelo matemático poderia contribuir, de alguma forma, no entendimento dos processos, na previsão, na geração de hipóteses ou, até mesmo, no comportamento das variáveis de interesse em períodos sem observação (Fig. 2.8).

Fig. 2.8 Problemas encontrados em Limnologia que podem ser avaliados com o uso de modelos matemáticos

2.4.2 Simplificação e formulação de hipóteses

Nesta etapa, os elementos da modelagem são examinados e selecionados para que preservem as características do problema, ou seja, é feita uma simplificação da realidade e definem-se as funções governantes, os processos e as variáveis de estado representativas do fenômeno de interesse. Aqui, emprega-se o princípio da parcimônia, que preconiza a representação adequada do comportamento de um processo e/ou sistema por um modelo com o menor número possível de variáveis e/ou parâmetros. Por exemplo, em estuários, onde a ação das marés governa a **hidrodinâmica** do sistema e, consequentemente, o **transporte de poluentes**, o efeito do vento poderia ser desprezado ou simplificado. Em reservatórios, os processos verticais são mais importantes do que os processos horizontais. Já em lagos rasos, onde não há **estratificação**, os processos horizontais são mais importantes. Em resumo, é uma fase decisiva para a modelagem, na qual o modelador conceberá o chamado modelo conceitual.

O modelo conceitual é um esquema simplificado, que utiliza blocos e setas, apresentando as variáveis de estado envolvidas, os processos e as interações entre as variáveis de interesse. Por exemplo, para explorar algumas propriedades básicas de interações entre fitoplâncton e zooplâncton, muitas vezes é utilizado um modelo simples, como o modelo presa-predador de Lotka-Volterra (Scheffer, 1998), adotado aqui para elaborar seu esquema conceitual. Esse modelo considera a biomassa de fitoplâncton e zooplâncton como variáveis de interesse (blocos), e os processos de interações entre os organismos como fluxos (setas) (Fig. 2.9).

Os processos ou interações entre as variáveis de interesse são matematicamente representados por equações. Cabe ao modelador escolher a aproximação que será adotada em cada processo. Por exemplo, a produção de biomassa do fitoplâncton é um processo biológico que depende de vários fatores, tais como distribuição da luz na coluna d'água, temperatura na água e disponibilidade de nutrientes. O modelador poderia escolher uma equação que envolvesse todos esses fatores, combinações desses fatores ou, simplesmente, escolher uma taxa constante de produção diária que simplificaria todos os fatores governantes da produção do fitoplâncton em um único coeficiente (Fig. 2.10). Quanto maior o número de parâmetros e de variáveis externas envolvidas no cálculo de um processo, melhor é a aproximação com a realidade e maior é a dificuldade de suas estimativas em campo ou experimentalmente. A representação de um processo por meio de um valor constante pode ser uma simplificação grosseira da realidade, mas condensa todo o processo por meio de um único parâmetro (taxa constante), o que facilita o entendimento e o controle desse processo.

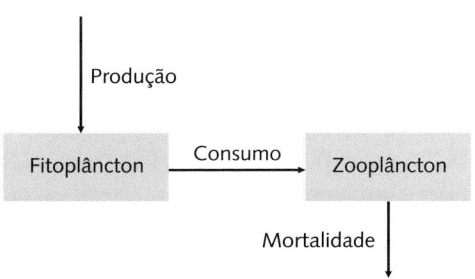

FIG. 2.9 Esquema do modelo presa-predador de Lotka-Volterra, cuja variável de interesse é a biomassa algal e zooplanctônica

```
                    ┌──────────┐      ┌───────────────┐
                    │ PRODUÇÃO │─────▶│ Taxa constante│
                    └────┬─────┘      └───────────────┘
         ┌───────────────┼───────────────┐
         ▼               ▼               ▼
      ┌─────┐      ┌───────────┐     ┌──────────┐
      │ Luz │      │Temperatura│     │Nutrientes│
      └─────┘      └───────────┘     └──────────┘
```

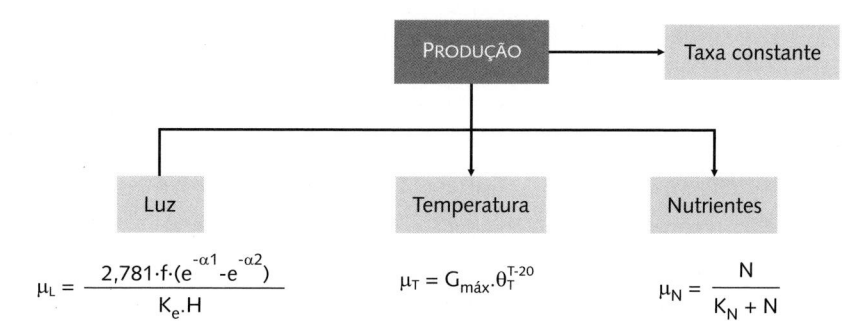

$$\mu_L = \frac{2{,}781 \cdot f \cdot (e^{-\alpha 1} - e^{-\alpha 2})}{K_e \cdot H} \qquad \mu_T = G_{máx} \cdot \theta_T^{T-20} \qquad \mu_N = \frac{N}{K_N + N}$$

FIG. 2.10 Possíveis representações matemáticas da produção de biomassa fitoplanctônica

A dúvida é saber qual a melhor alternativa. Existe um valor ótimo entre a aproximação com a realidade e a complexidade do modelo (número de parâmetros envolvidos) (Fig. 2.11). Nessa hora, vale o emprego do princípio da parcimônia, que é a representação adequada do comportamento de um processo ou sistema por um modelo com o menor número possível de parâmetros.

FIG. 2.11 Complexidade do modelo *versus* aproximação da solução (diferença entre a solução real e a modelada). O encontro das duas curvas representa o ponto ótimo de número de parâmetros utilizados para representar um determinado processo ou fenômeno

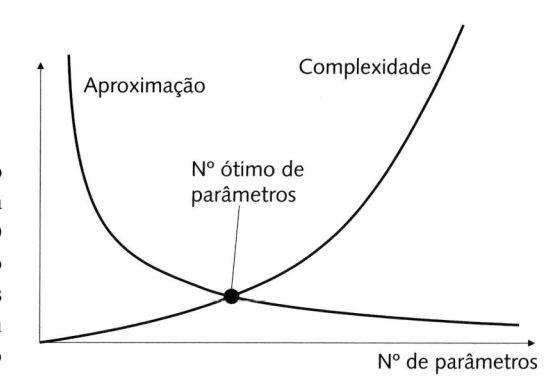

2.4.3 DEDUÇÃO DO MODELO MATEMÁTICO

Nesta etapa, substitui-se a linguagem conceitual em que se encontra o problema por uma linguagem matemática coerente, ou seja, as variáveis de estado e os fluxos são escritos em termos matemáticos. Para cada variável de estado, realiza-se um balanço de fluxo, com o objetivo de representar a continuidade em um **intervalo de tempo** infinitesimal (dt) (Fig. 2.12).

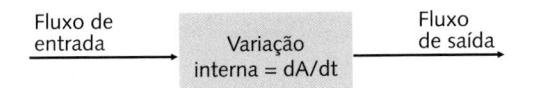

FIG. 2.12 Representação dos fluxos de entrada e saída (processos) para uma determinada variável de estado (A)

Dessa forma, a **equação da continuidade** para uma variável de estado, A, pode ser escrita como:

$$\frac{dA}{dt} = \text{fluxo de entrada} - \text{fluxo de saída} \qquad 2.1$$

O diferencial de A em relação a t representa o balanço da variável de interesse em um certo intervalo de tempo ou a variação interna de seu valor naquele intervalo. Por outro lado, o diferencial tem unidade de fluxo e, dessa forma, o balanço de uma variável de interesse deve ser também em termos de fluxos. Por exemplo, o modelo presa-predador poderia ser representado pelas seguintes equações diferenciais:

$$\frac{dF}{dt} = rF - g_z FZ = \text{produção} - \text{consumo} \qquad 2.2$$

$$\frac{dZ}{dt} = e_z g_z FZ - m_z Z = \text{crescimento} - \text{mortalidade} \qquad 2.3$$

O primeiro termo do lado direito da Eq. 2.2 representa a quantidade de biomassa fixada por meio da **fotossíntese** no intervalo de tempo. O segundo termo descreve as perdas de biomassa fitoplanctônica (fluxo negativo) resultantes do consumo pelo zooplâncton. A população de zooplâncton converte o alimento ingerido em crescimento com uma certa eficiência (e_z) e sofre perdas devido à respiração e à mortalidade por outros organismos. A biomassa de fitoplâncton (F) e zooplâncton (Z) são as variáveis de estado ou de interesse desse modelo.

Vale ressaltar que é da responsabilidade do modelador decidir os fatores que serão incluídos em cada termo para representar melhor um determinado processo. Por exemplo, a produção primária está associada a vários fatores, tais como temperatura, luz, nutrientes, concentração do próprio fitoplâncton, entre outros. Nesse modelo simplificado, admitiu-se que a produção primária só dependeria da concentração do fitoplâncton, e os outros fatores seriam negligenciados. Essa falsa suposição pode não representar bem esse processo, mas, por outro lado, fez-se uso de apenas um parâmetro (r) para minimizar a complexidade do modelo (princípio da parcimônia). Na seção 17.2 há mais detalhes desse modelo.

2.4.4 Resolução do problema matemático

Nesta fase, com recursos matemáticos e computacionais, procura-se uma solução do problema matemático formulado. Os métodos matemáticos para solucionar as equações diferenciais podem ser analíticos ou numéricos. No Cap. 5, apresentam-se alguns desses métodos, com a finalidade de resolver um determinado sistema de equações diferenciais, seja ele simples ou complexo.

Após a resolução das equações, o passo seguinte é a escolha de uma linguagem computacional apropriada para implementar as equações diferenciais do modelo (Fig. 2.13). Diversos *softwares* disponíveis no mercado tratam desse assunto, tais como Excel, Maple, Matlab, Fortran, C++, Delphi e Turbo Pascal. A escolha do *software* matemático está diretamente relacionada à intimidade do modelador com o programa, como também à complexidade do problema a ser resolvido. Alguns programas matemáticos levam vantagens em relação a outros em termos de velocidade de processamento e disponibilidade de funções pré-embutidas neles escritas.

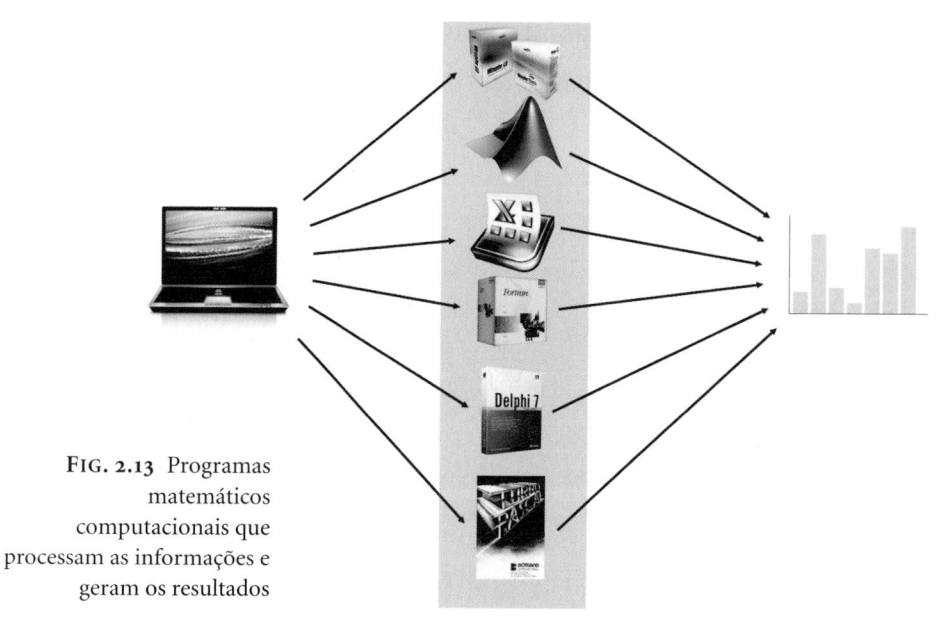

Fig. 2.13 Programas matemáticos computacionais que processam as informações e geram os resultados

2.4.5 Calibração e validação do modelo

Aqui, analisa-se a aceitação do modelo encontrado. Os parâmetros do modelo são ajustados de forma que a saída do modelo se aproxime dos dados observados (Fig. 2.14). A calibração do modelo pode ser realizada por tentativa e erro ou pelo uso de algoritmos que calibram automaticamente os parâmetros, utilizando funções objetivas que minimizam a diferença entre os valores calculados e observados. Para validar o modelo, testam-se os parâmetros calibrados em um outro período com dados observados. Caso o modelo seja considerado não válido, ou seja, sua solução não foi próxima à realidade, deve-se retornar à formulação de hipóteses, simplificações e reiniciar o processo.

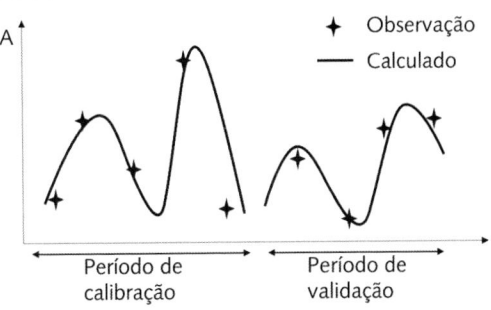

FIG. 2.14 Processo de calibração e validação do modelo

A eficiência da estimativa dos modelos é medida por meio de técnicas estatísticas que avaliam características particulares das séries calculadas. Exemplos dessas técnicas são apresentados na Tab. 2.1. O coeficiente de determinação de Nash-Sutcliffe (R^2) prioriza a comparação de valores com a média dos valores observados, o erro médio padrão (*RMSE*) dá um maior peso aos valores de maior magnitude, e no erro médio

TAB. 2.1 Coeficientes utilizados para descrever a eficiência do ajuste dos modelos

Coeficientes	Equação[1]
Coeficiente de determinação de Nash-Sutcliffe (R^2)	$R^2 = 1 - \dfrac{\sum (Y_{Obs}(t) - Y_{Cal}(t))^2}{\sum (Y_{Obs}(t) - \overline{Y}_{Obs}(t))^2}$
Erro médio padrão (*RMSE*)	$RMSE = \sqrt{\dfrac{\sum (Y_{Obs}(t) - Y_{Cal}(t))^2}{N}}$
Erro médio padrão invertido (*RMSEI*)	$RMSEI = \sqrt{\dfrac{\sum \left(\frac{1}{Y_{Obs}(t)} - \frac{1}{Y_{Cal}(t)}\right)^2}{N}}$

[1] Y_{Obs} é o valor observado, Y_{Cal} é o valor calculado pelo modelo, $\overline{Y}_{Obs}$ é a média dos valores observados e N é o número total de valores.

padrão invertido (RMSEI) prevalece o ajuste de valores de pequena ordem.

Essas técnicas de análise da eficiência do modelo podem revelar aspectos interessantes para a compreensão das restrições, limitações e vantagens dos modelos.

2.4.6 Aplicação do modelo

Caso o modelo seja considerado válido, ele pode ser utilizado em aplicações com objetivos diversos, tais como gerar hipóteses, compreender melhor o problema, explicar o fenômeno, analisar o comportamento das variáveis de estado, fazer previsões e tomar decisões a partir dos resultados observados. Esta última é uma das aplicações da modelagem que possibilita o manejo de situações associadas ao problema (*i.e.* cenários de estudo).

Ao se considerar o modelo presa-predador proposto pelas Eqs. 2.2 e 2.3, os dois organismos interagem, um servindo de fonte de alimento

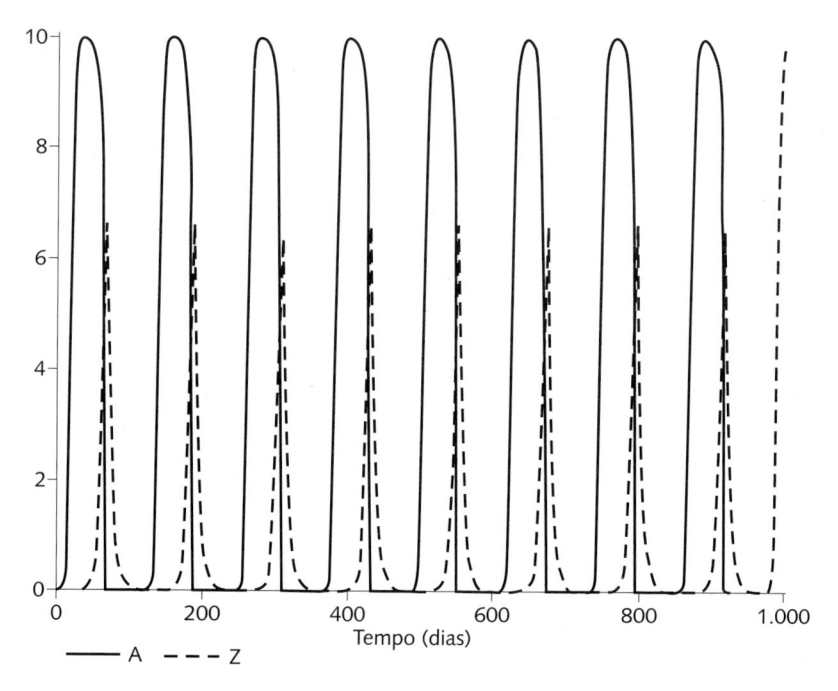

FIG. 2.15 Simulação dos processos presa *versus* predador na água e no **sedimento**, em um lago hipotético, envolvendo zooplâncton e fitoplâncton

primário para o outro. Nessa aplicação, utilizou-se a modelagem matemática com a finalidade de entender melhor os processos relacionados à competição entres os dois organismos. O fitoplâncton funciona como presa e o zooplâncton como predador (Fig. 2.15). Com uma população inicial de zooplâncton (predador) pequena, a produção de fitoplâncton na água (presa) começa a aumentar. Em um certo ponto, a população de presa torna-se tão numerosa que a população de predador começa a crescer. Eventualmente, o aumento de predadores causa o declínio da disponibilidade de fitoplâncton, levando a um decaimento da população de zooplâncton pela falta de alimento. O processo então se torna sazonalmente cíclico.

Vale ressaltar que essas etapas não representam uma prescrição rigorosa, mas uma sequência de procedimentos norteadores que podem proporcionar maior êxito no estudo de problemas por meio da modelagem matemática.

2.5 Modelos no gerenciamento hídrico e ambiental

Os modelos utilizados no gerenciamento hídrico e ambiental geralmente descrevem o comportamento de um sistema, ou seja, são utilizados para reproduzir um fenômeno de interesse sujeito a diferentes entradas. No entanto, eles também podem ser utilizados para examinar melhores soluções quando o interesse é otimizar aspectos econômicos, sociais ou ambientais (*e.g.* metas de qualidade da água, otimização de geração de energia e custos).

A aplicação de modelos está presente em diferentes fases do gerenciamento de recursos hídricos, dependendo dos propósitos do estudo. Como exemplo, um esquema geral é apresentado na Fig. 2.16, mostrando as etapas de um projeto de recursos hídricos, assim como a aplicação de modelos em diferentes etapas no projeto. Essas etapas não representam uma regra geral, mas um clássico exemplo de como, cada vez mais, a modelagem matemática é uma prática corrente e indispensável em estudos de recursos hídricos.

Na sequência, cada etapa é descrita com mais detalhes:
1. Identificação do estado atual da bacia: avaliação da ocupação urbana atual, estimativa da geração de esgoto doméstico e industrial, e de eventos chuvosos críticos.

Modelagem ecológica em ecossistemas aquáticos

Gestão nas bacias hidrográficas

Eventos nas bacias
- Cargas de nutrientes
- Uso do solo
- Avaliação das precipitações

Modelagem na bacia
- Características físicas
- Estimativa das cargas
- Avaliação da qualidade da água pluvial
- Transformação chuva-vazão
- Hidrogramas das sub-bacias
- Polutograma das sub-bacias
- Monitoramento

Gestão no ecossistema aquático

Modelagem ecológica (Monitoramento)
- Hidrodinâmica
- Qualidade da água
- Estrutura trófica

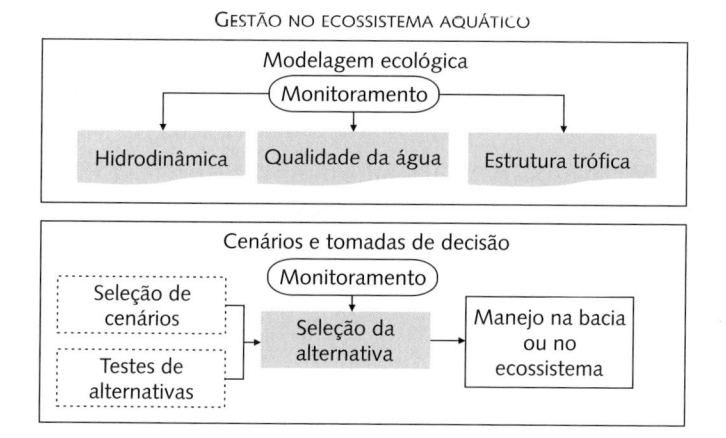

Cenários e tomadas de decisão (Monitoramento)
- Seleção de cenários
- Testes de alternativas
- Seleção da alternativa
- Manejo na bacia ou no ecossistema

FIG. 2.16 Modelos em projetos para gerenciamento dos recursos hídricos

2. Quantificação de volumes e cargas geradas pela bacia: levantamento das características físicas das bacias (área, rede de drenagem, **uso do solo**, declividade média etc.), e de modelo chuva-vazão para quantificar o escoamento sub e superficial produzido pelas bacias, e de **modelos de qualidade** da água para a estimativa do aporte de nutrientes gerado para o ecossistema aquático, o monitoramento de vazão e a amostragem de indicadores de qualidade da água.
3. Estado atual do ecossistema aquático: utilização de modelagem ecológica para identificar e quantificar o retrato atual do ecossistema, uso de monitoramento de níveis, velocidade, qualidade da água e comunidades aquáticas para a calibração do modelo.

4. Teste de alternativas: projeção dinâmica do crescimento populacional, uso do solo e cargas de nutrientes (previsão de cenários futuros otimistas e pessimistas, isto é, com e sem tratamento de esgoto, implantação de medidas mitigadoras) para utilização conjunta com a simulação ecológica de várias alternativas, visando ao retorno para um estado de referência em uma projeção de futuro.
5. Seleção do cenário: determinação do cenário que promove menores impactos no ecossistema aquático e que maximize os benefícios socioambientais e econômicos. Nessa etapa, critérios como custo do projeto, benefícios para o controle de cheias, diluição da poluição, redução dos custos de tratamento de água, comportamento das comunidades aquáticas e utilidade da água mais limpa aumentada para a irrigação e a indústria devem ser levados em consideração.
6. Aplicação, monitoramento e manejo na bacia: monitoramento das variáveis ecológicas no ecossistema aquático e nas bacias de contribuição durante a aplicação da alternativa escolhida, emprego de medidas corretivas na bacia, visando reduzir a geração de cargas pontuais de nutrientes, bem como o reflexo dessas melhorias no ecossistema aquático.

2.6 Tendências da modelagem ecológica

A Limnologia evoluiu, de uma ciência preponderamente descritiva e qualitativa, para uma área de conhecimento cujos métodos quantitativos são explorados por meio de metodologias matemáticas e estatísticas.

Apesar de a modelagem ecológica ter começado na década de 1920, o uso compreensivo de modelos no gerenciamento de ecossistemas apenas começou na década de 1970, com a acessibilidade e disseminação dos computadores. Recentes estimativas indicam que mais de 4.000 diferentes modelos ecológicos foram utilizados como ferramentas de pesquisa e gerenciamento ambiental. Aprendemos que o desenvolvimento de modelos requer um conhecimento compreensivo da funcionalidade do ecossistema, sendo extremamente importante encontrar um equilíquio entre complexidade e foco do problema. Apesar da larga experiência obtida com a modelagem ecológica, ainda

há muitos problemas no desenvolvimento de modelos matemáticos, entre os quais podemos citar:
A. frequentemente não se tem informação suficiente para desenvolver ou aplicar um modelo;
B. a estimativa dos valores dos parâmetros ainda requer muito esforço computacional, de campo e experimental;
C. nem sempre os modelos refletem as reais propriedades dos ecossistemas, em particular suas adaptabilidades e habilidades de reconhecer uma mudança de estado do ecossistema quando submetido a fortes distúrbios (*e.g.* mudança na composição de espécies pelo aumento de carga de nutrientes ou biomanipulação).

A complexidade de um ecossistema não é apenas formada por um grande número de interações entre organismos e variáveis químicas e físicas. Ecossistemas pertencem a uma classe de sistemas denominada "sistemas adaptativos" (Brown, 1995). O número de *feedbacks* e processos é tão grande que torna possível um organismo, ou uma população, sobreviver e reproduzir mesmo sob fortes mudanças das condições externas ou internas (também chamadas de condições prevalecentes do ecossistema). Um dos grandes desafios da modelagem ecológica futura é o desenvolvimento de **modelos adaptativos** a mudanças das condições prevalecentes, chamados modelos conceituais de estrutura dinâmica, os quais possuem uma estrutura adaptativa a essas mudanças, ou seja, os parâmetros estão em função das condições externas e internas do ambiente (Jorgensen, 1999). Entretanto, uma precisa representação das condições do ecossistema após um distúrbio pode não ser garantida, a menos que as interações tróficas sejam mais bem entendidas durante tais mudanças. Deve-se realizar um esforço nesse sentido, também deverá ser realizado se quisermos obter um prognóstico mais preciso dos modelos ecológicos.

EQUAÇÕES DIFERENCIAIS 3

3.1 IDENTIFICAÇÃO DOS PROCESSOS

As equações diferenciais derivadas na formulação de modelos são simplificações matemáticas de comportamentos reais. Elas expressam os mais importantes processos, com a finalidade de representar um determinado fenômeno (*e.g.* comportamento de uma determinada comunidade aquática, a variação de um componente químico da água, um **escoamento superficial**). Em modelos ecológicos, geralmente essas equações estão em função do espaço e do tempo (variáveis independentes). Existem dois métodos para resolver uma **equação diferencial: analíticos** e numéricos. Quando todas as equações em um modelo podem ser resolvidas algebricamente, o modelo é classificado como analítico. Como os problemas ecológicos são, com frequência, altamente não lineares, uma **solução analítica** nem sempre é possível (*e.g.* equação de **Navier-Stokes**), tornando esse método um pouco limitado em problemas complexos. Nesses casos, são utilizados **métodos numéricos**, que dão uma aproximação da solução verdadeira (dependendo de critérios de **convergência**, **consistência** e **estabilidade**). Neste capítulo descrevemos, de forma simplificada, alguns dos métodos analíticos e numéricos mais comuns, visando solucionar algumas equações diferenciais de modelos ecológicos simples/complexos e as equações de escoamento.

3.2 FUNDAMENTOS DE UMA EQUAÇÃO DIFERENCIAL

As equações diferenciais podem ser classificadas como ordinárias ou parciais. Uma Equação Diferencial Ordinária (EDO) caracteriza-se pela presença de uma única variável independente; caso contrário, ela pode ser denominada Equação Diferencial Parcial (EDP), que possui diversas variáveis independentes. Apresentam-se a seguir as soluções de casos particulares de equações diferenciais de 1ª ordem e de sistemas de equações diferenciais amplamente encontrados em problemas ecológicos simples, que descrevem o comportamento de uma variável de estado ou interações entre duas ou mais variáveis de interesse.

3.2.1 Equações diferenciais de 1ª ordem

Sob muitos aspectos, as mais simples equações diferenciais encontradas em problemas ecológicos são as equações diferenciais ordinárias de 1ª ordem, cuja forma é:

$$a_1(x)\frac{dy}{dx} + a_0(x)y = h(x) \qquad 3.1$$

onde y é a variável dependente, x é a variável independente e a_1, a_0 e h são funções contínuas de x, com $a_1 \neq 0$. Dividindo todos os termos

Exemplo 3.1 Ache a solução geral de $\frac{dy}{dt} = t - 2ty$, onde t é a variável independente e y é a variável dependente.

Nesse caso, $p(t) = 2t$ e $h(t) = t$, a solução geral é:

$$y = \left(C + \int t \cdot e^{\int 2t \cdot dt} \cdot dt\right) \cdot e^{-\int 2t \cdot dt}$$

$y = \cdot \left(C + \int t \cdot e^{t^2} \cdot dt\right) \cdot e^{-t^2}$, integrando $\int t \cdot e^{t^2} \cdot dt$ por partes, tem-se:

$$y = \cdot \left(\frac{e^{t^2}}{2} + C\right) \cdot e^{-t^2} = \frac{1}{2} + Ce^{-t^2}$$

Solução geral:

$$y(t) = \cdot \left(\frac{e^{t^2}}{2} + C\right) \cdot e^{-t^2} = \frac{1}{2} + Ce^{-t^2}, \text{ e}$$

$C = \cdot \frac{2y_0 - 1}{2e^{-t_0^2}}$, para $y = y_0$ em $t = t_0$.

por a_1, podemos reescrever a Eq. 3.1 de forma simplificada:

$$\frac{dy}{dx} + p(x)y = h(x) \qquad \textbf{3.2}$$

onde $p(x) = a_0(x)/a_1(x)$ e $q(x) = h(x)/a_1(x)$. A solução geral dessa equação em um intervalo contínuo I pode ser obtida por:

$$y = \left(C + \int h(x) \cdot e^{\int p(x) \cdot dx} \cdot dx\right) \cdot e^{-\int p(x) \cdot dx} \qquad \textbf{3.3}$$

onde C é uma constante arbitrária. O conjunto de soluções acima faz parte da **solução geral** da equação diferencial de 1ª ordem, a qual depende do valor da constante C. Uma **solução particular** pode ser determinada a partir de um ponto conhecido que pertence a essa solução. Dessa forma, o valor de C pode ser determinado.

Na Fig. 3.1 traçamos algumas soluções particulares, considerando diferentes valores de C. Note que para cada valor de C existe uma curva correspondente no plano xy. Isso significa que, dependendo do ponto conhecido, existirá uma única solução para a equação diferencial. Esse comportamento das soluções particulares é característico das equações diferenciais de 1ª ordem.

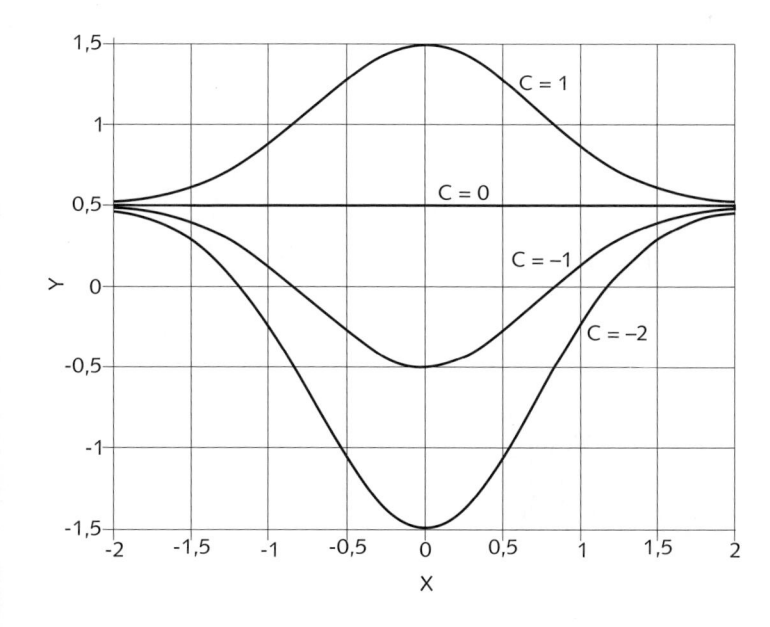

FIG. 3.1 Conjunto de soluções particulares do Exemplo 3.1

3.2.2 Sistema de equações diferenciais de 1ª ordem

Muitos problemas ecológicos simples destacam as interações entre duas ou mais variáveis de estado, as quais resultam em um sistema de equações diferenciais de 1ª ordem, no qual cada operador aparece com ordem menor ou igual a 1. Esse sistema tem a seguinte forma:

$$\frac{dx_1}{dt} = a_{11}x_1 + a_{12}x_2 + a_{13}x_3 + \cdots + a_{1n}x_n$$
$$\frac{dx_2}{dt} = a_{21}x_1 + a_{22}x_2 + a_{23}x_3 + \cdots + a_{2n}x_n \quad \text{3.4}$$
$$\vdots$$
$$\frac{dx_n}{dt} = a_{n1}x_1 + a_{n2}x_2 + a_{n3}x_3 + \cdots + a_{nn}x_n$$

onde a_{11}, ..., a_{nn} são constantes; x_1, x_2, ..., x_n são as variáveis dependentes e t é a variável independente. Em forma matricial, a Eq. 3.4 pode ser escrita como:

$$\frac{dX}{dt} = A \cdot X \quad \text{ou} \quad X' = A \cdot X \quad \text{3.5}$$

onde A é a matriz de coeficientes e X é o vetor de incógnitas. Com a finalidade de solucionar o vetor X, são propostas combinações lineares da forma:

$$X = e^{\lambda t} \cdot T \quad \text{3.6}$$

onde T é um vetor constante e λ é um valor a determinar. Substituindo no sistema de equações diferenciais apresentado na Eq. 3.5, tem-se:

$$\lambda \cdot e^{\lambda t} \cdot T = A \cdot e^{\lambda t} \cdot T, \quad \text{ou} \quad e^{\lambda t}(AT - \lambda T) = 0 \quad \text{3.7}$$

resultando em:

$$e^{\lambda t}(A - \lambda I)T = 0 \quad \text{3.8}$$

onde I é a matriz identidade composta por 0 fora da diagonal principal e por 1 na diagonal principal. Como $e^{\lambda t}$ é sempre diferente de zero, podemos reescrever a Eq. 3.8 na forma:

$$(A - \lambda I)T = 0 \quad \text{3.9}$$

EQUAÇÕES DIFERENCIAIS

A Eq. 3.9 é denominada a transformação linear do sistema de equações diferenciais, que fornece soluções particulares da forma $e^{\lambda t} \cdot T$ ou combinações lineares dessa solução. Em linguagem matemática, λ são os **autovalores** e T são os **autovetores** associados a A, responsáveis pela transformação de $X' = A \cdot X$ em $X = e^{\lambda t} \cdot T$

Se os elementos da matriz A, de $n \times n$, são funções contínuas de t em um intervalo qualquer, então existem n vetores linearmente independentes, $x_1, x_2, ..., x_n$, que satisfazem o sistema apresentado na Eq. 3.4, e qualquer outra solução pode ser expressa como uma combinação linear de $x_1, x_2, ..., x_n$. Dessa forma, podemos escrever uma solução geral da forma:

$$X = C_1 X_1 + C_2 X_2 + ... + C_n X_n \qquad \textbf{3.10}$$

onde cada elemento $C_i X_i$ é uma solução particular do sistema de equações, e as soluções são da forma:

$$X_i = e^{\lambda_i t} \cdot T_i \qquad \textbf{3.11}$$

EXEMPLO 3.2 Ache a solução geral do sistema de equações diferenciais

$$\frac{dx_1}{dt} = -3x_1 + 4x_2 \qquad \frac{dx_2}{dt} = -2x_1 + 3x_2$$

Em forma matricial: $\dfrac{dX}{dt} = A \cdot X$

onde $A = \begin{bmatrix} -3 & 4 \\ -2 & 3 \end{bmatrix}$ e $X = \begin{bmatrix} x_1 \\ x_2 \end{bmatrix}$

Os autovalores podem então ser determinados utilizando-se a Eq. 3.9:

$$\det(A - \lambda I) = 0 \Rightarrow \begin{vmatrix} -3-\lambda & 4 \\ -2 & 3-\lambda \end{vmatrix} = 0 \Rightarrow \begin{cases} \lambda_1 = 1 \\ \lambda_2 = -1 \end{cases}$$

Os autovetores são: $\begin{cases} AT_1 = \lambda_1 T_1 \\ AT_2 = \lambda_2 T_2 \end{cases}$, onde $T_1 = \begin{bmatrix} s_1 \\ s_2 \end{bmatrix}$ e $T_2 = \begin{bmatrix} r_1 \\ r_2 \end{bmatrix}$

Resolvendo $AT_1 = \lambda_1 T_1$, tem-se:

$$\begin{bmatrix} -3 & 4 \\ -2 & 3 \end{bmatrix} \cdot \begin{bmatrix} s_1 \\ s_2 \end{bmatrix} = 1 \cdot \begin{bmatrix} s_1 \\ s_2 \end{bmatrix} \Rightarrow \begin{cases} -4s_1 + 4s_2 = 0 \\ -2s_1 + 2s_2 = 0 \end{cases} \Rightarrow s_1 = s_2.$$

Se $s_1 = 1$, tem-se: $T_1 = \begin{bmatrix} 1 \\ 1 \end{bmatrix}$.

Resolvendo $AT_2 = \lambda_2 T_2$, tem-se:

$$\begin{bmatrix} -3 & 4 \\ -2 & 3 \end{bmatrix} \cdot \begin{bmatrix} r_1 \\ r_2 \end{bmatrix} = -1 \cdot \begin{bmatrix} r_1 \\ r_2 \end{bmatrix} \Rightarrow \begin{cases} -2r_1 + 4r_2 = 0 \\ -2r_1 + 4r_2 = 0 \end{cases} \Rightarrow r_1 = 2r_2.$$

Se $r_1 = 1$, tem-se: $T_2 = \begin{bmatrix} 2 \\ 1 \end{bmatrix}$.

Solução geral:

$$X = C_1 e^t T_1 + C_2 e^{-t} T_2 = C_1 e^t \begin{bmatrix} 1 \\ 1 \end{bmatrix} + C_2 e^{-t} \begin{bmatrix} 2 \\ 1 \end{bmatrix},$$

ou

$$\begin{bmatrix} x_1 \\ x_2 \end{bmatrix} = C_1 e^t \begin{bmatrix} 1 \\ 1 \end{bmatrix} + C_2 e^{-t} \begin{bmatrix} 2 \\ 1 \end{bmatrix} \Rightarrow \begin{cases} x_1 = C_1 e^t + 2C_2 e^{-t} \\ x_2 = C_1 e^t + C_2 e^{-t} \end{cases}$$

Assim como no caso das equações diferenciais de 1ª ordem, existe uma solução particular para cada combinação dos valores de C_1 e C_2 (Fig. 3.2). Os valores desses coeficientes são determinados por meio do conhecimento de pontos que pertencem a uma determinada solução particular de x_1 e x_2.

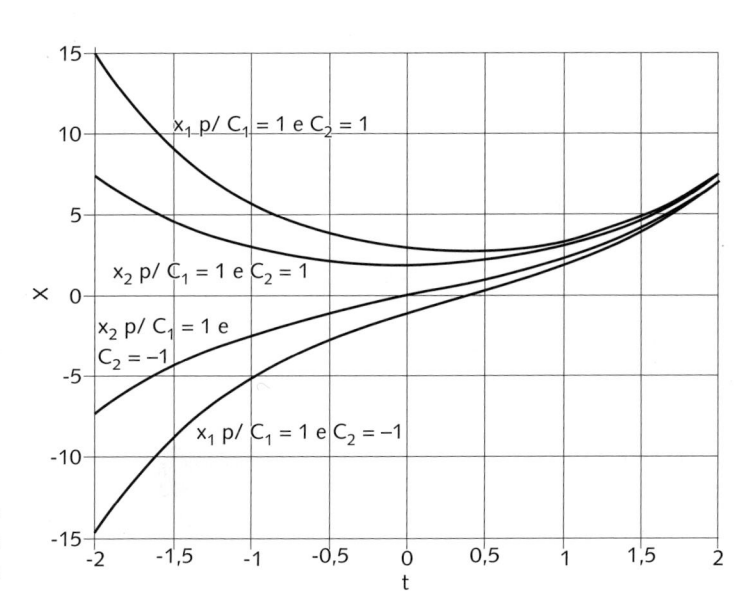

FIG. 3.2 Conjunto de soluções particulares do Exemplo 3.2

Para o caso de os autovalores serem iguais, são propostas soluções da forma:

$$X_i = \sum_{k=0}^{i-1} t^k \cdot e^{\lambda_i t} \cdot T_i \qquad \textbf{3.12}$$

onde $k = 0, 1, ..., n - 1$ é um fator de multiplicidade do autovalor λi. Dessa forma, podemos escrever a solução geral da seguinte forma:

$$X = C_1 \cdot e^{\lambda_1 t} \cdot T_1 + C_2 t^1 \cdot e^{\lambda_1 t} \cdot T_2 + ... + C_n t^{n-1} \cdot e^{\lambda_n t} \cdot T_n \quad \textbf{3.13}$$

EXEMPLO 3.3 Ache a solução geral do sistema de equações diferenciais

$\dfrac{dx_1}{dt} = 3x_1 - x_2 \quad \dfrac{dx_2}{dt} = x_1 + x_2$, em forma matricial $\dfrac{dX}{dt} = A \cdot X$

onde $A = \begin{bmatrix} 3 & -1 \\ 1 & 1 \end{bmatrix}$ e $X = \begin{bmatrix} x_1 \\ x_2 \end{bmatrix}$.

Os autovalores podem então ser determinados utilizando-se a Eq. 3.9:

$$\det(A - \lambda I) = 0 \Rightarrow \begin{vmatrix} 3-\lambda & -1 \\ 1 & 1-\lambda \end{vmatrix} = 0 \Rightarrow \begin{cases} \lambda_1 = 2 \\ \lambda_2 = 2 \end{cases}$$

Propomos as soluções particulares:

$X_1 = e^{\lambda_1 t} \cdot T_1$ e $X_2 = e^{\lambda_2 t} \cdot T_2 + t \cdot e^{\lambda_2 t} \cdot T_3 = e^{\lambda_2 t}(T_2 + t \cdot T_3)$

Resolvendo $AT_1 = \lambda_1 T_1 \Rightarrow AT_1 = 2T_1$, tem-se:

$$\begin{bmatrix} 3 & -1 \\ 1 & 1 \end{bmatrix} \cdot \begin{bmatrix} s_1 \\ s_2 \end{bmatrix} = 2 \cdot \begin{bmatrix} s_1 \\ s_2 \end{bmatrix} \Rightarrow \begin{cases} s_1 - s_2 = 0 \\ 2s_1 - 2s_2 = 0 \end{cases} \Rightarrow s_1 = s_2.$$

Se $s_1 = 1$, tem-se: $T_1 = \begin{bmatrix} 1 \\ 1 \end{bmatrix} \Rightarrow X_1 = e^{2t} \begin{bmatrix} 1 \\ 1 \end{bmatrix}$.

A segunda solução pode ser obtida substituindo X_2 em $\dfrac{dX}{dt} = A \cdot X$:

$$2e^{2t}(T_2 + t \cdot T_3) + e^{2t} T_3 = Ae^{2t}(T_2 + t \cdot T_3).$$

Simplificando a equação por e^{2t}, tem-se: $(2T_2 + T_3) + 2tT_3 = AT_2 + tAT_3$.

Igualando os coeficientes, resulta em: $\begin{cases} 2T_2 + T_3 = AT_2 \; (1) \\ 2T_3 = AT_3 \Rightarrow T_3 = T_1 \; (2) \end{cases}$.

Da equação (1) obtém-se:

$$(A - 2I) T_2 = T_3 = T_1 \Rightarrow \begin{bmatrix} 3-2 & -1 \\ 1 & 1-2 \end{bmatrix} \begin{bmatrix} r_1 \\ r_2 \end{bmatrix} = \begin{bmatrix} 1 \\ 1 \end{bmatrix} \Rightarrow$$

$$\Rightarrow \begin{cases} r_1 - r_2 = 1 \\ 2r_1 - 2r_2 = 2 \end{cases} \Rightarrow r_1 = r_2 + 1$$

Se $r_1 = 1, \Rightarrow T_2 = \begin{bmatrix} 1 \\ 0 \end{bmatrix}$, logo a solução geral do sistema é:

$$X = C_1 X_1 + C_2 X_2 = e^{2t} \left\{ C_1 \begin{bmatrix} 1 \\ 1 \end{bmatrix} + C_2 \begin{bmatrix} t+1 \\ t \end{bmatrix} \right\}, \text{ ou}$$

$$\begin{bmatrix} x_1 \\ x_2 \end{bmatrix} = e^{2t} \begin{bmatrix} C_1 + C_2(t+1) \\ C_1 + C_2 t \end{bmatrix} \Rightarrow \begin{cases} x_1 = C_1 e^{2t} + C_2(t+1)e^{2t} \\ x_2 = C_1 e^{2t} + C_2 t e^{2t} \end{cases}.$$

3.3 Métodos numéricos

Algumas equações diferenciais ou sistemas de equações diferenciais são tão complexos que não podem ser resolvidos analiticamente. É possível, contudo, encontrar soluções aproximadas ao se desmembrar o domínio no tempo e no espaço em intervalos discretos, em um número finito de pontos, com a finalidade de representar um determinado fenômeno da melhor forma possível. Os principais métodos numéricos encontrados na literatura são: o **Método das Diferenças Finitas** (MDF) e o **Método dos Elementos Finitos** (MEF). Cada um desses métodos apresenta variações quanto ao seu esquema de discretização. Descrever em detalhes todas essas variações não é o propósito deste livro. Assim, será apresentado o Método das Diferenças Finitas e algumas variações quanto à forma de aproximação das derivadas, uma vez que é o método mais aplicado atualmente em modelos ecológicos, por questões de simplicidade em sua formulação.

A base do MDF é que funções de variáveis contínuas que descrevem um determinado comportamento são substituídas por funções definidas em um número finito de pontos em uma **grade** dentro de um domínio de interesse (Fig. 3.3).

EQUAÇÕES DIFERENCIAIS

Essa grade pode ser regular ($\Delta x_i = \Delta x_{i-1}$) ou irregular ($\Delta x_i \neq \Delta x_{i-1}$) no espaço e/ou no tempo. Geralmente, a discretização no espaço é denotada pelo símbolo i, onde $x_i = \sum_{i=1}^{N} \Delta x_i$, para $i = 1, 2, ..., N$. Da mesma maneira, a discretização no tempo é definida por um conjunto de pontos denotados pelo símbolo n, onde $t_n = \sum_{n=1}^{M} \Delta t_n$, para $n = 1, 2, ..., M$. Esse conjunto de pontos define a grade computacional de interesse.

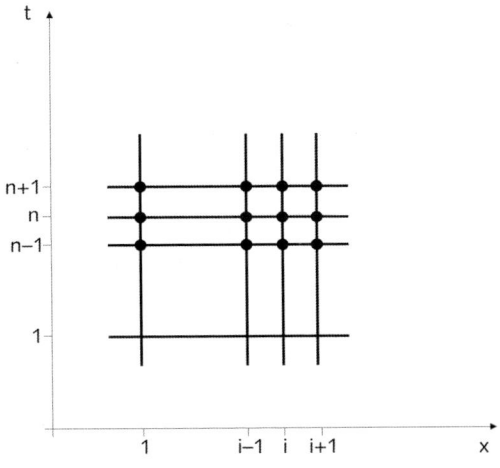

FIG. 3.3 Grade computacional de Diferenças Finitas

Por definição, a derivada de uma função contínua $f(x, t)$ pode ser escrita como:

$$\frac{\partial f}{\partial x} = \lim_{\Delta x \to 0} \frac{f(x + \Delta x, t) - f(x, t)}{\Delta x} \quad \text{(no espaço)}$$

$$\frac{\partial f}{\partial t} = \lim_{\Delta t \to 0} \frac{f(x, t + \Delta t) - f(x, t)}{\Delta t} \quad \text{(no tempo)}$$

3.14

Em diferenças finitas, uma derivada real é aproximada numericamente se Δx ou Δt for suficientemente pequeno para representar o valor real das derivadas (Fig. 3.4):

$$\frac{\partial f}{\partial x} \cong \frac{f(x + \Delta x, t) - f(x, t)}{\Delta x}$$

(no espaço)

$$\frac{\partial f}{\partial t} \cong \frac{f(x, t + \Delta t) - f(x, t)}{\Delta t}$$

(no tempo)

3.15

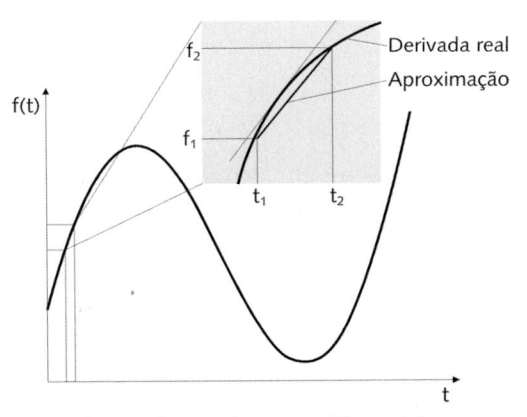

FIG. 3.4 Escolha do elemento diferencial para representar a derivada real da função f em um ponto t (reta tangente)

O fato é que Δx e Δt nunca são infinitesimalmente pequenos e, por isso, existe sempre um resíduo resultante dessa aproximação, associado à estabilidade da **solução numérica**. Esse erro pode ser estimado utilizando-se a **série de Taylor**:

$$R_n(x) = \frac{d^2f}{dx^2}\frac{\Delta x}{2!} + \frac{d^3f}{dx^3}\frac{\Delta x^2}{3!} + \cdots + \frac{d^{(n)}f}{dx^{(n)}}\frac{\Delta x^{(n-1)}}{n!} \quad \text{(no espaço)}$$

$$R_n(t) = \frac{d^2f}{dt^2}\frac{\Delta t}{2!} + \frac{d^3f}{dt^3}\frac{\Delta t^2}{3!} + \cdots + \frac{d^{(n)}f}{dt^{(n)}}\frac{\Delta t^{(n-1)}}{n!} \quad \text{(no tempo)}$$

3.16

Os esquemas numéricos são classificados quanto ao nível de discretização no espaço e/ou no tempo. No espaço, existem três tipos de aproximações:

A. **central**, que utiliza informações das abscissas $x + \Delta x$ e $x - \Delta x$, ou nos pontos $x + \Delta x/2$ e $x - \Delta x/2$, para o cálculo da derivada em x;
B. **progressiva**, que utiliza informações das abscissas $x + \Delta x$ e x para o cálculo da derivada em x; e
C. **regressiva**, que utiliza informações nos pontos x e $x - \Delta x$ para o cálculo da derivada em x.

Matematicamente, esses esquemas no espaço podem ser expressos por:

$$\frac{\partial f}{\partial x} \cong \frac{f(x+\Delta x, t) - f(x-\Delta x, t)}{2\Delta x}$$
$$= \frac{f_{i+1,n} - f_{i-1,n}}{2\Delta x} \quad \text{(central)}$$

$$\frac{\partial f}{\partial x} \cong \frac{f(x+\Delta x/2, t) - f(x-\Delta x/2, t)}{\Delta x}$$
$$= \frac{f_{i+1/2,n} - f_{i-1/2,n}}{\Delta x} \quad \text{(central)}$$

$$\frac{\partial f}{\partial x} \cong \frac{f(x+\Delta x, t) - f(x, t)}{\Delta x} = \frac{f_{i+1,n} - f_{i,n}}{\Delta x} \quad \text{(progressivo)}$$

$$\frac{\partial f}{\partial x} \cong \frac{f(x, t) - f(x-\Delta x, t)}{\Delta x} = \frac{f_{i,n} - f_{i-1,n}}{\Delta x} \quad \text{(regressivo)}$$

3.17

Entre os esquemas numéricos no espaço, o mais utilizado em aplicações é o **esquema central**, pelo fato de, muitas vezes, melhor representar a derivada real. No tempo, os esquemas podem ser classificados como explícitos, implícitos ou semi-implícitos. Os **esquemas**

explícitos usam informações do tempo n para a derivada do espaço e estimam a solução no tempo n + 1. Nos **esquemas implícitos**, a derivada espacial é aproximada utilizando-se informações no tempo n + 1, enquanto os esquemas semi-implícitos utilizam um ponderador temporal θ no tempo n e no tempo n + 1 para o cálculo da derivada no espaço. Por exemplo, as Eqs. 3.17 foram discretizadas de forma explícita no tempo, porque todas as derivadas no espaço utilizaram informações no tempo n. A forma implícita dessas derivadas seria:

$$\frac{\partial f}{\partial x} \cong \frac{f_{i+1,n+1} - f_{i-1,n+1}}{2\Delta x}$$

$$\frac{\partial f}{\partial x} \cong \frac{f_{i+1/2,n+1} - f_{i-1/2,n+1}}{\Delta x}$$

$$\frac{\partial f}{\partial x} \cong \frac{f_{i+1,n+1} - f_{i,n+1}}{\Delta x}$$

$$\frac{\partial f}{\partial x} \cong \frac{f_{i,n+1} - f_{i-1,n+1}}{\Delta x}$$

3.18

Por fim, a forma semi-implícita das derivadas do espaço pode ser escrita como:

$$\frac{\partial f}{\partial x} \cong \theta \cdot \frac{f_{i+1,n+1} - f_{i-1,n+1}}{2\Delta x} + (1-\theta) \cdot \frac{f_{i+1,n} - f_{i-1,n}}{2\Delta x}$$

$$\frac{\partial f}{\partial x} \cong \theta \cdot \frac{f_{i+1/2,n+1} - f_{i-1/2,n+1}}{\Delta x} + (1-\theta) \cdot \frac{f_{i+1/2,n} - f_{i-1/2,n}}{\Delta x}$$

$$\frac{\partial f}{\partial x} \cong \theta \cdot \frac{f_{i+1,n+1} - f_{i,n+1}}{\Delta x} + (1-\theta) \cdot \frac{f_{i+1,n} - f_{i,n}}{\Delta x}$$

$$\frac{\partial f}{\partial x} \cong \theta \cdot \frac{f_{i,n+1} - f_{i-1,n+1}}{\Delta x} + (1-\theta) \cdot \frac{f_{i,n} - f_{i-1,n}}{\Delta x}$$

3.19

O ponderador temporal θ pode assumir valores entre 0 e 1. Observe que, para θ = 1, o **esquema numérico** fica completamente implícito, enquanto que, para θ = 0, o esquema fica totalmente explícito. Aplicações comprovam que esse procedimento melhora a **precisão** e assegura a estabilidade da predição de modelos (*e.g.* Wang et al., 1998).

Pelo seu grau de simplicidade (apenas uma incógnita por equação), os esquemas explícitos no tempo são os mais utilizados. Já os esquemas implícitos e semi-implícitos necessitam do emprego de técnicas matriciais para a solução da variável de interesse (apresentam mais de uma incógnita por equação) (ver Press et al., 1992 para a solução de sistema de equações).

Alguns esquemas numéricos são apresentados na sequência, os quais são simplesmente casos particulares dos esquemas apresentados anteriormente.

Esquema de Lax

O esquema de diferenças finitas de Lax é baseado nas seguintes aproximações das derivadas.

$$\frac{\partial f}{\partial x} \cong \frac{f_{i+1,n} - f_{i-1,n}}{2\Delta x} \quad \text{(espaço)} \quad \textbf{3.20}$$

$$\frac{\partial f}{\partial t} \cong \frac{f_{i,n+1} - \left[\alpha f_{i,n} + (1-\alpha)\frac{f_{i+1,n} - f_{i-1,n}}{2}\right]}{\Delta t} \quad \text{(tempo)} \quad \textbf{3.21}$$

O esquema de Lax utiliza um esquema centrado explícito para a derivada no espaço e uma ponderação espacial nos elementos do tempo n para a derivada no tempo (Fig. 3.5).

O valor de α pode variar de 0 a 1. Para $\alpha = 1$, o esquema de diferenças no tempo dá um maior peso ao termo $f_{i,n}$, e para $\alpha = 0$, o esquema dá um maior peso aos termos $f_{i+1,n}$ e $f_{i-1,n}$.

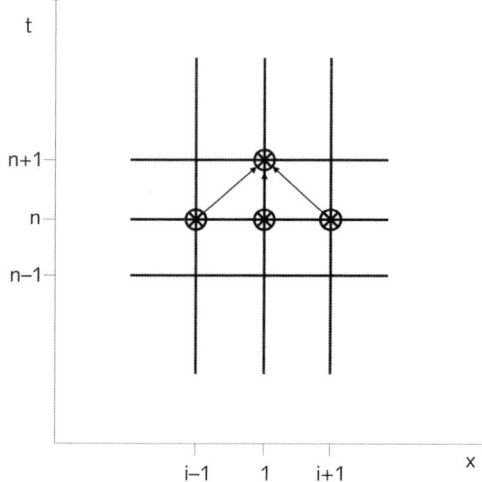

FIG. 3.5 Elementos utilizados no esquema de Lax

EXEMPLO 3.4 Utilizando diferentes esquemas numéricos, ache a solução numérica para a equação diferencial

$$\frac{\partial Y}{\partial t} = k\frac{\partial Y}{\partial x}, \quad \text{sendo Y uma função de x e t.}$$

Solução:
1) Esquema central explícito para a derivada do espaço:

$$\frac{Y_{i,n+1} - Y_{i,n}}{\Delta t} = k\frac{Y_{i+1,n} - Y_{i-1,n}}{2\Delta x}.$$

Nesse caso, haveria apenas uma incógnita no tempo $n + 1$. Explicitando a incógnita, tem-se:

$$Y_{i,n+1} = Y_{i,n} + \frac{\Delta t \cdot k}{2\Delta x}(Y_{i+1,n} - Y_{i-1,n}).$$

2) Esquema central implícito para a derivada do espaço:

$$\frac{Y_{i,n+1} - Y_{i,n}}{\Delta t} = k\frac{Y_{i+1,n+1} - Y_{i-1,n+1}}{2\Delta x}.$$

Nesse caso, haveria três incógnitas no tempo $n + 1$ por equação. Organizando a equação acima, obtém-se:

$$Y_{i,n+1} - \left(\frac{\Delta t \cdot k}{2\Delta x}\right)Y_{i+1,n+1} + \left(\frac{\Delta t \cdot k}{2\Delta x}\right)Y_{i-1,n+1} = Y_{i,n}.$$

3) Esquema central semi-implícito para a derivada do espaço:

$$\frac{Y_{i,n+1} - Y_{i,n}}{\Delta t} = k\left[\theta\frac{Y_{i+1,n+1} - Y_{i-1,n+1}}{2\Delta x} + (\theta - 1)\frac{Y_{i+1,n} - Y_{i-1,n}}{2\Delta x}\right].$$

Arrumando os termos da equação acima, tem-se:

$$Y_{i,n+1} - \left(\theta\frac{\Delta t \cdot k}{2\Delta x}\right)Y_{i+1,n+1} + \left(\theta\frac{\Delta t \cdot k}{2\Delta x}\right)Y_{i-1,n+1} =$$
$$Y_{i,n} + \left((\theta - 1)\frac{\Delta t \cdot k}{2\Delta x}\right)Y_{i+1,n} - \left((\theta - 1)\frac{\Delta t \cdot k}{2\Delta x}\right)Y_{i-1,n}$$

Esquema de Leap-flog

O esquema de diferenças finitas de Leap-flog utiliza um esquema centrado explícito para a derivada no espaço e no tempo (Fig. 3.6).

$$\frac{\partial f}{\partial x} \cong \frac{f_{i+1,n} - f_{i-1,n}}{2\Delta x} \quad \text{(espaço)}$$

3.22

$$\frac{\partial f}{\partial t} \cong \frac{f_{i,n+1} - f_{i,n-1}}{\Delta t} \quad \text{(tempo)}$$

3.23

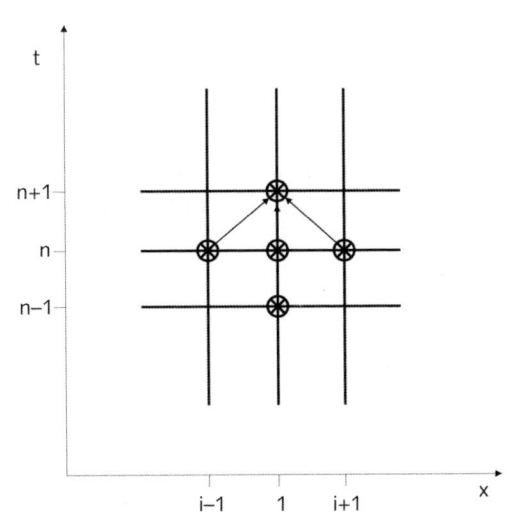

FIG. 3.6 Elementos utilizados no esquema de Leap-flog

Esquema de Preissman

O esquema de diferenças finitas de Preissman utiliza um esquema centrado semi-implícito para a derivada no espaço e um esquema centrado no tempo, utilizando elementos médios localizados entre os nós (Fig. 3.7).

$$\frac{\partial f}{\partial x} \cong \theta \frac{f_{i+1/2,n+1} - f_{i-1/2,n+1}}{\Delta x}$$
$$+ (1-\theta)\frac{f_{i+1/2,n} - f_{i-1/2,n}}{\Delta x} \quad \text{(espaço)} \quad \mathbf{3.24}$$

$$\frac{\partial f}{\partial t} \cong \frac{(f_{i,n+1} + f_{i-1,n+1}) - (f_{i,n} + f_{i-1,n})}{2\Delta t} \quad \text{(tempo)} \quad \mathbf{3.25}$$

onde $f_{i+1/2,n} = \frac{f_{i+1,n} - f_{i,n}}{2}$ e $f_{i-1/2,n} = \frac{f_{i,n} - f_{i-1,n}}{2}$. Para $\theta = 0$, a derivada no espaço fica completamente explícita.

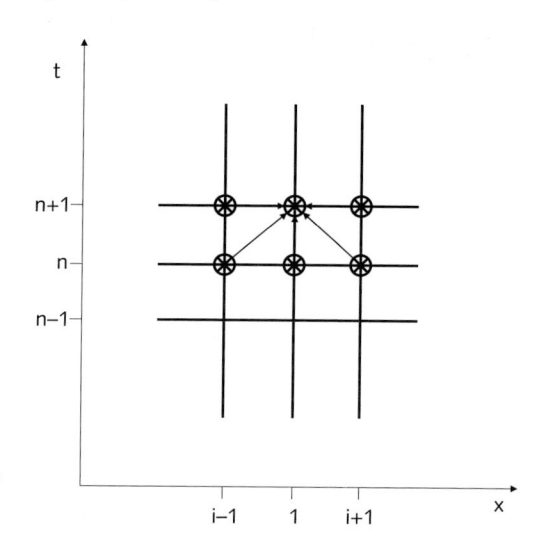

FIG. 3.7 Elementos do esquema de Preissman

3.4 Consistência e convergência

A simples escolha de um esquema numérico não é suficiente para obter a solução correta; é necessário conhecer algumas condições dos esquemas que permitem uma solução compatível para a equação diferencial. A solução numérica sempre envolve algum erro com relação a sua solução analítica verdadeira. Para que esses erros sejam minimizados, é necessário verificar a consistência, a convergência, a estabilidade e a precisão numérica do esquema utilizado, com relação à equação diferencial representada.

Os erros envolvidos na solução numérica são de **truncamento** da série, o de arredondamento e o de discretização. O erro de truncamento refere-se ao truncamento da expansão da série de Taylor dos termos envolvidos. O erro de arredondamento refere-se ao arredondamento de um número nas suas operações, relacionado à característica do programa computacional matemático utilizado (*e.g.* Fortran, C++, Matlab), enquanto o erro de discretização depende de como o esquema numérico discretiza a equação diferencial. Com a evolução dos programas computacionais, o erro de arredondamento é praticamente desprezível quando as variáveis são declaradas em formato de dupla precisão (*double precision*).

Para um esquema numérico ser considerado consistente na solução de uma equação diferencial, a diferença (w) entre a equação diferencial e a equação diferencial numérica tende para zero quando $\Delta x \rightarrow 0$ e $\Delta t \rightarrow 0$.

Um esquema numérico é convergente quando a(s) diferença(s) entre a solução obtida por meio do esquema numérico e a solução verdadeira converge(m) para zero quando $\Delta x \rightarrow 0$ e $\Delta t \rightarrow 0$.

Conforme a solução numérica se aproxima da solução analítica, o sistema é convergente. Por sua vez, quando toda a equação numérica converge para a equação diferencial, o sistema é consistente.

3.5 Estabilidade e precisão

Mesmo com critérios de consistência e convergência, os modelos matemáticos podem apresentar soluções numéricas inaceitáveis, por não atender a critérios de estabilidade e precisão. Um modelo é chamado estável quando os **erros numéricos** acumulados não são significativos a ponto de amplificar os valores da solução numérica para o infinito. A estabilidade está relacionada aos erros de truncamento da

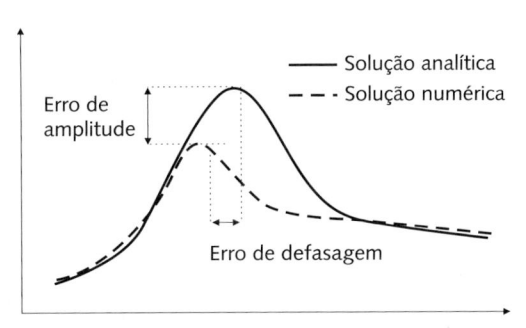

FIG. 3.8 Erros de amplitude e defasagem referentes à precisão numérica

série de Taylor, os quais são intrínsecos ao esquema numérico adotado. A condição de estabilidade numérica pode ser obtida pelo método de Von Neumann, desenvolvido para equações diferenciais lineares.

A precisão numérica está relacionada com a escolha de um Δx e um Δt adequados, de forma que a aproximação numérica possa representar razoavelmente a variabilidade da solução verdadeira. Os erros decorrentes da precisão são denominados erros de amplitude e defasagem (Fig. 3.8).

Parte II
PROCESSOS AMBIENTAIS

4 Processos hidrológicos

Ecossistemas aquáticos e terrestres estão conectados pelo movimento da água, transportando materiais orgânicos e inorgânicos através de bacias de drenagem ou hidrográficas. Características geológicas da paisagem governam as direções do movimento e, particularmente, o

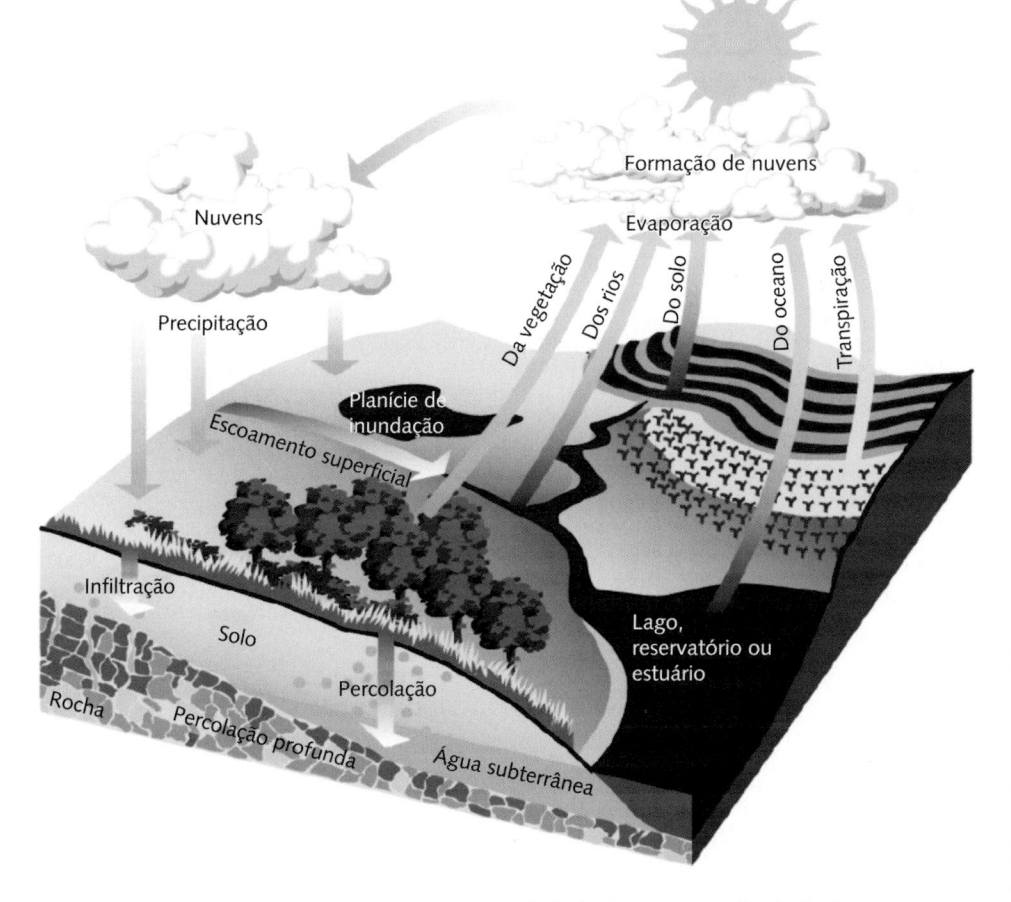

FIG. 4.1 Representação dos processos hidrológicos em uma bacia de drenagem
Fonte: adaptado de EPA, 1998.

Processos Hidrológicos

tempo de residência da água durante o movimento na superfície e no subsolo da bacia. A duração do contato com o solo e a microbiota influencia o conteúdo de sais dissolvidos e de compostos orgânicos presentes na água. A bacia de drenagem regula a característica de lagos e rios (Hynes, 1975; Likens, 1984), e a geomorfologia determina a composição do solo, o declive e, em combinação com o clima, o tipo de vegetação. O tipo de vegetação e a composição do solo influenciam não apenas a quantidade do escoamento, mas a composição e a quantidade de matéria orgânica que entra nos lagos e rios.

Os processos hidrológicos fazem parte do ciclo hidrológico, considerado um intercâmbio de água entre grandes reservatórios, tais como oceanos, geleiras, rios, lagos, vapor d'água da atmosfera, águas subterrâneas e água retida nos seres vivos. A Fig. 4.1 mostra um resumo dos processos hidrológicos que ocorrem nas bacias de drenagem. Neste capítulo são apresentados os mais importantes processos hidrológicos do ciclo, que determinam o equilíbrio entre entrada e saída da água em uma **bacia hidrográfica**.

4.1 Escoamento

Em bacias hidrográficas, o escoamento é definido como o movimento das águas na superfície do solo, na interface entre a superfície e o interior do solo e no lençol subterrâneo. Os escoamentos são governados fundamentalmente pela ação da gravidade e caracterizam-se quantitativamente por variáveis hidrológicas como velocidade, vazão ou lâmina d'água equivalente. A estimativa do escoamento é feita por equações de conservação de massa, energia e quantidade de movimento. Os escoamentos em bacias hidrográficas são divididos em três categorias (Fig. 4.2): (a) escoamento superficial; (b) **escoamento subsuperficial**; e (c) **escoamento de base** ou subterrâneo.

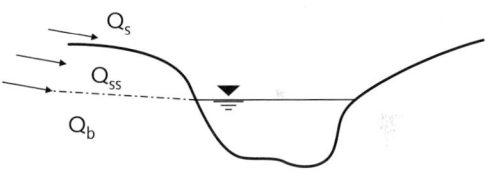

Seção transversal

FIG. 4.2 Tipos de escoamento em bacias hidrográficas. Q_s – escoamento superficial; Q_{ss} – escoamento subsuperficial; Q_b – escoamento de base

O escoamento superficial acontece na superfície do solo e é mais efetivo em calhas de rios. Ele é de grande importância, pois define importantes elementos hidrológicos, tais como o volume escoado e a vazão de enchente (cheia máxima). O primeiro é importante na determinação do armazenamento superficial e o segundo é utilizado para dimensionar obras de drenagem. O escoamento superficial só acontece quando existe uma combinação de fatores que influi sobre o fluxo da água em uma seção de um rio. São eles:

A. área e forma da bacia;
B. conformação **topográfica** da bacia (declividade, depressões acumuladoras e represamentos naturais);
C. condições de superfície do solo (cobertura vegetal, áreas impermeáveis etc.) e constituição geológica do solo (tipo e textura, capacidade de **infiltração**, porosidade, condutividade hidráulica etc., natureza e disposição das camadas do solo);
D. obras de utilização e controle da água a montante (irrigação, drenagem artificial, canalização e retificação dos cursos de água).

Além das condições fisiográficas, condições climáticas podem ou não ser suficientes para o escoamento superficial. Isso significa que o escoamento superficial também pode ser produzido pelo excesso de chuva ou pela chuva sobre um solo saturado (Fig. 4.3). O escoamento superficial ocorre, na maioria dos casos, pelo excesso de chuva sobre a capacidade de infiltração do solo. Quanto maior a intensidade da chuva, mais rapidamente a capacidade de infiltração do solo é atingida, provocando um excesso de precipitação denominado Precipitação Efetiva (Pe). Em solos com maior capacidade de infiltração, o escoamento demora mais a iniciar.

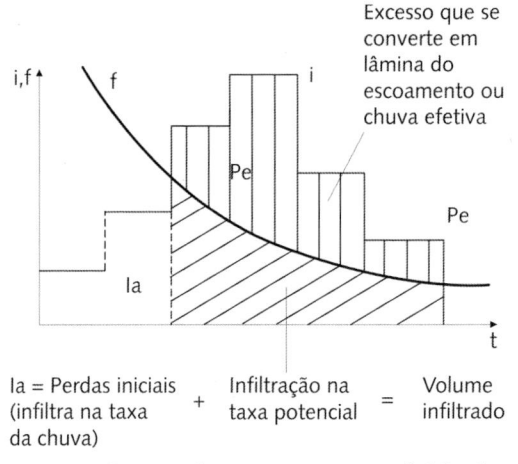

Ia = Perdas iniciais (infiltra na taxa da chuva) + Infiltração na taxa potencial = Volume infiltrado

FIG. 4.3 Geração do escoamento superficial pelo excesso de chuva

O escoamento subsuperficial é definido como o fluxo de água que escoa em subsuperfície (embaixo da terra), proveniente de zonas de saturação temporárias, que circula nos estratos superiores a uma velocidade superior à velocidade do escoamento de base. Ele é de grande importância para a manutenção da umidade na zona de

PROCESSOS HIDROLÓGICOS

saturação (relacionada ao processo de **evapotranspiração**) e para o processo de percolação de água para o lençol (relacionado à recarga do lençol subterrâneo). Os fatores que mais influenciam a geração do escoamento subsuperficial são as características de infiltração do solo e o gradiente **topográfico** da região.

O escoamento de base ocorre abaixo da região subsuperficial e é de grande importância para a manutenção do volume subterrâneo e a integração do aquífero com o rio. Essa integração define o tipo de escoamento no rio em: (a) Efêmero; (b) Intermitente; e (c) Perene (Fig. 4.4).

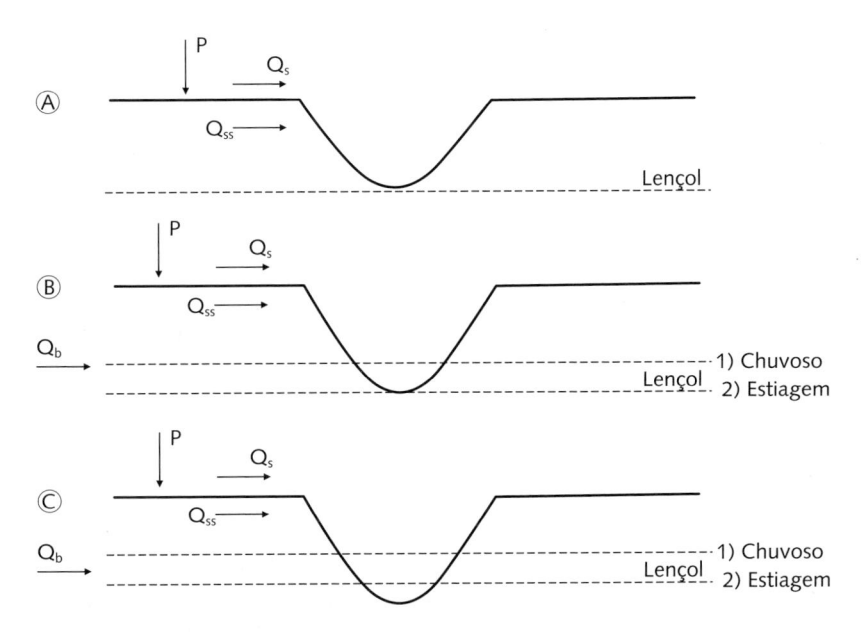

FIG. 4.4 Tipos de rios: (a) Efêmero; (b) Intermitente; e (c) Perene

O escoamento é efêmero quando o nível do **lençol freático** sempre fica abaixo da calha do rio. Esse escoamento só acontece após a precipitação, com contribuição apenas do escoamento superficial. Rios de regiões bastante secas, com solo sem capacidade de armazenamento, podem ser considerados efêmeros (*e.g.* solos rochosos, leitos impermeáveis etc.). O escoamento intermitente ocorre logo após as chuvas, porém o nível do lençol freático pode variar (subindo ou descendo) e contribuir para o escoamento total na seção do rio (*e.g.* os rios do Nordeste em geral). O escoamento é perene quando o nível do lençol freático fica sempre acima do leito do rio, mesmo durante o período de estiagem. Grandes rios como Amazonas, Nilo, Danúbio, Reno podem ser considerados perenes.

4.2 Evaporação e Evapotranspiração

Evaporação é o processo pelo qual as moléculas de água na superfície líquida ou na umidade do solo adquirem energia suficiente (por meio da radiação solar e outros fatores climáticos) e passam do estado líquido para o estado de vapor. Esse processo pode ocorrer de forma indireta na água contida no solo (chamada de evaporação real) ou de forma direta na água de rios, lagos, reservatórios e oceanos (evaporação potencial). Os fatores que influenciam a evaporação são: (a) temperatura; (b) pressão atmosférica; (c) pressão de vapor; (d) umidade relativa; (e) vento; (f) natureza da superfície; e (g) radiação solar.

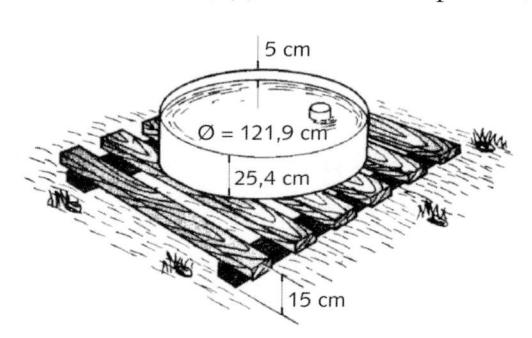

FIG. 4.5 Tanque Classe A utilizado para a estimativa da evaporação

A estimativa da evaporação é fundamental para a contabilidade do **balanço hídrico** de um determinado sistema. Essa estimativa pode ser realizada por medição direta de aparelhos (*e.g.* evaporímetros ou tanques), computada por fórmulas empíricas ou baseada na física da atmosfera estabelecida, que permite uma melhor aproximação das condições reais. A determinação da evaporação pelo Tanque Classe A ainda é o principal método usado (Fig. 4.5). Trata-se de tanques que expõem à atmosfera uma superfície líquida de água, permitindo a determinação direta da evaporação potencial, diariamente. Nesse caso, a evaporação potencial é calculada pela seguinte expressão:

$$Ep = E \times Kt \qquad \textbf{4.1}$$

onde Ep é a evaporação potencial; E é a evaporação do Tanque Classe A; e Kt é o coeficiente do tanque (para a região Nordeste, Kt varia entre 0,6 e 1,0; no semiárido é comum adotar-se $Kt = 0,75$).

Em regiões sem equipamentos de medição direta da evaporação, uma estimativa empírica pode ser uma boa alternativa. Os métodos mais utilizados são: (a) método do balanço de energia; (b) método aerodinâmico; e (c) método combinado ou de Penmam.

O método do balanço de energia utiliza a equação:

$$E_p = \frac{R_l}{l_v \cdot \rho_w} \cdot 86,4 \times 10^6 \qquad \text{4.2}$$

onde E_p é a evaporação potencial diária (mm dia^{-1}); $R_l = (1 - \alpha) R$ é a radiação solar líquida (W m^{-2}), descontando o albedo (α); l_v é o calor latente de vaporização (J kg^{-1}) (l_v da água $= 2,501 \cdot 10^6 - 2370 \times T_{ar}$); ρ_w é a massa específica da água (kg m^{-3}) ($\rho w = 977$ kg m^{-3}); e T_{ar} é a temperatura do ar (°C).

No método aerodinâmico, a evaporação potencial (E_a), em mm/dia, é estimada pela expressão:

$$E_a = B \cdot (e_s - e_a) \qquad \text{4.3}$$

onde e_s é a pressão de vapor saturado (Pa); e_a é a pressão de vapor do ar (Pa); e B é um coeficiente, em geral em função da **velocidade do vento** e do tipo de superfície. A pressão de vapor saturado pode ser escrita:

$$e_s = 611 \cdot e^{\left(\frac{17,27 \cdot T}{237,3 + T}\right)} \qquad \text{4.4}$$

onde T é a temperatura do ar (°C). O coeficiente B pode ser obtido pela equação:

$$B = \frac{0,102 \cdot u}{\left[\ln\left(\frac{z_2}{z_1}\right)\right]^2} \qquad \text{4.5}$$

onde u é a velocidade do vento (m/s) na altura z_2, que corresponde à altura de medição da velocidade do vento (geralmente é adotada como 2 m acima da superfície); e z_1 é a altura da rugosidade da superfície natural (Tab. 4.1).

O método combinado ou método de Penmam calcula a evaporação considerando os efeitos da radiação e do vento. Ele combina as equações do método do balanço de energia e do método aerodinâmico.

TAB. 4.1 Altura da rugosidade para diferentes condições de superfície

Tipo de Superfície	Altura da Rugosidade z_1 (cm)
Gelo, lama	0,001
Água	0,01 a 0,06
Grama (acima de 10 cm de altura)	0,1 a 2,0
Grama (de 10 a 50 cm de altura)	2 a 5
Vegetação (de 1 a 2 m de altura)	20
Árvores (de 10 a 15 m de altura)	40 a 70

Fonte: Chow, Maidment e Mays, 1988.

Essa combinação resulta na seguinte expressão:

$$E = \left[\left(\frac{\Delta}{\Delta+\gamma}\right) \cdot E_r + \left(\frac{\gamma}{\Delta+\gamma}\right) \cdot E_a\right] \quad \text{4.6}$$

onde E é a evaporação potencial (mm dia^{-1}); E_r é a evaporação calculada pelo método do balanço de energia (mm dia^{-1}); E_a é a evaporação calculada pelo método aerodinâmico (mm dia^{-1}); Δ é o gradiente da curva de pressão de saturação de vapor (Pa/°C); e γ é uma constante psicrométrica (66,8 Pa/°C). O gradiente da curva de pressão de saturação de vapor é uma função da temperatura do ar e da pressão de saturação de vapor:

$$\Delta = \frac{4098 \cdot e_s}{(237,3 + T_{ar})^2} \quad \text{4.7}$$

A evapotranspiração é o processo conjunto da evaporação do solo mais a transpiração das plantas. A transpiração é a evaporação resultante da ação fisiológica dos vegetais, isto é, as plantas, por meio de suas raízes, retiram do solo a água para suas atividades vitais, e parte dessa água é cedida à atmosfera sob a forma de vapor (dependendo do meio ambiente e dos fatores climáticos), na superfície das folhas. Existem dois tipos de evapotranspiração: potencial e real. A evapotranspiração potencial é a perda de água por evaporação e transpiração de uma superfície totalmente coberta por vegetação de porte baixo. A evapotranspiração real é a perda de água por evaporação e transpiração em condições reais de atmosfera e umidade do solo. A evapotranspiração pode ser obtida por métodos diretos de medição ou por métodos empíricos.

O lisímetro é o método direto mais utilizado para medir a evapotranspiração. Ele consiste em um tanque enterrado no solo com as dimensões mínimas de 1,5 m de diâmetro por 1,0 m de altura, com sua borda superior 5 cm acima da superfície do solo. O tanque deve estar cheio de solo do local, mantendo a mesma ordem dos horizontes. No fundo do tanque, coloca-se uma camada de brita coberta com uma camada de areia grossa, com a finalidade de facilitar a drenagem da água que percolou através do tanque. Após instalado, planta-se grama no tanque e na sua área externa. Mede-se a EVT pelo balanço hídrico, isto é, $P - Q - EVT = \Delta S$.

O Tanque Classe A também poderia ser utilizado para estimar a evapotranspiração, corrigindo a estimativa de evaporação com o coeficiente de cultura (Kc):

$$ETP = E \times Kt \times Kc \qquad \textbf{4.8}$$

onde os valores de Kc são tabelados para diferentes culturas nos seus vários estágios de desenvolvimento (ver Tab. 4.2).

TAB. 4.2 Valores para o coeficiente de cultura para estimar a evapotranspiração pelo método do Tanque Classe A

Culturas	Período de crescimento (meses)	Kc	
Algodão	7	0,60	0,65
Arroz	3-4	1,00	1,20
Batata	3	0,65	0,75
Cereais menores	3	0,75	0,85
Feijão	3	0,60	0,70
Milho	4	0,75	0,85
Pastos	-	0,75	0,85
Citrus	-	0,50	0,65
Cenoura	3	0,60	-
Tomate	4	0,70	-
Hortaliças	-	0,60	-

A evapotranspiração também pode ser estimada por alguns métodos empíricos, utilizando-se: (a) equações com base na temperatura do ar (*e.g.* método de Thornthwaite e método de Blaney-Criddle); e (b) equações com base na evaporação potencial (*e.g.* método do Balanço de Energia, método Aerodinâmico e método Combinado).

O método de Thornthwaite foi desenvolvido com base em dados de evapotranspiração medidos e dados de temperatura média mensal, para dias com 12 horas de brilho solar e mês com 30 dias. Nesse método, a evapotranspiração é calculada pela seguinte expressão:

$$ETP = F_c \cdot 16 \cdot \left(10 \cdot \frac{T}{I}\right)^a \qquad \textbf{4.9}$$

onde ETP é a evapotranspiração mensal (mm/mês); F_c é um fator de correção em função da latitude e do mês do ano; I é o índice anual de calor, correspondente à soma de 12 índices mensais; e T é a temperatura média mensal (°C). O índice anual de calor e o coeficiente a podem ser estimados da seguinte forma:

$$I = \sum_{i=1}^{12} \left(\frac{T_i}{5}\right)^{1,514} \qquad \textbf{4.10}$$

$$a = 67,5 \cdot 10^{-8} \cdot I^3 - 7,71 \cdot 10^{-6} \cdot I^2 + 0,01791 \cdot I + 0,492 \qquad \textbf{4.11}$$

onde T_i é a temperatura média mensal do mês i (°C). Para corrigir os valores de evapotranspiração calculados pelo método Thornthwaite (Eq. 4.9) para diferentes culturas, basta multiplicá-los pelo coeficiente de cultura da Tab. 4.2.

O método de Blaney-Criddle foi desenvolvido originalmente para estimativas de uso consuntivo em regiões semiáridas, e utiliza a equação:

$$ETP = 0,457 \cdot T + 8,13 \cdot p \qquad \textbf{4.12}$$

onde ETP é a evapotranspiração mensal (mm/mês); T é a temperatura média anual (°C); e p é a porcentagem de horas diurnas do mês sobre o total de horas diurnas do ano. A mesma correção para diferentes culturas aplicada no método de Thornthwaite também pode ser aplicada para o método de Blaney-Criddle (Tab. 4.3).

TAB. 4.3 Valores para o fator de correção F_c do método de Thornthwaite

Latitude	Jan	Fev	Mar	Abr	Mai	Jun	Jul	Ago	Set	Out	Nov	Dez
10 N	0,98	0,91	1,03	1,03	1,08	1,06	1,08	1,07	1,02	1,02	0,98	0,99
5 N	1,00	0,93	1,03	1,02	1,06	1,03	1,06	1,05	1,01	1,03	0,99	1,02
0	1,02	0,94	1,04	1,01	1,01	1,01	1,04	1,04	1,01	1,04	1,01	1,04
5 S	1,04	0,95	1,04	1,00	1,02	0,99	1,02	1,03	1,00	1,05	1,03	1,06
10 S	1,08	0,97	1,05	0,99	1,01	0,96	1,00	1,01	1,00	1,06	1,05	1,10
15 S	1,12	0,98	1,05	0,98	0,98	0,94	0,97	1,00	1,00	1,07	1,07	1,12
20 S	1,14	1,00	1,05	0,97	0,96	0,91	0,95	0,99	1,00	1,08	1,09	1,15
25 S	1,17	1,01	1,06	0,96	0,94	0,88	0,93	0,98	1,00	1,10	1,11	1,18
30 S	1,20	1,03	1,06	0,95	0,92	0,85	0,90	0,96	1,00	1,12	1,14	1,21
35 S	1,23	1,04	1,06	0,94	0,89	0,82	0,87	0,94	1,00	1,13	1,17	1,25
40 S	1,27	1,06	1,07	0,93	0,86	0,78	0,84	0,92	1,00	1,15	1,20	1,29

Fonte: Unesco, 1982.

Para estimar os valores da evapotranspiração potencial por meio da evaporação potencial (E_P), basta multiplicar a E_P pelo coeficiente de cultura Kc.

4.3 Infiltração

Infiltração é o processo hidrológico pelo qual a água penetra nas camadas superficiais do solo e se move para baixo, em direção ao lençol d'água. A ocorrência de infiltração depende de vários fatores, a saber: (a) água disponível para infiltrar; (b) constituição e declividade do solo; (c) cobertura vegetal; e (d) quantidades de água e ar inicialmente presentes no interior do solo (teor de umidade). A infiltração no solo é computada por meio de duas grandezas principais: a capacidade e a velocidade de infiltração. A capacidade de infiltração, geralmente expressa em mm/h, é a medida mais utilizada. Ela pode ser definida como a razão máxima com que um solo, em uma dada condição, é capaz de absorver água e atenuar essa taxa de absorção com o tempo. A velocidade de infiltração, por sua vez, é definida como a velocidade média com que a água atravessa o solo, ou ainda, como a vazão dividida pela área da seção transversal do escoamento.

A velocidade de infiltração depende da permeabilidade e do gradiente horizontal hidráulico. Ela pode ser estimada pela lei de Darcy, que descreve o escoamento da água para solos saturados:

$$V = K \cdot \frac{dh}{dx} \qquad 4.13$$

onde V é a velocidade de infiltração; K é a condutividade hidráulica (pode ser medida com permeâmetros); h é a Carga Piezométrica ou Altura Piezométrica (altura da água de um aquífero confinado medida num piezômetro).

A capacidade de infiltração é medida por meio de métodos de determinação em campo. O principal método de medida é o Infiltrômetro de Anel, que consiste em dois anéis concêntricos (o menor com 25 cm de diâmetro e o maior com 50 cm de diâmetro, ambos com 30 cm de altura) fixados no solo com o auxílio de uma marreta. Coloca-se água ao mesmo tempo nos dois anéis e mede-se, com o auxílio de uma régua graduada, a infiltração vertical no cilindro interno para vários intervalos de tempo. A capacidade de infiltração instantânea é calculada por:

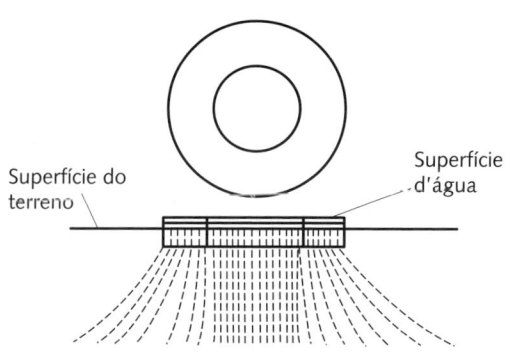

FIG. 4.6 Método dos anéis concêntricos para estimativa da capacidade de infiltração

$$I_t = \frac{\Delta h}{\Delta t} \qquad 4.14$$

onde I_t é a capacidade de infiltração instantânea (mm/h); Δh é a variação da lâmina d'água (mm); e Δt é o intervalo de tempo (h).

4.4 Interceptação

Interceptação é a parte da precipitação retida acima da superfície do solo, em razão da presença de vegetação ou outra obstrução ao escoamento vertical. A interceptação é eventual, isto é, ela só ocorre quando há chuva e vegetação para interceptá-la. O volume interceptado retorna para a atmosfera por evaporação, após a ocorrência da chuva. A interceptação também influencia na vazão ao longo do ano. Ela pode retardar e/ou atenuar o pico de cheias, assim como favorecer a infiltração da água no solo.

ESCOAMENTOS 5

A movimentação das águas em ecossistemas aquáticos continentais ocorre em resposta a diversas forças, especialmente o vento, que transfere energia para a água. Os movimentos rítmicos gerados na superfície da água (oscilações) resultam na dispersão de compostos químicos e organismos aquáticos no sistema. As correntes levam, predominantemente, a heterogeneidade espacial desses compostos e das comunidades biológicas, o que pode afetar também a rede de interações tróficas em ecossistemas aquáticos. Portanto, a hidrodinâmica é a responsável pela alta mistura horizontal e vertical das águas **em lagos**, estuários e reservatórios. Pelo fato de a hidrodinâmica ser determinante para explicar padrões de funcionamento do sistema, para a modelagem biogeoquímica de muitos ecossistemas aquáticos é absolutamente necessária a inclusão de processos hidrodinâmicos em modelos ecológicos (Jorgensen, 1986). Modelos hidrodinâmicos são baseados no princípio de conservação de massa e do momento, assim como **modelos biogeoquímicos,** porém os primeiros combinam processos de transferência para obter o **balanço de massa** em vez de outros **processos químicos,** físicos e biológicos (Scavia; Robertson, 1979).

O movimento das águas em lagos é bem entendido teoricamente; entretanto, a simulação desse movimento em uma fina **escala** espacial e uma escala temporal estendida tem gerado dificuldades (Chapra, 1997). Para aumentar o entendimento sobre o controle do sistema, assim como a habilidade de simular e predizer sua dinâmica, é necessário acoplar a dinâmica dos movimentos da água com os modelos ecológicos. Adicionalmente, levantamentos de campo são necessários para prover dados aos modelos, com a finalidade de calibrar os parâmetros hidrodinâmicos. Os dados devem ser coletados com uma resolução espacial fina e de acordo com a sazonalidade. Desse modo, as características salientes de ambos os modelos (ecológico e hidrodinâmico) podem ser testadas.

5.1 Equações do escoamento

As equações de Navier-Stokes descrevem o escoamento geral de fluidos. Elas permitem determinar os campos de velocidade, densidade e pressão, sendo descritas da seguinte forma:

Eq. da continuidade:

$$\frac{\partial \rho_w}{\partial t} + \frac{\partial (\rho_w u)}{\partial x} + \frac{\partial (\rho_w v)}{\partial z} + \frac{\partial (\rho_w w)}{\partial z} = 0 \qquad 5.1$$

Eq. da quantidade de movimento:

$$\rho_w \left(\frac{\partial u}{\partial t} + u\frac{\partial u}{\partial x} + v\frac{\partial u}{\partial y} + w\frac{\partial u}{\partial z} \right)$$
$$= -\frac{\partial p}{\partial x} - \left(\frac{\partial \tau_{xx}}{\partial x} + \frac{\partial \tau_{yx}}{\partial y} + \frac{\partial \tau_{zx}}{\partial z} \right) \qquad 5.2$$

$$\rho_w \left(\frac{\partial v}{\partial t} + u\frac{\partial v}{\partial x} + v\frac{\partial v}{\partial y} + w\frac{\partial v}{\partial z} \right)$$
$$= -\frac{\partial p}{\partial y} - \left(\frac{\partial \tau_{xy}}{\partial x} + \frac{\partial \tau_{yy}}{\partial y} + \frac{\partial \tau_{zy}}{\partial z} \right) \qquad 5.3$$

$$\rho_w \left(\frac{\partial w}{\partial t} + u\frac{\partial w}{\partial x} + v\frac{\partial w}{\partial y} + w\frac{\partial w}{\partial z} \right)$$
$$= -\frac{\partial p}{\partial z} - \left(\frac{\partial \tau_{xz}}{\partial x} + \frac{\partial \tau_{yz}}{\partial y} + \frac{\partial \tau_{zz}}{\partial z} \right) + \rho_w g \qquad 5.4$$

onde $u(x,y,z,t)$, $v(x,y,z,t)$ e $w(x,y,z,t)$ são as componentes da velocidade na direção horizontal x, y e vertical z; t é o tempo; $p(x,y,z,t)$ é a pressão medida de um referencial conhecido; g é a aceleração da gravidade; ρ_w é a **densidade da água**; $\vec{\tau}$ é o tensor de tensões.

As equações da continuidade e da quantidade de movimento podem ser obtidas a partir de um balanço de massa e de força, respectivamente, sobre um **elemento infinitesimal** de água (Fig. 5.1).

Escoamentos

A equação de continuidade expressa a conservação de massa de um volume de água. O primeiro termo é a variação relativa da densidade do fluido seguindo o escoamento, e o segundo é a divergência do escoamento.

Segundo a equação de quantidade de movimento, três tipos de força atuam sobre o volume infinitesimal de água: (a) **forças gravitacionais**; (b) forças perpendiculares às superfícies; e (c) forças tangentes às superfícies. Além da conhecida força peso que atua verticalmente (orientada para baixo) em todos os

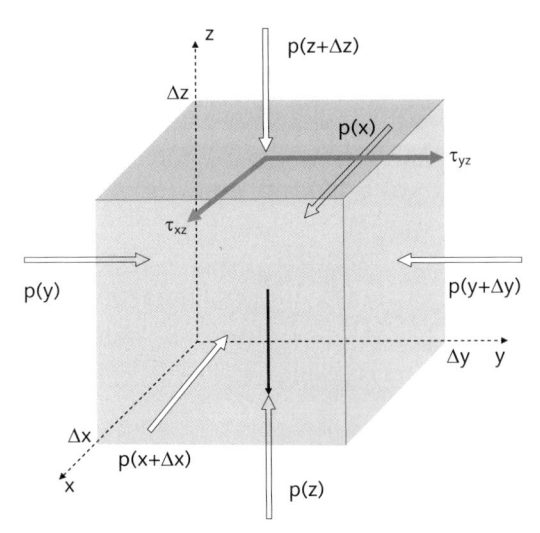

FIG. 5.1 Balanço de força em um elemento infinitesimal de água com dimensão Δx, Δy e Δz

corpos, a **força de Coriolis** é outra força que pertence ao grupo das forças gravitacionais. Ela é produto da rotação do globo relativo a um sistema de referência em movimento (no caso da Terra, girando), sendo é essencial para o entendimento da dinâmica da atmosfera e dos oceanos, mas sem um papel importante em ecossistemas aquáticos continentais de pequenas dimensões.

A força de pressão enquadra-se no grupo das forças perpendiculares que atuam sobre um volume de água. Como a pressão é a mesma em faces opostas de um volume, apenas os gradientes de pressão são capazes de produzir a aceleração da água. Por exemplo, tendo por base a Fig. 5.1, se a pressão na superfície perpendicular ao eixo x, p(x), for maior do que a pressão na face oposta, $p(x + \Delta x)$, a força resultante gerada no volume $\Delta x \Delta y \Delta z$ resultante desse gradiente de pressão será $F_x = \Delta y \Delta z \left[p(x) - p(x + \Delta x) \right]$. De acordo com a 2ª lei de Newton, essa força produz uma aceleração, $\partial u / \partial t = F_x / m$, no sentido positivo do eixo x. Substituindo F_x na expressão anterior e fazendo $\Delta x \to 0$, resulta em:

$$\frac{\partial u}{\partial t} = \frac{1}{\rho} \frac{p(x) - p(x + \Delta x)}{\Delta x} = -\frac{1}{\rho} \frac{\partial p}{\partial x} \qquad 5.5$$

Observe que a aceleração aponta para um gradiente de pressão negativo (o sentido do escoamento é de um ponto de maior pressão para um ponto de menor pressão).

O terceiro grupo de forças atua na direção tangente às superfícies de um volume de água. São as chamadas forças de tensão. No nível molecular, as forças de tensão que atuam em um volume de água são produzidas pela **viscosidade** do fluido (atrito interno das moléculas de água), que seria uma força intrínseca do fluido. Por exemplo, a força de tensão entre dois volumes de água separados verticalmente pode ser expressa por:

$$\tau_{xz} = \mu \frac{\partial u}{\partial z} \quad \text{5.6}$$

onde μ é a viscosidade dinâmica da água. O índice x de τ_{xz} indica a direção da força (eixo x) e o índice z indica a orientação da superfície onde a força atua (nesse caso, perpendicular ao eixo z).

Agentes externos também podem produzir forças de tensão, como, por exemplo, a **tensão de cisalhamento** causada pelo atrito do fundo e pelo vento.

Os gradientes de densidade podem ampliar ou atenuar a intensidade das **forças de pressão** e de tensão. Esses gradientes são produzidos pela ação do fluxo de calor ao longo da coluna d'água e por diferenças da **salinidade** da água e da pressão. A densidade da água pode ser escrita em função de sua temperatura, pressão e salinidade, de acordo com a seguinte expressão:

$$\rho(T, S, p) = \rho^0(T, S) \left(1 - \frac{p}{K_m}\right)^{-1} \quad \text{5.7}$$

onde:

$$\rho^0(T, S) = 0,9998395 + 6,7914 \cdot 10^{-5}T - 9,0894 \cdot 10^{-6}T^2$$
$$+ 1,0171 \cdot 10^{-7}T^3 - 1,2846 \cdot 10^{-9}T^4 + 1,1592 \cdot 10^{-11}T^5$$
$$- 5,0125 \cdot 10^{-14} \cdot T^6 + \rho^1(T, S) \quad \text{5.8}$$

$$\rho^1(T, S) = S \cdot \left(8,181 \cdot 10^{-4} - 3,85 \cdot 10^{-6}T + 4,96 \cdot 10^{-8}T^2\right) \quad \text{5.9}$$

onde T é a temperatura da água (°C); S é a salinidade da água (‰); p é a pressão (bar); e K_m é a **compressibilidade da água** dada por:

$$K_m^{-1} = \gamma = \frac{1}{\rho}\left(\frac{\partial \rho}{\partial p}\right)_{T,S} \quad \quad \textbf{5.10}$$

O efeito combinado de todas as forças sobre um volume infinitesimal de água resulta na **equação da quantidade de movimento**, apresentada anteriormente.

A seguir, apresentamos casos particulares das equações de Navier-Stokes, os quais são simplificações desenvolvidas para determinados tipos de escoamentos.

5.2 Simplificação das equações

A equação de quantidade de movimento pode ser simplificada dependendo dos propósitos do estudo. Se forem desprezados os termos de derivada no tempo, o escoamento é chamado de permanente, quando não existe gradiente de velocidade e de pressão ao longo do tempo. O escoamento permanente pode ser uniforme ou não uniforme. O **escoamento uniforme** ocorre quando não existe variação de pressão e de velocidade no espaço (desprezando os termos de gravidade, pressão e tensão); caso contrário, o escoamento é considerado não uniforme.

Quando os termos do lado esquerdo da equação da quantidade de movimento (também chamados de termos de inércia) e o termo de pressão são desprezados, o modelo é chamado de **modelo de onda cinemática** (**regime permanente**, sem efeito de jusante). Ao se adicionar o termo de pressão no modelo de onda cinemática, o modelo é conhecido como **modelo de difusão**, que também não representa sistemas em **regime não permanente**, mas oferece uma boa solução para os sistemas com efeito de jusante e de regime permanente. O modelo só é chamado de **hidrodinâmico** quando os termos de inércia são levados em consideração no modelo de difusão (equação da quantidade de movimento completa).

Também é conveniente simplificar as equações de escoamento, de acordo com a direção de preferência do escoamento. Por exemplo, usualmente, modelos de rios consideram os gradientes espaciais apenas em uma direção, geralmente a longitudinal. Os modelos longitudinais também são aplicáveis para estudar variações do escoamento ao longo do eixo do reservatório, desprezando a estratificação vertical, que é marcante, por exemplo, em reservatórios com grandes profundidades. Nesses casos, é comum o uso de **modelos bidimensionais** integrados lateralmente, uma vez que a maior parte dos reservatórios são bem encaixados no eixo longitudinal do rio, apresentando grande profundidade com dimensões verticais e longitudinais bem maiores do que as dimensões transversais. Entretanto, nem sempre essa aproximação é suficiente, sobretudo nos casos com uma grande variabilidade das velocidades e das concentrações no sentido transversal do reservatório, que sugerem a utilização de uma aproximação tridimensional.

TRANSPORTE DE MASSA 6

Para a modelagem de qualidade da água, é necessária a simulação limnológica dos processos: (a) químicos de ciclagem de nutrientes; (b) biológicos e sua escala espaço-temporal; e (c) interações tróficas em cascata. Atualmente, dá-se especial enfoque para aspectos espaço-temporais dos organismos, pois estes determinam a dinâmica das interações tróficas entre as comunidades aquáticas (Janse, 2005). Os tipos e números de interações exercem efeitos diretos ou indiretos em cascata sobre a estrutura trófica do sistema (Jeppesen et al., 1997; Moss, 1998; Scheffer, 1998). Em modelos complexos recentes, esses efeitos incluem processos de retroalimentação positiva ou negativa dos organismos sobre a qualidade da água (Van Nes et al., 2002a, 2003; Janse, 2005; Fragoso et al., 2007), os quais têm sido utilizados para a teoria de **estados alternativos** de equilíbrio em lagos rasos (Cap. 18). Para o melhor entendimento da relação de todos esses processos e de sua importância para a dinâmica da qualidade da água, apresentamos a seguir uma descrição resumida desses temas.

6.1 Processos químicos de ciclagem de nutrientes

A modelagem da ciclagem de nutrientes compreende o ciclo biogeoquímico dos principais nutrientes separadamente, como caixas componentes de um sistema integrado. Na Fig. 6.1 apresentamos uma simplificação dos principais processos no ciclo do N na água, como ilustração da sua complexidade. Os principais ciclos que podem ser modelados são: (a) fósforo total e sua forma reativa (PO_4^{-3}); (b) nitrogênio total e nas formas oxidada (NO_3), reduzida (NO_2) e íon de amônio (NH_4^+); e (c) sílica. Outro compartimento essencial ao metabolismo do ecossistema aquático corresponde ao **carbono inorgânico** e sua configuração molecular determinada pelo pH, como bicarbonato (HCO_3^{-2}) e carbonato (CO_3^-), ambos utilizados para a produção primária de algas e macrófitas. O **carbono orgânico**, em suas formas orgânicas, também é considerado um elemento fundamental no processo de **mineralização** do sistema. Na modelagem, o carbono é incluído na massa da água como detrital (particulado em suspensão) e recalcitrantes (substâncias húmicas dissolvidas), bem como a porção de detritos no sedimento. A troca de **matéria inorgânica** e detritos entre a água e o sedimento é simulada por meio da **sedimentação** e da ressuspensão. Oxigênio dissolvido e pH também devem ser modelados dinamicamente, dependendo da demanda bioquímica de oxigênio

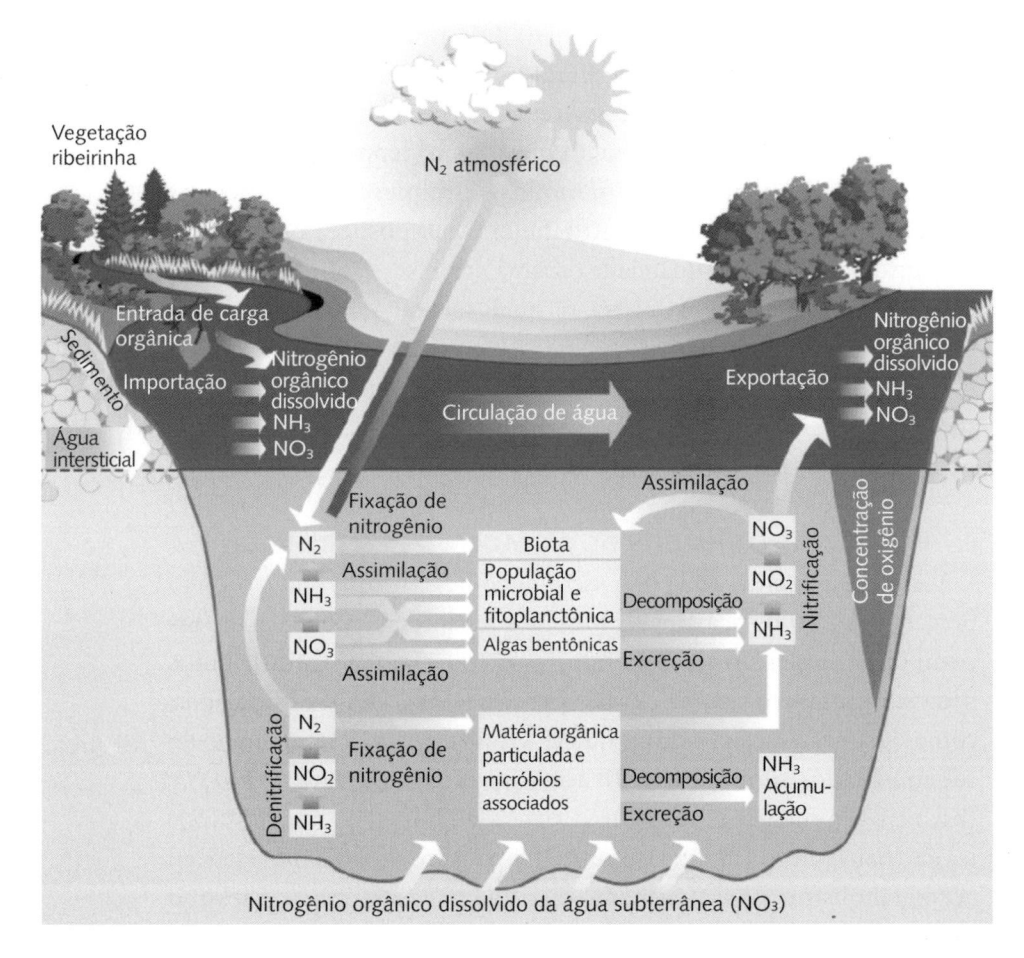

FIG. 6.1 Dinâmica e transformação do nitrogênio em um ecossistema aquático
Fonte: adaptado de EPA, 1998.

(DBO) da água e do sedimento, sólidos dissolvidos, da **reaeração** e da produção primária (Janse, 2005). O processo de liberação de fósforo do sedimento também deve ser modelado, podendo seguir um ciclo sazonal, conforme a temperatura, o pH e a quantidade de detritos no sistema. A modelagem dos principais ciclos será descrita de forma mais detalhada na sequência.

6.2 Escala espaço-temporal

A escala espaço-temporal das variáveis de interesse do sistema deve ser conhecida, para determinar a taxa com a qual importantes processos fisiológicos e comportamentais ocorrem (McNaught, 1979). As taxas de consumo de nutrientes pelo fitoplâncton e a herbivoria do zooplâncton são exemplos claros dos processos dependentes da concentração de recursos no espaço e no tempo. Isso se deve, basicamente ao fato de o consumo desses vários substratos ser não linear no espaço e no tempo, independentemente se o substrato é uma substância bioquímica (como um aminoácido, que interessa a bactérias) ou um organismo inteiro (como o zooplâncton, que interessa a peixes planctívoros).

Medir apenas as concentrações médias dos constituintes químicos e biológicos dificulta a calibração e a validação de modelos baseados em processos, porque a escala espaço-temporal de alguns processos é diferente da escala monitorada. Alguns objetivos específicos para a síntese desses processos na modelagem ecológica podem ser citados: (a) a descrição da escala espaço-temporal do fitoplâncton, macrófitas aquáticas, zooplâncton e distribuição de peixes em lagos, incluindo seus extremos de concentrações de biomassa e taxas de funções, tais como herbivoria e excreção, que levam diretamente ao padrão de distribuição de fitoplâncton (*patchiness*) e nutrientes; (b) a identificação de interações espaço-temporais que sustentam o funcionamento de um determinado fenômeno de interesse; (c) a procura por padrões na escala espaço-temporal da relação presa-predador, necessária para uma eficiente modelagem dinâmica do sistema; (d) a constatação de heterogeneidade na distribuição da biomassa planctônica e dos fluxos associados.

A consideração de escalas espaço-temporais por modelos é fundamental para uma boa representação da heterogeneidade e das inter-relações funcionais entre os organismos aquáticos. Esse tipo de informação, relacionada aos componentes tróficos do sistema, é vital para a calibração de modelos e para a descrição adequada de um determinado fenômeno de interesse. A densidade média do zooplâncton, por exemplo, deve ser usada na calibração das taxas de funções como herbivoria e excreção. Entretanto, quando a densidade do zooplâncton é considerada determinante para a disponibilidade de alimento para peixes, a densidade máxima observada pode ser usada para determinar as taxas de consumo por peixes. Devido à seletividade alimentar dos peixes planctívoros pela ingestão de diferentes grupos funcionais de zooplâncton, a tendência é geralmente subestimar o consumo nessa relação presa-predador.

6.3 Transporte de poluentes

As condições de escoamento do sistema, em geral, determinam o tipo de estrutura computacional do modelo hidrodinâmico e do modelo de qualidade da água a serem utilizados. As condições químicas e biológicas das cargas de poluentes determinam o tipo de constituinte que deve ser simulado para melhor identificar o nível de qualidade da água do sistema. A equação do transporte de massa geral é tridimensional, definida a partir de um elemento diferencial infinitesimal (Fig. 6.2), e pode ser aplicada para a simulação de cada variável de qualidade da água sujeita ao transporte por **advecção** e difusão. A expressão geral dessa equação é:

$$\frac{\partial (HC_\phi)}{\partial t} + \underbrace{\frac{\partial (uC_\phi H)}{\partial x} + \frac{\partial (vC_\phi H)}{\partial y} + \frac{\partial (wC_\phi H)}{\partial x}}_{\text{termos de advecção}} =$$

$$\underbrace{\frac{\partial}{\partial x}\left(K_x \frac{\partial (HC_\phi)}{\partial x}\right) + \frac{\partial}{\partial y}\left(K_y \frac{\partial (HC_\phi)}{\partial y}\right) + \frac{\partial}{\partial z}\left(K_z \frac{\partial (HC_\phi)}{\partial z}\right)}_{\text{termos de difusão}} + S_\phi \quad 6.1$$

onde C_ϕ é a concentração do poluente ϕ; H é a profundidade total; Kx, Ky e Kz são os coeficientes de difusividade nas direções x, y e z, respectivamente; S_ϕ é o termo de perdas e ganhos do poluente; ϕ e v e w são os componentes da velocidade da água nas direções x, y, z. (Chapra, 1997).

O nível de precisão dos resultados modelados está ligado aos objetivos e ao nível do estudo. Em uma análise preliminar do problema, podem ser utilizados modelos mais simplificados, como os modelos concentrados, que identificam problemas em macroescala. Grande parcela dos modelos de qualidade da água representa apenas parte da variabilidade dos constituintes químicos e biológicos, em razão do grande número de simplificações adotadas (*e.g.* relações matemáticas simplificadas para representação dos processos, falta de detalhamento para representar a ciclagem de nutrientes e variabilidades da fauna aquática e suas interações). Entretanto, poderia ser viável a utilização de modelos de qualidade da água mais complexos, os quais detalham melhor as interações e os processos como advecção e difusão.

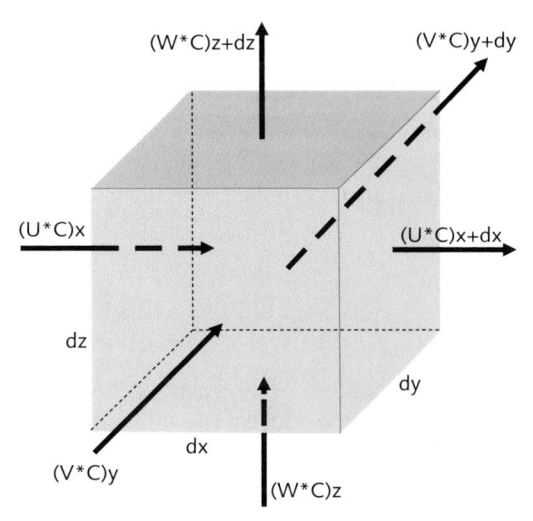

FIG. 6.2 Balanço de massa em um elemento diferencial

6.3.1 ADVECÇÃO E DIFUSÃO

O transporte da matéria na água pode ser dividido em duas categorias: advecção e difusão (Fig. 6.3). O transporte por advecção é aquele que não deforma a substância que está sendo transportada no espaço. Na equação de transporte, a advecção é representada pelas derivadas de primeira ordem no espaço. O transporte por difusão refere-se ao espalhamento (para o caso de escalares) ou à diluição (para o caso de poluentes) da matéria ao longo do tempo. Matematicamente, a difusão é expressa pelas derivadas de segunda ordem na equação de transporte. Existem dois tipos de difusão: molecular e turbulenta. A difusão molecular acontece em uma

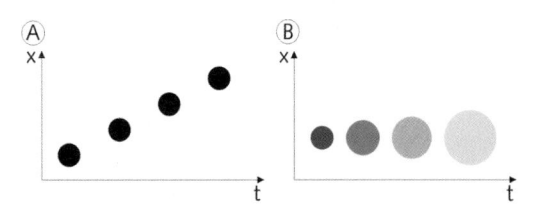

FIG. 6.3 Transporte por (A) advecção e (B) difusão de um poluente no espaço (x) e no tempo (t). O tom cinza mais escuro indica uma concentração mais alta do que o tom cinza-claro

microescala, como resultado do movimento browniano da água. Do ponto de vista de valores de concentrações, a difusão ocorre no sentido inverso, ou seja, de uma solução menos concentrada para uma solução de maior concentração.

O coeficiente de difusão (K_x, K_y e K_z) é o parâmetro fundamental para a taxa de difusão em diferentes direções no espaço. A taxa de difusão depende de fatores de mistura no ecossistema aquático. Por exemplo, em **ambientes lênticos** (baixas velocidades), as taxas de difusão são mais baixas do que em **ambientes lóticos** (altas velocidades). A partir de bases experimentais e teóricas, o coeficiente de difusão foi escrito em função da **velocidade da água** e da profundidade (Elder, 1959):

$$K_x = 5,93 \cdot u \cdot H \qquad \text{6.2}$$
$$K_z = 0,23 \cdot u \cdot H \qquad \text{6.3}$$

onde u é a velocidade da água na direção x e H é a profundidade da água. O coeficiente de difusão longitudinal (K_x) é muito maior do que o coeficiente de difusão vertical (K_z), porque ele incorpora a **convecção** diferencial por causa do perfil de velocidade vertical logarítmico em um escoamento.

Ciclos químicos 7

Os ciclos químicos representam a movimentação natural de elementos químicos no ecossistema aquático. Eles têm um importante papel na dinâmica dos organismos aquáticos (componentes bióticos) e nas condições tróficas do ambiente (componentes abióticos). Neste capítulo descrevemos os mais importantes ciclos químicos em ecossistemas aquáticos.

7.1 Carbono

A modelagem do ciclo de carbono é considerada a espinha dorsal na qual outros ciclos modelados são baseados. Um esquema simplificado do ciclo do carbono na água e no sedimento é ilustrado na Fig. 7.1. Alguns termos de perdas e ganhos para algumas variáveis de estado do carbono estão na Tab. 7.1.

O carbono presente nos seres vivos aquáticos e nos compartimentos orgânicos e inorgânicos é, originalmente, proveniente da atmosfera pela transferência de **dióxido de carbono** (CO_2) na interface ar-água (existem outras fontes de carbono, tais como a carga gerada pelas bacias adjacentes). Por meio da fotossíntese, os seres fotossintetizantes fixam o carbono que retiram do compartimento de carbono inorgânico dissolvido (CID) presente na água. Esses átomos de carbono passam a fazer parte das moléculas orgânicas fabricadas pelo fitoplâncton e pelas macrófitas aquáticas. Durante a respiração, uma parte das moléculas orgânicas é degradada, e o carbono que as constituía é devolvido à água, novamente na forma de CO_2 no compartimento de CID. O carbono presente na excreção e na mortalidade dos organismos aquáticos passa a fazer parte do compartimento de carbono orgânico particulado (COP) e carbono orgânico dissolvido (COD). Organismos **decompositores** são responsáveis por transformar o COP em COD, e este é, por fim, transformado em CID por uma nova ação bacteriana, processo denominado mineralização.

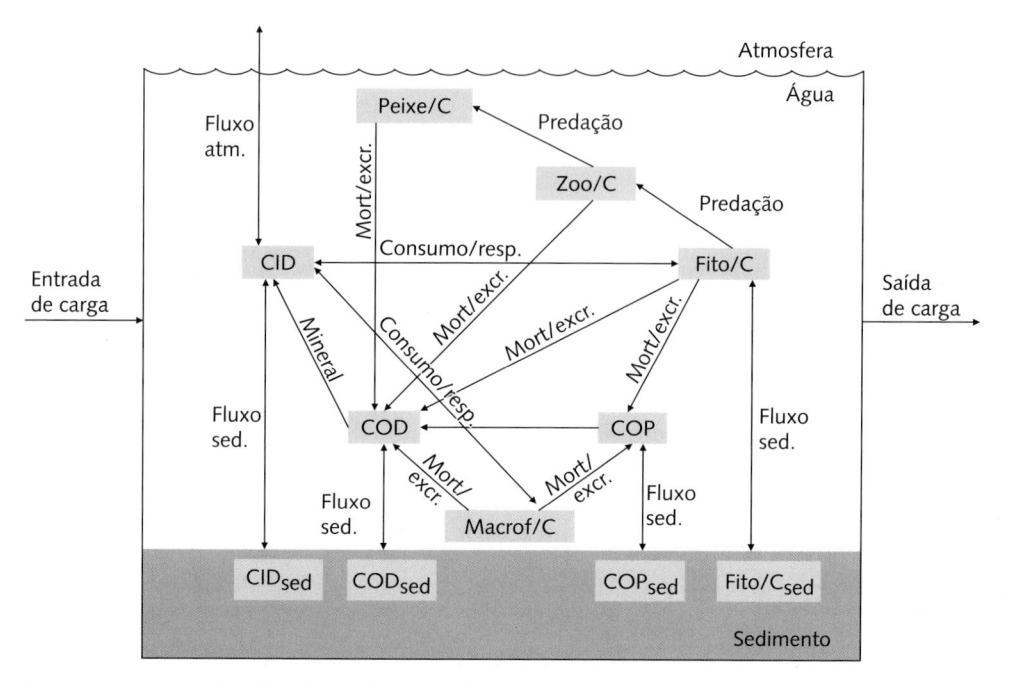

FIG. 7.1 Esquema simplificado da dinâmica do carbono na água e no sedimento

Parte do carbono retirado da água passa a constituir a biomassa dos seres fotossintetizantes, podendo eventualmente ser transferida aos organismos herbívoros (*e.g.* zooplâncton herbívoro, **macroinvertebrados** bentônicos, peixes planctívoros e onívoros). Nos herbívoros, parte do carbono contido nas moléculas orgânicas dos alimentos é liberada durante a respiração, e o resto irá constituir sua biomassa, que poderá ser transferida para um organismo carnívoro (*e.g.* zooplâncton carnívoro e **peixes piscívoros**). Dessa forma, o carbono fixado pela fotossíntese vai passando de um nível trófico mais baixo para outros mais altos, enquanto retorna gradativamente para a água e para a atmosfera, em consequência da respiração dos próprios organismos e da ação dos decompositores, que atuam em todos os níveis tróficos.

Podemos resumir os principais processos envolvidos no ciclo do carbono na água e no sedimento em:

A. **Fluxos atmosféricos** do CID.
B. Armazenamento de carbonato no sistema induzido pelas variações do CID em função do PH.

C. Mineralização do COP para COD e do COD para CID.
D. Assimilação de CID pela vegetação (fitoplâncton e macrófitas).
E. Fluxos na interface **água-sedimento** de CID e COD.
F. Decomposição de COP para COD.
G. Mortalidade biológica e excreção em COD e COP.

7.1.1 Fluxo atmosférico

O dióxido de carbono que cruza a interface ar-água, F_{CO_2} ($gm^{-2}s^{-1}$), pode ser calculado com a seguinte expressão:

$$F_{CO_2} = k_{CO_2} K_0 \left(pCO_2^{\text{água}} - pCO_2^{\text{ar}} \right) \qquad 7.1$$

onde pCO_2 é a **pressão parcial** de CO_2 (atm); k_{CO_2} é a velocidade de transferência do gás (m/s), calculada como:

$$k_{CO_2} = 2,2 \times 10^{-5} \frac{\text{wind}_{10}^2}{\sqrt{S_C}} \qquad 7.2$$

onde wind_{10} é a velocidade do vento 10 m acima da superfície da água e S_C é o número de Schmidt, definido como:

$$S_C = \left(0,9 + \frac{S}{350}\right) \begin{bmatrix} 2073,1 - 125,62 T_C + 3,6276 T_C^2 \\ -0,043219 T_C^3 \end{bmatrix} \qquad 7.3$$

onde S é a salinidade da água (psu) e T_C é a temperatura da água (°C). O coeficiente de **solubilidade** do dióxido de carbono, K_0 ($molL^{-1}atm^{-1}$), é estimado de acordo com Weiss (1974):

$$K_0 = \exp \begin{bmatrix} -58,0931 + 90,5069 \left(\frac{100}{T_K}\right) + 22,294 \ln\left(\frac{100}{T_K}\right) + \\ +0,027766 \cdot S - 0,0025888 \cdot S \left(\frac{100}{T_K}\right) \\ +0,0050578 \cdot S \left(\frac{100}{T_K}\right)^2 \end{bmatrix} \qquad 7.4$$

onde T_K é a temperatura da água em Kelvin.

Dessa forma, calcula-se o fluxo atmosférico ($gm^{-3}dia^{-1}$) por meio da seguinte equação:

$$f_{CID}^{atm} = 2,63 \times 10^4 \frac{F_{CO_2}}{z_{\text{surp}}} \qquad 7.5$$

onde z_{surp} é a profundidade (m) da camada superficial de água, na qual acontecem as trocas atmosféricas entre a água e o ar. A constante é usada para converter massa de CO_2 em carbono inorgânico equivalente e em segundos para dias. Um fluxo de carbono negativo indica uma transferência de carbono do ar para a água; caso contrário, o fluxo será da água para a atmosfera.

TAB. 7.1 Termos de perdas e ganhos para algumas variáveis de estado do carbono. Todas essas variáveis também estão sujeitas a cargas de entrada e saída

$$S_{CID} = \underbrace{f_{COD}^{MIN}(T, OD, COD)}_{\text{mineralização do COD}} + \underbrace{f_{CID}^{FS}(T, OD, pH)}_{\text{fluxo para o sedimento}}$$

$$- \underbrace{f_{CID}^{CB}(sPhyt, sVeg, CID)}_{\text{Assimilação biológica}}$$

$$+ \underbrace{f_{CID}^{RB}(sPhyt, sVeg, sZoo, sFish)}_{\text{respiração biológica}} + \underbrace{f_{CID}^{ATM}(pCO_2)}_{\text{fluxo da atmosfera}} \quad 7.6$$

$$S_{COD} = \underbrace{f_{COD}^{DEC}(T, OD, COP)}_{\text{decomposição}} - \underbrace{f_{COD}^{MIN}(T, OD, COD)}_{\text{mineralização}}$$

$$+ \underbrace{f_{COD}^{FS}(T, OD, pH)}_{\text{fluxo para o sedimento}} + \underbrace{f_{COD}^{ME}(sPhyt, sVeg, sZoo, sFish)}_{\text{mortalidade / excreção biológica}} \quad 7.7$$

$$S_{COP} = \underbrace{-f_{COP}^{DEC}(T, OD, COP)}_{\text{decomposição}} - \underbrace{f_{COD}^{FS}(COP)}_{\text{sedimentação}} + \underbrace{f_{COD}^{FS}(COP_{sed})}_{\text{ressuspensão}}$$

$$+ \underbrace{f_{COD}^{ME}(sPhyt, sVeg, sZoo, sFish)}_{\text{mortalidade / excreção biológica}} -$$

$$\underbrace{f_{COD}^{ZOO}(COP, sZoo)}_{\text{consumo por zooplâncton}} - \underbrace{f_{COD}^{FIS}(COP, sFish)}_{\text{consumo por peixes}} \quad 7.8$$

Os termos de perdas e ganhos de carbono nos organismos aquáticos são apresentados nos capítulos seguintes.

7.1.2 Reações cinéticas

As frações de carbono podem ser modeladas utilizando-se as relações cinéticas do carbonato, de acordo com a aproximação realizada por Butler (1982). Considerando que a coluna d'água é modelada como um sistema fechado, onde os fluxos de entrada e saída no sistema são conhecidos, tais como a troca de carbono atmosférico ou fluxos de entrada de afluentes, a alcalinidade total (AT), a concentração de CID e o pH são relacionados pela seguinte expressão:

$$AT = CID \frac{K_{a1}[H^+] + 2K_{a1}K_{a2}}{[H^+]^2 + K_{a1}[H^+] + K_{a1}K_{a2}} + \frac{K_w}{[H^+]} - [H^+] \quad \text{7.9}$$

onde K_w é o produto iônico da água; K_{a1} é a primeira constante de acidez da água; K_{a2} é a segunda constante de acidez; e pH é o potencial hidrogeniônico na água, dado por:

$$pH = -\log_{10}[H^+] \quad \text{7.10}$$

e o CID pode ser escrito em função das seguintes parcelas:

$$CID = [CO_3^{2-}] + [HCO_3^-] + [CO_2] + [H_2CO_3] \quad \text{7.11}$$

onde todas as concentrações são em (molL^{-1}). Os valores de concentração de dióxido de carbono hidratado [H_2CO_3] podem ser considerados desprezíveis em relação às outras parcelas. A pressão parcial de dióxido de carbono, pCO$_2$, pode ser convertida para concentração de dióxido de carbono (CO$_2$, molL^{-1}) pela equação:

$$[CO_2] = K_H \cdot pCO_2 \quad \text{7.12}$$

onde K_H é uma constante de transformação.

A força iônica da água modifica os valores das constantes de dissociação (K_H, K_{a1}, K_{a2} e K_w). A força iônica, FI, é definida como:

$$FI = 0,5\left([Na^+] + [H^+] + [HCO_3^-] + 4[CO_3^{2-}] + [H^+]/K_w\right) \quad \text{7.13}$$

Em razão da complexidade em calcular FI explicitamente, é razoável assumir um valor constante no espaço e no tempo. Os valores de FI variam de 0,01 (água doce) a 0,7 (água do mar) em ecossistemas naturais onde o pH varia de 6 a 8 (Takahashi et al., 1994). O coeficiente de atividade é definido como:

$$f = \left(\frac{FI^{1/2}}{1 + FI^{1/2}} - 0,2FI \right) \left(\frac{298}{T_C + 273} \right)^{2/3} \quad \text{7.14}$$

Dessa forma, as constantes de dissociação são calculadas em cada intervalo de tempo:

$$\log_{10} \left(K_H^{n+1} \right) = \log_{10} \left(K_H^n \right) - b \cdot FI \quad \text{7.15}$$
$$\log_{10} \left(K_w^{n+1} \right) = \log_{10} \left(K_w^n \right) + FI \quad \text{7.16}$$
$$\log_{10} \left(K_{a1}^{n+1} \right) = \log_{10} \left(K_{a1}^n \right) + f + b \cdot FI \quad \text{7.17}$$
$$\log_{10} \left(K_{a2}^{n+1} \right) = \log_{10} \left(K_{a2}^n \right) + 2FI \quad \text{7.18}$$

onde b = 0,105 (Butler, 1982). As parcelas de carbonato, para um dado valor de pH e CID, são dadas por:

$$[CO_3^{2-}] = CID \left(\frac{K_{a1} K_{a2}}{[H^+]^2 + K_{a1} [H^+] + K_{a1} K_{a2}} \right) \quad \text{7.19}$$

$$[HCO_3] = CID \left(\frac{K_{a1} [H^+]}{[H^+]^2 + K_{a1} [H^+] + K_{a1} K_{a2}} \right) \quad \text{7.20}$$

$$[CO_2] = CID \left(\frac{[H^+]^2}{[H^+]^2 + K_{a1} [H^+] + K_{a1} K_{a2}} \right) \quad \text{7.21}$$

Se duas das três componentes (AT, pH, CID) são conhecidas, a terceira pode ser determinada. Assim, pH e CID são computados como variáveis de estado, e AT é estimada a cada passo de tempo, por meio da relação cinética entre essas variáveis.

A modelagem do CID é computada de acordo com a sequência abaixo:

1. das medidas iniciais de campo de AT e pH, calcule CID inicial na água usando a Eq. 7.9;
2. calcule as parcelas de carbonato usando as Eqs. 7.19 a 7.21; calcule a pressão inicial de CO_2 usando a Eq. 7.12;
3. vá para o passo de tempo seguinte; calcule os fluxos de CO_2 em todos os compartimentos aquáticos; calcule o CID no intervalo de tempo atual considerando a Eq. 7.6; assumindo AT constante,

como CO_2 não muda a alcalinidade diretamente, calcule o novo valor de pH por interatividade, resolvendo a Eq. 7.9;
4. atualize os valores das constantes de dissociação usando as Eqs. 7.15 a 7.18;
5. calcule as novas parcelas de carbonato usando as Eqs. 7.19 a 7.21 nesse intervalo de tempo; calcule a nova pressão inicial de CO_2 usando a Eq. 7.12 nesse intervalo de tempo;
6. atualize AT por meio da Eq. 7.9;
7. retorne ao passo 4.

7.2 NITROGÊNIO

A modelagem do ciclo de nitrogênio na água e no sedimento é baseada no ciclo de carbono descrito anteriormente. Um esquema simplificado do ciclo do nitrogênio na água e no sedimento é ilustrado na Fig. 7.2. Alguns termos de perdas e ganhos para algumas variáveis de estado do nitrogênio são apresentados na Tab. 7.2.

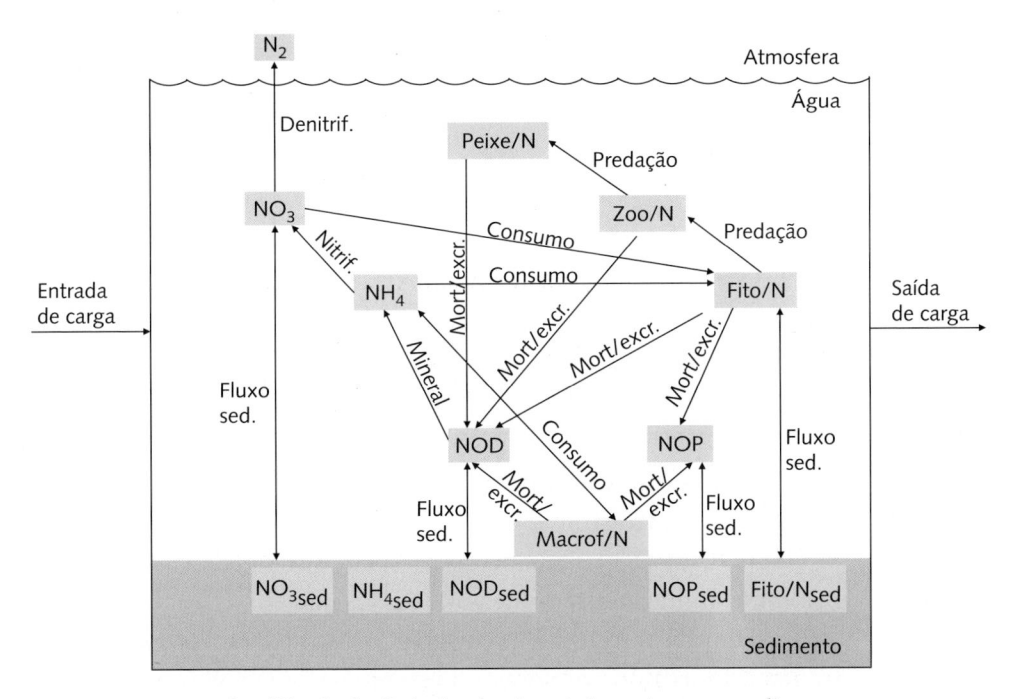

FIG. 7.2 Esquema simplificado da dinâmica do nitrogênio na água e no sedimento

TAB. 7.2 Termos de perdas e ganhos para algumas variáveis de estado do nitrogênio. Todas essas variáveis estão sujeitas a cargas de entrada e saída

$$S_{NH4} = \underbrace{f_{NOD}^{MIN}(T, OD, NOD)}_{\text{mineralização do NOD}} + \underbrace{f_{NH4}^{FS}(T, OD, pH)}_{\text{fluxo no sedimento}}$$

$$- \underbrace{f_{NH4}^{CB}(sPhyt, sVeg, NID)}_{\text{assimilação biológica}} - \underbrace{f_{NH4}^{NIT}(T, OD, NH4)}_{\text{Nitrificação}} \quad 7.22$$

$$S_{NO3} = \underbrace{f_{NO3}^{NIT}(T, OD, NH4)}_{\text{Nitrificação}} - \underbrace{f_{NO3}^{DEN}(T, OD, NO3)}_{\textbf{desnitrificação}}$$

$$+ \underbrace{f_{NO3}^{FS}(T, OD, pH)}_{\text{fluxo no sedimento}} - \underbrace{f_{NO3}^{CB}(sPhyt, sVeg, NO3)}_{\text{assimilação biológica}} \quad 7.23$$

$$S_{NOD} = \underbrace{f_{NOD}^{DEC}(T, OD, NOP)}_{\text{decomposição}} - \underbrace{f_{NOD}^{MIN}(T, OD, NOD)}_{\text{mineralização}}$$

$$+ \underbrace{f_{NOD}^{FS}(T, OD, pH)}_{\text{fluxo para o sedimento}} + \underbrace{f_{NOD}^{ME}(sPhyt, sVeg, sZoo, sFish)}_{\text{mortalidade / excreção biológica}} \quad 7.24$$

$$S_{NOP} = \underbrace{-f_{NOP}^{DEC}(T, OD, NOP)}_{\text{decomposição}} - \underbrace{f_{NOD}^{FS}(NOP)}_{\text{sedimentação}}$$

$$+ \underbrace{f_{NOD}^{FS}(NOP_{sed})}_{\text{ressuspensão}} + \underbrace{f_{NOD}^{ME}(sPhyt, sVeg, sZoo, sFish)}_{\text{mortalidade / excreção biológica}}$$

$$- \underbrace{f_{NOD}^{ZOO}(NOP, sZoo)}_{\text{consumo por zooplâncton}} - \underbrace{f_{NOD}^{FIS}(NOP, sFish)}_{\text{consumo por peixes}} \quad 7.25$$

O ciclo do nitrogênio é um dos mais importantes nos ecossistemas aquáticos. O nitrogênio é usado pelos seres vivos aquáticos para a produção de moléculas complexas necessárias ao seu desenvolvimento, tais como aminoácidos, proteínas e ácidos nucleicos.

Por meio da fotossíntese, os seres fotossintetizantes fixam o nitrogênio inorgânico dissolvido presente na água (NH_4 e NO_3). Os nitratos formados pelo processo de nitrificação são absorvidos pela vegetação e transformados em compostos carbonados para produzir aminoácidos e outros compostos orgânicos de nitrogênio. O nitrogênio presente na excreção e na mortalidade dos organismos aquáticos passa a fazer parte do compartimento de nitrogênio orgânico particulado (NOP) e nitrogênio orgânico dissolvido (NOD). Organismos decompositores são responsáveis por transformar o NOP em NOD, e este é transformado em NH_4 por meio da mineralização (*i.e.* a matéria orgânica morta é transformada no íon de amônio (NH_4^+) por intermédio de bactérias aeróbicas, anaeróbicas e alguns fungos). A oxidação do amoníaco, conhecida como nitrificação, é um processo que produz nitratos a partir do amoníaco (NH_3). Esse processo é realizado por bactérias (nitrificantes) em dois passos: numa primeira fase, o amoníaco é convertido em nitritos (NO_2^-) e numa segunda fase (por meio de outro tipo de bactérias nitrificantes), os nitritos são convertidos em nitratos (NO_3^-) prontos para serem assimilados pelas plantas. A desnitrificação é o processo pelo qual o nitrogênio volta à atmosfera sob a forma de gás quase inerte (N_2). Esse processo ocorre por meio de algumas espécies de bactérias (tais como *Pseudomonas* e *Clostridium*) em ambiente anaeróbico. Essas bactérias utilizam nitratos alternativamente ao oxigênio como forma de respiração e liberam nitrogênio em estado gasoso (N_2).

Assim como no ciclo do carbono, parte do nitrogênio retirado da água passa a constituir a biomassa dos seres fotossintetizantes, podendo eventualmente ser transferida aos organismos herbívoros (*e.g.* zooplâncton herbívoro, macroinvertebrados bentônicos, peixes planctívoros e onívoros). Nos herbívoros, parte do nitrogênio contido nas moléculas orgânicas poderá ser transferida para um organismo carnívoro (*e.g.* zooplâncton carnívoro e peixes piscívoros). Dessa forma, o nitrogênio fixado pela fotossíntese vai passando de um nível trófico mais baixo para outros mais altos, enquanto retorna gradativamente para a água e para a atmosfera, em consequência da ação dos decompositores, que atuam em todos os níveis tróficos.

Pode-se resumir os principais processos envolvidos no ciclo do nitrogênio na água e no sedimento em:

A. Mineralização do NOD em NH_4.
B. Nitrificação do NH_4 em NO_3 e desnitrificação do NO_3.

C. Assimilação biológica de NH_4 e NO_3 pelo fitoplâncton e pelas macrófitas aquáticas.
D. Fluxos na interface água-sedimento de NH_4, NO_3, NOD e NOP.
E. Decomposição de NOP para NOD.
F. Mortalidade biológica e excreção em NOD e NOP.
G. Consumo da fração de nitrogênio contido no NOP, no NOD e no fitoplâncton por zooplâncton e peixes.

7.3 FÓSFORO

O fósforo é um nutriente essencial para plantas e animais, na forma de íons PO_4^{3-} e HPO_4^{2-}. Ele pode ser encontrado em moléculas de DNA (une açúcares de desoxirribose para formar a espinha dorsal da molécula de DNA), ATP e ADP, e em membranas de célula lipídica (fosfolipídios). Um esquema simplificado do ciclo do fósforo na água e no sedimento é ilustrado na Fig. 7.3. Alguns termos de perdas e ganhos para algumas variáveis de estado do fósforo são apresentados na Tab. 7.3.

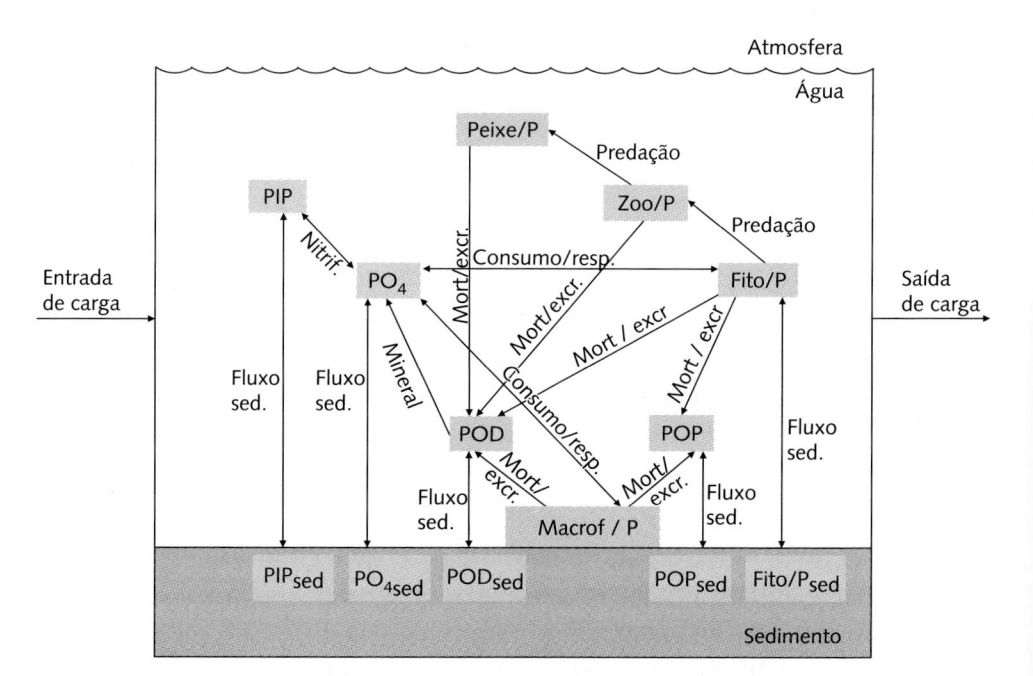

FIG. 7.3 Esquema simplificado da dinâmica do fósforo na água e no sedimento

TAB. 7.3 Termos de perdas e ganhos para algumas variáveis de estado do fósforo. Todas essas variáveis estão sujeitas a cargas de entrada e saída

$$S_{PO4} = \underbrace{f_{POD}^{MIN}(T, OD, POD)}_{\text{mineralização do POD}} + \underbrace{f_{PO4}^{FS}(T, OD, pH)}_{\text{fluxo no sedimento}}$$

$$- \underbrace{f_{PO4}^{CB}(sPhyt, sVeg, PO4)}_{\text{assimilação biológica}} + \underbrace{f_{PO4}^{ADS}(PO4, PIP)}_{\text{adsorção / dessorção}} \quad 7.26$$

$$S_{POD} = \underbrace{f_{POD}^{DEC}(T, OD, POP)}_{\text{decomposição}} - \underbrace{f_{POD}^{MIN}(T, OD, POD)}_{\text{mineralização}}$$

$$+ \underbrace{f_{POD}^{FS}(T, OD, pH)}_{\text{fluxo para o sedimento}} + \underbrace{f_{POD}^{ME}(sPhyt, sVeg, sZoo, sFish)}_{\text{mortalidade / excreção biológica}} \quad 7.27$$

$$S_{POP} = \underbrace{-f_{POP}^{DEC}(T, OD, POP)}_{\text{decomposição}} - \underbrace{f_{POD}^{FS}(POP)}_{\text{sedimentação}}$$

$$+ \underbrace{f_{POD}^{FS}(POP_{sed})}_{\text{ressuspensão}} + \underbrace{f_{POD}^{ME}(sPhyt, sVeg, sZoo, sFish)}_{\text{mortalidade / excreção biológica}}$$

$$- \underbrace{f_{POD}^{ZOO}(POP, sZoo)}_{\text{consumo por zooplâncton}} - \underbrace{f_{POD}^{FIS}(POP, sFish)}_{\text{consumo por peixes}} \quad 7.28$$

$$S_{PIP} = \underbrace{f_{PIP}^{FS}(T, OD, pH)}_{\text{fluxo no sedimento}} + \underbrace{f_{PIP}^{ADS}(PO4, PIP)}_{\text{adsorção / dessorção}} \quad 7.29$$

O fósforo proveniente de rochas sedimentares, ossos fossilizados, fertilizantes, detergentes e esgoto é transportado para o ecossistema aquático através da rede de drenagem. Por meio da fotossíntese, os seres fotossintetizantes fixam o fósforo presente no compartimento inorgânico dissolvido na água (PO_4). O fósforo presente na excreção e na mortalidade dos organismos aquáticos passa a fazer parte do compartimento de fósforo orgânico particulado (POP) e fósforo orgânico dissolvido (POD). Organismos decompositores são responsáveis por transformar o POP em POD, e este é transformado em PO_4 por meio da mineralização. A disponibilidade de fósforo inorgânico presente na água (PIP) ocorre em função dos processos de adsorção e dessorção, os quais controlam as transformações do fósforo particulado para PO_4 e vice-versa. Enquanto a adsorção depende de processos físicos (*e.g.* tamanho das partículas inorgânicas) e das propriedades químicas do material inorgânico presente na água (*e.g.* mineralogia, tipo e estado químico dos grupos funcionais), a dessorção é muito influenciada pelas condições geoquímicas do meio, como o pH e o potencial redox, teor em solução e consumo por microrganismos, entre outros.

Assim como no ciclo do carbono, parte do fósforo retirado da água passa a constituir a biomassa dos seres fotossintetizantes, podendo eventualmente ser transferida aos organismos herbívoros (*e.g.* zooplâncton herbívoro, macroinvertebrados bentônicos, peixes planctívoros e onívoros) e, consequentemente, para os organismos carnívoros de maior nível trófico.

Pode-se resumir os principais processos envolvidos no ciclo do fósforo na água e no sedimento em:

A. Mineralização do POD em PO4.
B. Assimilação biológica de PO4 pelo fitoplâncton e macrófitas aquáticas.
C. Fluxos na interface água-sedimento de PO_4, POD e POP.
D. Decomposição de POP para POD.
E. Mortalidade biológica e excreção em POD e POP.
F. Adsorção e dessorção de PO_4 em PIP.
G. Consumo da fração de fósforo contido no POP, no POD e no fitoplâncton por zooplâncton e peixes.

7.4 Oxigênio dissolvido

Durante o dia, a vegetação aquática (fitoplâncton e macrófitas) utiliza o dióxido de carbono em um processo chamado fotossíntese, pelo qual a vegetação aquática transforma luz solar em energia por meio da seguinte reação:

$$6CO_2 + 6H_2O \rightarrow C_6H_{12}O_6 + 6O_2 \qquad \text{7.30}$$

Nesse processo, o dióxido de carbono é assimilado e, convertido, junto com a água, em glicose, liberando oxigênio molecular. Essa reação requer a clorofila, presente nos cloroplastos, como um catalisador. Estima-se que 1 g de biomassa assimilada pela vegetação equivale a 1 g de oxigênio produzido.

O bioproduto desse processo é o oxigênio, o qual fica disponível para a respiração de organismos aquáticos, tais como zooplâncton, macroinvertebrados e peixes. Durante a respiração, o oxigênio é usado com um propósito similar ao dióxido de carbono na fotossíntese: criar energia para sustento próprio (reação inversa da Eq. 7.26). O bioproduto do processo de respiração dos organismos aquáticos é o dióxido de carbono, o qual fica disponível para ser utilizado pela vegetação aquática.

Outro processo responsável pelo consumo de oxigênio dissolvido no meio, o qual converte **amônio** em **nitrato**, é chamado nitrificação, que pode ser representado por uma série de reações. Na primeira, a bactéria do gênero *Nitrosomonas* converte amônio em **nitrito**:

$$NH_4 + 1,5O_2 \rightarrow 2H + H_2O + NO_2 \qquad \textbf{7.31}$$

Na segunda, a bactéria do gênero *Nitrobacter* converte nitrito em nitrato:

$$NO_2 + 0,5O_2 \rightarrow NO_3 \qquad \textbf{7.32}$$

O oxigênio consumido nos dois estágios equivale a 4,2 g de oxigênio por 1 g de nitrogênio oxidado (Gaudy; Gaudy, 1980). Além da presença de amônio na água, a nitrificação depende de fatores adicionais, tais como: (a) a presença de um número adequado de bactérias nitrificantes; (b) a alcalinidade da água, que tende a neutralizar o ácido que é produzido; e (c) oxigênio suficiente para a realização desse processo (maior do que 1 mg.l^{-1}).

O oxigênio também é utilizado para a decomposição aeróbia da matéria orgânica oxidável presente no meio por bactérias (Demanda Bioquímica de Oxigênio – DBO). Nesse processo, utilizam-se 2,67 g de oxigênio a cada g de carbono oxidado.

Um esquema simplificado do ciclo do oxigênio na água e no sedimento é ilustrado na Fig. 7.4. Os termos de perdas e ganhos

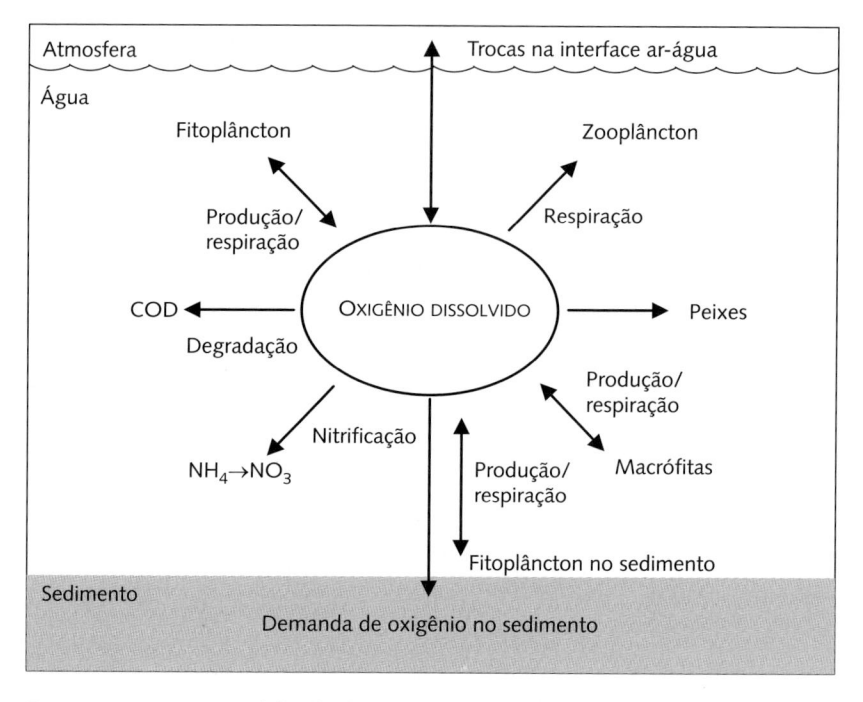

FIG. 7.4 Esquema simplificado da dinâmica do oxigênio dissolvido na água e no sedimento

para oxigênio dissolvido são:

$$S_{OD} = \underbrace{f_{O_2}^{ATM}}_{\text{Reaeração}} - \underbrace{f_{O_2}^{Sed}}_{\text{fluxo para o sed.}} - \underbrace{f_{O_2}^{DEC}}_{\text{Decomposição da MO}} - \underbrace{f_{O_2}^{NIT}}_{\text{Nitrificação}}$$
$$+ \underbrace{f_{O_2}^{FIT}}_{\text{Fitoplâncton}} + \underbrace{f_{O_2}^{MAC}}_{\text{Macrófitas}} - \underbrace{f_{O_2}^{ZOO}}_{\text{Zooplâncton}} - \underbrace{f_{O_2}^{PEIX}}_{\text{Peixes}} \quad 7.33$$

Os seguintes processos podem ser considerados como parte de um modelo de oxigênio dissolvido:

A. Trocas de oxigênio na interface ar-água.
B. Utilização de oxigênio na interface água-sedimento (*i.e.* a demanda de oxigênio no sedimento).
C. Utilização de oxigênio pelas bactérias na degradação da matéria orgânica (*i.e.* a demanda de oxigênio dissolvido – DBO na coluna d'água).
D. Utilização de oxigênio no processo de nitrificação.

E. Produção de oxigênio pela fotossíntese e consumo por respiração fitoplanctônica.
F. Utilização de oxigênio dissolvido na respiração do zooplâncton.
G. Produção de oxigênio pela fotossíntese e consumo por respiração das macrófitas aquáticas.
H. Utilização de oxigênio dissolvido na respiração de peixes.
I. Utilização de oxigênio dissolvido na respiração de outros organismos (*e.g.* macroinvertebrados).

8 Processos abióticos

Os processos abióticos são os componentes de um ecossistema que não requerem a ação da biota aquática, ou que não possuem vida, mas realizam funções vitais nas suas estruturas orgânicas. São, enfim, todos os fatores químico-físicos do ambiente e incluem elementos como temperatura, tipo e características do sedimento, disponibilidade de nutrientes essenciais para produção primária, salinidade, luz, fotoperíodo e acidez ou alcalinidade. Uma modelagem eficiente dos processos abióticos leva a uma melhor aproximação dos **processos bióticos** e, consequentemente, do fenômeno de interesse. Na sequência, apresentamos alguns equacionamentos matemáticos para descrever parte dos processos abióticos aquáticos.

8.1 Componentes orgânicos e inorgânicos na água

Os componentes abióticos são divididos em dois compartimentos aquáticos: água e sedimento. Os principais componentes abióticos na coluna d'água são: matéria inorgânica, detritos (matéria orgânica), fósforo adsorvido, PO_4, NO_3, NH_4 e SiO_2 dissolvido. As frações dissolvidas são disponíveis para produção primária (*i.e.* fitoplâncton e macrófitas). Na maioria das vezes, o húmus na coluna d'água pode ser desprezado, considerando que sua sedimentação é rápida. Todos os componentes abióticos na água são admitidos como concentrações. As variáveis derivadas na coluna d'água são definidas como segue (ver nomenclatura das variáveis no apêndice A).

8.1.1 Variáveis de peso seco na água

$$sDPhytW = \sum_{i=1}^{n} sDSpecW_i \qquad \text{8.1}$$

Fitoplâncton total na água [mgD/l]

$$oDOMW = sDDetW + sDPhytW \qquad \text{8.2}$$
Séston orgânico na água [mgD/l]

$$oDSestW = oDOMW + sDDIMW \qquad \text{8.3}$$
Séston total na água [mgD/l]

8.1.2 Variáveis de fósforo

$$oPPhytW = \sum_{i=1}^{n} sPSpecW_i \qquad \text{8.4}$$
Parcela de fósforo no Fitoplâncton total [mgN/l]

$$oPOMW = sPPhytW + sPDetW \qquad \text{8.5}$$
Parcela de fósforo no Séston orgânico na água [mgP/l]

$$oPSestW = oPOMW + sPDIMW \qquad \text{8.6}$$
Parcela de fósforo Séston total na água [mgP/l]

$$oPInorgW = sPO4W + sPAIMW \qquad \text{8.7}$$
Fósforo inorgânico [mgP/l]

$$oPITotW = oPSestW + sPO4W \qquad \text{8.8}$$
Fósforo total na água [mgP/l]

8.1.3 Variáveis de nitrogênio

$$oNDissW = sNO3W + sNH4W \qquad \text{8.9}$$
Nitrogênio dissolvido na água [mgN/l]

$$sNPhytW = \sum_{i=1}^{n} sNSpecW_i \qquad \text{8.10}$$
Parcela de nitrogênio no Fitoplâncton total [mgN/l]

$$oNOMW = sNPhytW + sNDetW \qquad \text{8.11}$$
Séston orgânico [mgN/l]

$$oNSestW = oNOMW \qquad \textbf{8.12}$$
Séston total [mgN/l]

$$oNkjW = oNSestW + sNH4W \qquad \textbf{8.13}$$
Nitrogênio de kjedahl na água [mgN/l]

$$oNTotW = oNkjW + sNO3W \qquad \textbf{8.14}$$
Nitrogênio total na água [mgN/l]

8.1.4 Razão de nutrientes

$$rPDIMW = sPAIMW/sDIMW \qquad \textbf{8.15}$$
Razão entre fósforo adsorvido e mat. inorg. [gP/gD]

$$rPDDetW = sPDetW/sDDetW \qquad \textbf{8.16}$$
Razão P/D em detritos [gP/gD]

$$rNDDetW = sNDetW/sDDetW \qquad \textbf{8.17}$$
Razão N/D em detritos [gN/gD]

$$rSiDDetW = sSiDetW/sDDetW \qquad \textbf{8.18}$$
Razão Si/D em detritos [gSi/gD]

$$rPDOMW = oPOMW/oDOMW \qquad \textbf{8.19}$$
Razão P/D no séston org. [gP/gD]

8.2 Componentes no sedimento

A camada do topo do sedimento consiste em matéria particulada e nutrientes dissolvidos (PO_4, NH_4 e NO_3) na água presente nos poros do sedimento. A matéria particulada consiste de matéria inorgânica e orgânica. A matéria inorgânica (areia, argila ou silte) não faz parte do ciclo biológico, mas forma a estrutura de base do sedimento e determina a capacidade de adsorção de fósforo. A matéria orgânica é dividida em refratária (húmus) e degradável (detritos). O **detrito** é a parte da matéria orgânica que faz parte do ciclo biológico, disponibilizando nutrientes em uma escala de tempo mensal. A matéria orgânica pode ser expressa em unidade de carbono por meio de uma razão constante (aproximadamente 0,4 g de carbono por 1 g de peso seco).

Geralmente, modelos ecológicos consideram a espessura da camada do topo do sedimento como constante (10 cm), e nela ocorrem os processos de troca entre água e sedimento (Lijklema, 1993). Nessa camada acontece parte do ciclo de nutrientes, sendo ela importante para a qualidade da água e a bioprodução. Uma avaliação mais realista da dinâmica de fundo é quando se leva em consideração o leve aumento ou redução da espessura da camada do topo do sedimento produzida por material sedimentado ou ressuspenso. O fósforo inorgânico no sedimento é constituído por fósforo dissolvido na água intersticial e fósforo adsorvido na matéria inorgânica. Assim como na água, o nitrogênio inorgânico é composto por nitrato e amônio nos poros do sedimento. Todos os componentes abióticos no sedimento são expressos por unidade de área $[g\,m^{-2}]$. Os valores são convertidos para concentrações dividindo-os pela porosidade e pela espessura da camada do topo do sedimento.

Inicialmente, as frações de peso seco, matéria orgânica, detritos e húmus no topo da camada de sedimento deverão ser fornecidas pelo modelador. Essas informações podem ser estimadas por meio de medidas *in situ* ou da literatura. Os valores iniciais são usados para calcular as componentes no sedimento, a densidade e a porosidade (conteúdo de água por volume de sedimento). Na maioria das vezes, por questões de simplificação, a porosidade é considerada constante. A densidade do sólido, das frações de matéria orgânica e inorgânica, também é tida como constante. Considere os seguintes parâmetros para o sedimento:

fDTotS0: Fração inicial de peso seco [g sólido g^{-1} sedimento]

fDOrgS0: Fração inicial de matéria orgânica [g matéria org g^{-1} sólido]

fLutum: Fração de lodo na matéria inorgânica [$g\,g^{-1}$]

fDDetS0: Fração inicial de detritos na matéria orgânica [$g\,g^{-1}$]

cRhoOM: Densidade do sólido de matéria orgânica [$g\,m^{-3}$ sólido]

cRhoIM: Densidade do sólido de matéria inorgânica [$g\,m^{-3}$ sólido]

cRhoWat: Densidade da água [$g\,m^{-3}$]

Dessa forma, algumas propriedades do sedimento podem ser estimadas a partir das seguintes equações:

$$bRhoSolidS0 = fDOrgS0 \cdot cRhoOM + (1 - fDOrgS0) \cdot cRhoIM \quad \text{8.20}$$

Densidade média inicial do material sólido [g m^{-3} sólido]

$$bPorS = (1 - fDTotS0) \cdot bRhoSolidS0/cRhoWat/ \left(fDTotS0 + (1 - fDTotS0) \cdot \frac{bRhoSolidS0}{cRhoWat}\right) \quad \text{8.21}$$

Porosidade [m^3 de água m^{-3} de sedimento]

$$bPorCorS = bPorS^{(bPorS+1)} \quad \text{8.22}$$

Porosidade do sedimento, corrigida pela tortuosidade

$$bRhoTotS0 = bRhoSolidS0 \cdot (1 - bPorS) \quad \text{8.23}$$

Densidade aparente do sedimento [g de sólido m^{-3} de sedimento]

Com base nessas densidades, os valores iniciais das variáveis de estado no sedimento (de espessura cDephtS) são calculados:

$$bDTotS0 = bRhoTotS0 \cdot cDepthS \quad \text{8.24}$$

Peso seco total inicial no topo da camada [gD m^{-2}]

$$sDHumS0 = (1 - fDDetS0) \cdot fDOrgS0 \cdot bDTotS0 \quad \text{8.25}$$

Húmus inicial no topo da camada [gD m^{-2}]

$$sDDetS0 = fDDetS0 \cdot fDOrgS0 \cdot bDTotSO \quad \text{8.26}$$

Detrito inicial no topo da camada [gD m^{-2}]

$$sDIMS0 = bDTotS0 - sDHumS0 - sDDetS0 \quad \text{8.27}$$

Matéria inorg. inicial no topo da camada [gD m^{-2}]

Os valores iniciais dos nutrientes são dados de entrada no modelo. Na maioria das vezes, não é fácil obter uma boa estimativa inicial dessas variáveis; portanto, recomenda-se que esses valores sejam derivados de medições *in situ*. Os valores usuais encontrados na literatura são listados na Tab. 8.1.

PROCESSOS ABIÓTICOS

TAB. 8.1 Valores iniciais sugeridos das componentes no sedimento

Componente no sedimento	Valor
$sNH4S0$: N-NH4 dissolvido inicial nos poros do sed. $[gN\ m^{-2}]$	0,02
$sNO3S0$: N-NO3 dissolvido inicial nos poros do sed. $[gN\ m^{-2}]$	0,002
$cPDDet0$: Fração de fósforo inicial nos detritos $[gP/gD]$	0,0025
$cNDDet0 = 0,025$: Fração de nitrogênio inicial nos detritos $[gN/gD]$	0,025
$cSiDDet0$: Fração de sílica inicial nos detritos $[gSi/gD]$	0,01
$cPDHum0$: Fração de fósforo inicial no húmus $[gP/gD]$	0,005
$cNDHum0$: Fração de nitrogênio inicial no húmus $[gN/gD]$	0,05
$sPHumS0$: Porção de fósforo no húmus $[gP\ m^{-2}]$	$cPDHum0 \cdot sDHumS0$
$sNHumS0$: Porção de nitrogênio no húmus $[gN\ m^{-2}]$	$cNDHum0 \cdot sDHumS0$
$sPDetS0$: Porção de fósforo nos detritos $[gP\ m^{-2}]$	$cPDDet0 \cdot sDDetS0$
$sNDetS0$: Porção de nitrogênio nos detritos $[gN\ m^{-2}]$	$cNDDet0 \cdot sDDetS0$
$sSiDetS0$: Porção de sílica nos detritos $[gSi\ m^{-2}]$	$cSiDDet0 \cdot sDDetS0$

O fósforo inorgânico é inicializado como uma fração do peso seco (D) de sedimento. Considere os valores padrões e as seguintes equações:

$$sPAIMS0 = fPAdsS0 \cdot fPInorgS0 \cdot bDTotS0 \qquad 8.28$$

Fósforo adsorvido na matéria inorg. no sed. $[gP\ m^{-2}]$

$$sPO4S0 = (1 - fPAdsS0) \cdot fPInorgS0 \cdot bDTotS0 \qquad 8.29$$

Fósforo dissolvido inicial no sedimento $[gP\ m^{-2}]$

onde *fPInorgS0* é a fração de fósforo inorgânico no sedimento (aproximadamente igual a 0,05%) e *fPAds0* é a fração de fósforo inorgânico adsorvido na matéria inorgânica no sedimento (aproximadamente igual a 99%).

8.3 RESSUSPENSÃO E SEDIMENTAÇÃO

A modelagem dos fluxos de ressuspensão e sedimentação geralmente é aplicada a partículas de pequenas dimensões que são mais suscetíveis ao transporte na coluna d'água, como, por exemplo, as partículas pequenas de matéria inorgânica, detritos e o fitoplâncton. O fluxo vertical de partículas maiores de areia e húmus geralmente é desprezado, uma vez que essas partículas têm um tempo de sedimentação rápido (em uma escala de horas).

8.3.1 Ressuspensão

As taxas de ressuspensão são relacionadas diretamente com a velocidade e a direção do vento, ou com a velocidade da água próximo ao fundo (Fig. 8.1).

Essas variáveis podem ser calculadas utilizando-se as seguintes expressões:

$$W_{sup} = 0,537 \cdot W_{10}^{1,23} \qquad 8.30$$

Velocidade do vento na superfície da água $[m\ s^{-1}]$

$$u_{fundo} = \left(\frac{\pi H_S}{T_S}\right) \cdot \frac{100}{\sinh(2\pi H L_d)} \qquad 8.31$$

Velocidade da água próximo ao fundo $[m\ s^{-1}]$

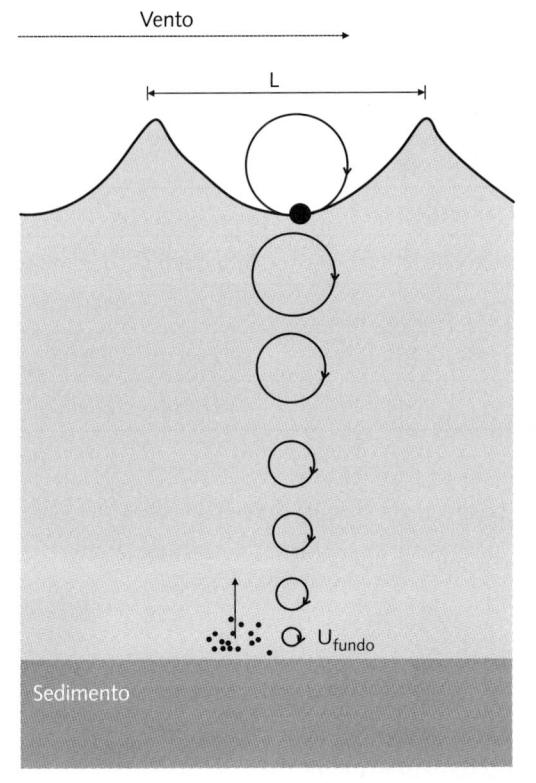

Fig. 8.1 Elementos para o cálculo da ressuspensão relacionada ao vento

onde W_{10} é a velocidade do vento medida a 10 m da superfície livre da água; H_S é a altura significante da onda (m); L_d é o comprimento significante da onda (m); T_S é o período da onda (s); e H é a profundidade (m).

O comprimento significante da onda (L_d) é relacionado ao comprimento da onda, L (CERC, 1977):

$$L_d = L \cdot \tanh(2\pi H/L_d) \qquad 8.32$$

Comprimento significante da onda [m]

onde $L = gT_S^2/(2\pi)$. A tangente e o seno hiperbólico podem ser computados como:

$$\sinh(x) = \frac{e^x - e^{-x}}{2} : \quad \text{Seno hiperbólico de } x \qquad \textbf{8.33}$$

$$\tanh(x) = \frac{e^x - e^{-x}}{e^x + e^{-x}} : \quad \text{Tangente hiperbólica de } x \qquad \textbf{8.34}$$

Ijima e Tang (1966) desenvolveram fórmulas para estimar a altura e o período significante da onda (H_S e T_S) em função da profundidade, da velocidade do vento e do *fetch* (comprimento da pista de atuação do vento no sentido da formação de ondas):

$$H_S = \frac{W^2}{g} 0{,}283 \tanh\left[0{,}53\left(\frac{gH}{W^2}\right)^{0{,}75}\right] \cdot \tanh\left\{\frac{0{,}0125\left(\frac{gH}{W^2}\right)^{0{,}42}}{\tanh\left[0{,}53\left(\frac{gH}{W^2}\right)^{0{,}75}\right]}\right\} \qquad \textbf{8.35}$$

Altura significante da onda [m]

$$T_S = \frac{2\pi W^2}{g} 1{,}2 \tanh\left[0{,}833\left(\frac{gH}{W^2}\right)^{0{,}375}\right] \cdot \tanh\left\{\frac{0{,}077\left(\frac{gH}{W^2}\right)^{0{,}25}}{\tanh\left[0{,}833\left(\frac{gH}{W^2}\right)^{0{,}375}\right]}\right\}$$

Período significante da onda [s]   **8.36**

Em alguns modelos de ressuspensão, a tensão de cisalhamento no fundo é usada para o cálculo do fluxo, podendo ser estimada por:

$$\tau_{fundo} = 0{,}5 \cdot \rho_w \cdot C_f \cdot u_{fundo}^2 \qquad \textbf{8.37}$$

Tensão de cisalhamento no fundo [N m^{-2}]

onde C_f é um fator de fricção do fundo; ρ_w é a densidade da água (kg m^{-3}).

O fator de fricção do fundo é dado por:

$$C_f = 0{,}4\,(A/k_n)^{3/4} \qquad \textbf{8.38}$$

onde $A = H/2 \sinh(2\pi H/L)$ e RN é a rugosidade.

Existem diversas relações entre o fluxo de ressuspensão e as variáveis anteriormente citadas. Todas essas relações para o cálculo do fluxo de ressuspensão foram estabelecidas assumindo-se que o corpo d'água é completamente misturado. Mais equações para o cálculo do fluxo de ressuspensão são apresentadas na Tab. 8.2; entretanto, por questões de simplificação, pode-se utilizar uma relação bastante disseminada, baseada na mecânica da tensão de cisalhamento induzida pelo vento em função das dimensões do lago (Carper; Bachmann, 1984; Bloesch, 1995; Cózara et al., 2005):

$$tDResusTauDead = \frac{3.48}{sDepthW} \cdot \alpha \cdot (W + (2,3 - W_0))^\beta \cdot \delta(W, W_0)$$

Fluxo de ressuspensão pelo vento $[gD\,m^{-2}\,d^{-1}]$ **8.39**

onde W é a intensidade do vento (m s^{-1}); W_0 é a intensidade do vento necessária para perturbar o fundo; α e β são os coeficientes da equação

TAB. 8.2 Modelos para o cálculo do fluxo de ressuspensão (gDm^{-2}d^{-1}). Os parâmetros referem-se aos ecossistemas estudados pelos autores e estão sujeitos a adaptações

Autor(es)	Fluxo de ressuspensão (*tDResusTauDead*)	Parâmetros
Luettich, 1987	$cVSet \cdot \theta\,(H_S - H_{cr})$, p/$H_S > H_{cr}$ 0, p/$H_S < H_{cr}$	$cVSet = 2,2 \cdot 10^{-4}$ ms^{-1} $\theta = 8,27$ $H_{cr} = 0 - 16,75$ cm
Lam e Jacquet, 1976	$cVSet \cdot \rho_{sed} \cdot \frac{k}{(u_{fundo} - u_{cr})}$, p/$u_{fundo} > u_{cr}$ 0, p/$u_{fundo} < u_{cr}$	$cVSet = 2,9 \cdot 10^{-4}$ ms^{-1} $k = 6,11 \cdot 10^{-16}$ ms^{-1} $u_{cr} = 0,03$ ms^{-1}
Sheng e Lick, 1976	$C_1 \cdot (\tau_{fundo} - \tau_{cr1})$, p/$\tau_{cr1} < \tau_{fundo} < \tau_{cr2}$ $C_2 \cdot (\tau_{fundo} - \tau_{cr2})$, p/$\tau_{fundo} > \tau_{cr2}$ 0, p/$\tau_{fundo} < \tau_{cr1}$	$cVSet = 5 \cdot 10^{-4}$ ms^{-1} $C_1 = 1,33 \cdot 10^{-4}$ sm^{-1} $C_2 = 4,12 \cdot 10^{-4}$ sm^{-1} $\tau_{cr1} = 0,05$ Nm^{-2} $\tau_{cr2} = 0,15$ Nm^{-2}
Partheniades, 1965 e Krone, 1962	$N \cdot (\tau_{fundo} - \tau_{cr})/\tau_{cr}$, p/$\tau_{fundo} > \tau_{cr}$ 0, p/$\tau_{fundo} < \tau_{cr}$	$\tau_{cr} = 0,02$ Nm^{-2} $N = 4,9 \cdot 10^{-5}$ gm^{-2}s^{-1}

cVSet é a velocidade de sedimentação (ms^{-1}); ρ_{sed} é a densidade do sedimento (kgm^{-3}); τ_{cr} é a tensão de cisalhamento no fundo crítica; u_{cr} é a velocidade da água próximo ao fundo crítica; e θ, k, C_1 e C_2 são constantes.

de regressão obtida empiricamente; $sDepthW$ é a profundidade (m); e δ é uma função que determina quando o vento começa a ressuspender sedimentos. O termo $\alpha \cdot (W + (2,3 - W_0))^\beta$ é uma relação empírica que determina a turbidez do lago, $\delta = 0$ para $W < W_0$ e $\delta = 1$ para $W \geq W_0$.

À parte da ação física (*e.g.* ventos e correntes), um outro fator de ressuspensão é a presença de peixes que se alimentam de animais no fundo (zoobentos). Por meio de trabalhos experimentais, alguns pesquisadores estimaram a porção diária de ressuspensão provocada pela procura de alimento desses peixes (Meijer et al., 1990; Breukelaar et al., 1994). Considera-se que os peixes que provocam ressuspensão são os onívoros e planctívoros adultos. Uma relação linear é adotada, corrigida pela temperatura:

$$tDTurbFish = kTurbFish \cdot uFunTmFish \cdot sDFiAd \qquad 8.40$$
Fluxo de ressuspensão devido aos peixes $[gD\,m^{-2}\,d^{-1}]$

onde $kTurbFish$ é a taxa de ressuspensão (d^{-1}) provocada pela procura de alimentos no sedimento por peixes; $sDFiAd$ é a biomassa de peixes adultos ($gD\,m^{-2}$); e $uFunTmFish$ é uma função que representa o efeito da temperatura na ressuspensão por peixes. Além disso, existe um efeito positivo para a redução da ressuspensão pela presença de **macrófitas aquáticas submersas** (James; Barko, 1990; Jeppesen et al., 1990; Van Nes et al., 2002a, 2003). Esse efeito depende não somente da porção de biomassa de vegetação aquática, mas também das espécies, da forma de crescimento e dos padrões espaciais da vegetação. Matematicamente, considera-se que a ressuspensão decresce linearmente com o aumento da biomassa de macrófitas submersas no fundo:

$$aFunVegResus = \text{MAX}(1 - kVegResus \cdot aDVeg, 0) \qquad 8.41$$
Dependência da vegetação na ressuspensão [-]

onde $kVegResus$ é a relação de redução da ressuspensão por grama de vegetação aquática presente ($m^2 gD^{-1}$) (aproximadamente igual a 0,01), e $aDVeg$ é a biomassa de vegetação submersa presente na água ($gD\,m^{-2}$).

As contribuições do efeito do vento, dos peixes e da vegetação podem ser combinadas, levando à seguinte equação:

$$tDResusDead = (tDResusTauDead + tDTurbFish) \cdot aFunVegResus$$

Fluxo de ressuspensão com efeitos combinados [gD m^{-2} d^{-1}]   **8.42**

A taxa de ressuspensão pode ser dividida em parcelas de matéria inorgânica e detritos (matéria orgânica degradável), de acordo com suas concentrações no topo da camada do sedimento:

$$tDResusIM = \frac{fLutum \cdot sDIMS \cdot tDResusDead}{(fLutum \cdot sDIMS + sDDetS)}$$ **8.43**

Fluxo de ressuspensão de matéria inorgânica [gD m^{-2} d^{-1}]

$$tDResusDet = \frac{sDDetS \cdot tDResusIM}{(fLutum \cdot sDIMS + sDDetS)}$$ **8.44**

Fluxo de ressuspensão de detritos [gD m^{-2} d^{-1}]

onde $fLutum \approx 0,10$ é a fração de lodo na matéria inorgânica.

A taxa de ressuspensão do fitoplâncton pode ser descrita como uma fração da biomassa presente no sedimento que está de acordo com uma relação empírica entre frequência e taxa de ressuspensão:

$$tDResusPhytTot = kResusPhytMax \cdot sDPhytS \cdot$$
$$\cdot (1 - \text{EXP}(cResusPhytExp \cdot tDResusDead))$$

Fluxo de ressuspensão do fitoplâncton [gD m^{-2} d^{-1}]   **8.45**

onde $kResusPhytMax \approx 0,25$ é a taxa máxima de ressuspensão do fitoplâncton (d^{-1}); $cResusPhytExp \approx -0,379$ é um parâmetro exponencial para ressuspensão do fitoplâncton (gD.m^{-2}.d^{-1}).

A partir desses fluxos, as taxas de ressuspensão para nutrientes nos detritos e fósforo adsorvido são calculadas por meio da atual razão entre nutrientes e detritos. Os nutrientes dissolvidos também são afetados pela ressuspensão:

$$tPResusPO4 = sPO4S/sDDetS \cdot tDResusDet$$ **8.46**

Fluxo de ressuspensão do fósforo dissolvido [gP m^{-2} d^{-1}]

As equações para nitrato, amônio e sílica são similares.

8.3.2 SEDIMENTAÇÃO

A sedimentação geralmente é modelada por uma equação de primeira ordem. A velocidade de sedimentação é diferente para distintos componentes do séston (*i.e.* conjunto das partículas, orgânicas ou não, que se encontram dispersas na coluna d'água) e depende das dimensões do lago. Ela pode ser estimada usando-se a lei de Stokes:

$$cVSet = \alpha \frac{g}{18} \left(\frac{\rho_s - \rho_w}{\mu} \right) d^2 \qquad \text{8.47}$$

Velocidade de sedimentação [cm s^{-1}]

onde $cVSet$ é a velocidade de sedimentação (cm s^{-1}); α é um fator que representa o efeito da forma da partícula na sedimentação (para uma esfera $\alpha = 1$); g é a aceleração da gravidade (981 cm s^{-2}); ρ_s é a densidade da partícula (g cm^{-3}); μ é a viscosidade dinâmica (g cm^{-1} s^{-1}); e d é o diâmetro efetivo da partícula (cm).

A partir da lei de Stokes, outras representações mais simplificadas foram apresentadas:

$$cVSet = 0,033634 \cdot (\rho_s - \rho_w) d^2 \qquad \text{8.48}$$

Velocidade de sedimentação [m d^{-1}]

onde $cVSet$ é a velocidade de sedimentação (m d^{-1}); as densidades em g cm^{-3}; d em μ m.

Um resumo contendo alguns valores da velocidade de sedimentação medidos experimentalmente para determinadas partículas é apresentado na Tab. 8.3. A taxa de sedimentação é computada dividindo-se a velocidade de sedimentação pela profundidade:

$$wSet = \frac{cVSed}{H} \qquad \text{8.49}$$

Taxa de sedimentação [d^{-1}]

A sedimentação de matéria inorgânica depende da quantidade de lodo no sedimento, e a velocidade de sedimentação é influenciada pela temperatura.

Tab. 8.3 Velocidade de sedimentação de algumas partículas

Tipo de partícula	Diâmetro (μm)	Velocidade de sedimentação ($m\,d^{-1}$)
Fitoplâncton		
Cyclotella meneghiniana	2	0,08-0,24
Thalassiosira nana	4,3-5,2	0,1-0,28
Scenedesmus quadricauda	8,4	0,27-0,89
Asterionella formosa	25	0,2-1,48
Thalassiosira rotula	19-34	0,39-2,1
Coscinodiscus lineatus	50	1,9-6,8
Melosira agassizii	54,8	0,67-1,87
Rhizosolenia robusta	84	1,1-4,7
Carbono Org. Particulado		
	1-10	0,2
	10-64	1,5
	> 64	2,3
Argila		
	2-4	0,3-1
Silte		
	10-20	3-30

Fonte: Wetzel, 1975; Burns e Rosa, 1980.

$$tDSetIM = \frac{cVSetIM}{sDepthW} \cdot \text{MIN}(1/\sqrt{aFunDimSus}, 1) \cdot$$

$$\cdot cThetaSet^{Tm-20} \cdot \sqrt{\frac{fLutumRef}{fLutum}} \cdot sDIMW \qquad \textbf{8.50}$$

Sedimentação de matéria inorgânica $[gD\,m^{-2}\,d^{-1}]$

$$tDSetDet = \frac{cSetDet}{sDepthW} \cdot \text{MIN}(1/\sqrt{aFunDimSus}, 1) \cdot$$

$$\cdot cTheta^{Tm-20} \cdot sDDetW \qquad \textbf{8.51}$$

Sedimentação de detritos $[gD\,m^{-2}\,d^{-1}]$

A mesma função de sedimentação para detritos pode ser usada para o cálculo da ressuspensão de fitoplâncton. Os fluxos de sedimentação para fósforo, nitrogênio e sílica são calculados como fluxos de peso seco multiplicado pela razão entre nutriente e peso seco:

PROCESSOS ABIÓTICOS

$$tPSetAIM = sPAIMW/sDIMW \cdot tDSetIM \qquad 8.52$$
Sedimentação de fósforo adsorvido [$gP\,m^{-2}\,d^{-1}$]

$$tPSetDet = rPDDetW \cdot tDSetDet \qquad 8.53$$
Sedimentação de fósforo dissolvido [$gP\,m^{-2}\,d^{-1}$]

$$tNSetDet = rNDDetW \cdot tDSetDet \qquad 8.54$$
Sedimentação de nitrogênio dissolvido [$gN\,m^{-2}\,d^{-1}$]

$$tSiSetDet = rSiDDetW \cdot tDSetDet \qquad 8.55$$
Sedimentação de sílica dissolvida [$gSi\,m^{-2}\,d^{-1}$]

8.4 MINERALIZAÇÃO E OXIGÊNIO UTILIZADO

O processo de mineralização, descrito no capítulo anterior, pode ser aproximado por meio de uma equação de primeira ordem que depende da temperatura da água. A dependência da temperatura segue a equação de Arrhenius, em que a taxa aumenta exponencialmente com a temperatura:

$$wDMinDetW = kDMinDetW \cdot cThetaMin^{Tm-20} \cdot sDDetW \qquad 8.56$$
Fluxo de mineralização na água [$gD\,m^{-3}\,d^{-1}$]

$$tDMinDetS = kDMinDetS \cdot cThetaMin^{Tm-20} \cdot sDDetS \qquad 8.57$$
Fluxo de mineralização no sedimento [$gD\,m^{-2}\,d^{-1}$]

onde $kDMinDetW$ e $kDMinDetS$ são as taxas de mineralização (d^{-1}) na água e no sedimento, respectivamente; $cThetaMin$ é um coeficiente do efeito da temperatura na mineralização; e Tm é a temperatura (°C). As equações são análogas para fósforo e nitrogênio.

O oxigênio consumido relacionado aos fluxos de mineralização, também conhecido como Demanda Bioquímica de Oxigênio (DBO), é calculado por meio de dois fatores de conversão, corrigindo seu valor pela concentração de oxigênio disponível. Na coluna d'água, a concentração de oxigênio pode ser modelada dinamicamente. Aqui, apresentamos uma correção do tipo Michalis-Menten de modelos clássicos de DBO para a estimativa do fluxo de oxigênio pela mineralização:

$$aCorO2BOD = sO2W/(hO2BOD + sO2W) \qquad \text{8.58}$$
Correção da demanda de O2 na água

$$wO2MinDetW = molO2molC \cdot cCPerDW \cdot$$
$$\cdot aCorO2BOD \cdot wDMinDetW \qquad \text{8.59}$$
Fluxo de O2 [gO2 m^{-3} d^{-1}]

onde *hO2BOD* é a constante de meia saturação de oxigênio na DBO; *molO2molC* = 2,667 é a razão do peso molecular entre oxigênio e carbono; e *cCPerDW* ≈ 0,4 é a fração de carbono no peso seco da matéria orgânica degradável.

No sedimento, as condições de oxigênio são modeladas por meio de uma equação de equilíbrio, uma vez que a escala de tempo da dinâmica de oxigênio no sedimento é pequena (minutos) (Lijklema, 1993). A espessura da camada aeróbia do sedimento é descrita em função da concentração de oxigênio na água, da taxa de difusão do oxigênio e da demanda de oxigênio no sedimento.

$$aDepthOxySed = \sqrt{2 \cdot sO2W \cdot akO2DifCor/tSOD} \qquad \text{8.60}$$
Profundidade de penetração de O2 no sed. [m]

$$akO2DifCor = kO2Dif \cdot uFunTmDif \cdot cTurbDifO2 \cdot bPorCorS \qquad \text{8.61}$$
Coeficiente de difusão corrigido [m^{2}d^{-1}]

$$tSOD = (molO2molC \cdot cCPerDW \cdot (1 - fRefrDetS) \cdot tDMinDetS$$
$$+ O2PerNH4 \cdot molO2molN \cdot$$
$$\cdot kNitrS \cdot uFunTmNitr \cdot sNH4S)/cDepthS \qquad \text{8.62}$$
Demanda de oxigênio no sed. [gO2 m^{-3} d^{-1}]

onde *molO2molN* = 2,2857 é a razão do peso molecular entre oxigênio e nitrogênio; *molNmolC* = 1,1667 é a razão do peso molecular entre nitrogênio e carbono; *kO2Dif* = 2,6 · 10^{-5} é a difusão molecular do O_2 (m^2 d^{-1}); *cThetaDif* ≈ 1,02 é um coeficiente de temperatura para difusão do O_2 (1/e$^{\circ C}$); *cTurbDifO2* é o fator de bioturbidez para difusão do O_2 [-]; *bPorCorS* = *bPorS*$^{(bPorS+1)}$ é a porosidade corrigida; *kNitrS* é a taxa de nitrificação no sedimento (d^{-1}); *O2PerNH4* =2,0 é o número de moles O_2 usados por mol de NH_4 nitrificado [-]; e *cDepthS* é a profundidade da camada do topo do sedimento (m).

A espessura da camada aeróbia é dividida pela espessura da camada do topo do sedimento para obter a proporção aeróbia do sedimento:

$$afOxySed = aDepthOxySed/cdepthS \qquad \textbf{8.63}$$
Proporção aeróbia do sedimento [-]

Assume-se que essa proporção de mineralização ocorre aerobicamente, ou seja, o oxigênio consumido é baseado nos fatores de conversão O_2/C e C/D:

$$tO2MinDetS = molO2molC \cdot cCPerDW \cdot afOxySed \cdot$$
$$\cdot (1 - fRefrDetS) \cdot tDMinDetS \qquad \textbf{8.64}$$
Consumo de oxigênio pela mineralização no sedimento [$gO_2 \, m^{-2} \, d^{-1}$]

Além disso, admite-se que uma fração do material decomposto no sedimento (padrão 15%) é transformada em húmus:

$$tDMinHumS = kDMinHum \cdot uFunTmMinS \cdot afOxySed \cdot sDHumS$$
Decomposição do húmus no sedimento [$gD \, m^{-2} \, d^{-1}$] \qquad \textbf{8.65}

As equações para fósforo e nitrogênio são análogas.

8.5 Nitrificação, desnitrificação e condições de oxigênio

8.5.1 Nitrificação

A nitrificação é um processo microbial aeróbio que envolve a transformação de amônio em nitrato (Fig. 8.2). Ele pode ser modelado como um processo de primeira ordem em função da concentração de amônio no meio, da temperatura e das condições de oxigênio. As taxas de nitrificação geralmente são muito mais altas no sedimento do que na água, uma vez que a concentração de bactérias nitrificantes é mais alta no sedimento. O correspondente consumo de oxigênio

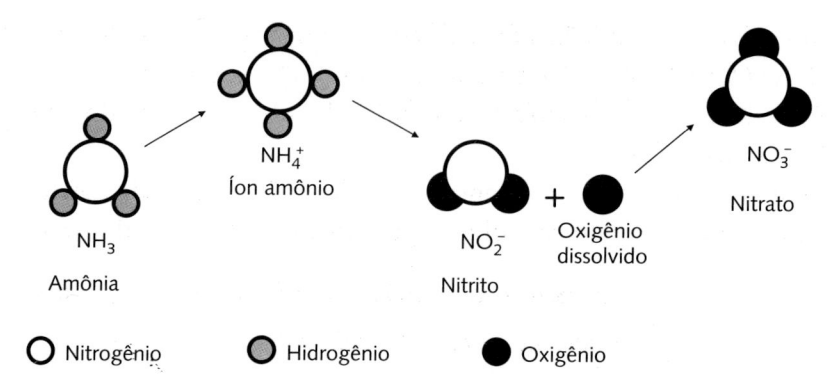

FIG. 8.2 Processo de nitrificação que ocorre em todos os ecossistemas aquáticos

decorrente do processo de nitrificação é calculado usando-se um fator de conversão de 2 moles de O_2 por mol de NH_4 e a razão do peso molecular.

O efeito da temperatura na taxa de nitrificação pode ser expresso por:

$$uFunTmNitr = cThetaNitr^{(T-20)} \qquad 8.66$$

Efeito da temperatura na nitrificação [-]

onde *cThetaNitr* é uma constante aproximadamente igual a 1,08 e T é a temperatura (°C).

A correção da taxa de nitrificação pelas condições de oxigênio no meio pode ser representada por uma função de **Hill** (Apêndice B):

$$aCorO2NitrW = \frac{sO2W^2}{hO2Nitr^2 + sO2W^2} \qquad 8.67$$

Correção da taxa de nitrificação pelas condições de oxigênio [-]

onde *hO2Nitr* é a constante de meia saturação de oxigênio para nitrificação.

Os fluxos de nitrificação na água e no sedimento podem então ser estimados por:

$$wNNitrW = kNitrW \cdot uFunTmNitr \cdot aCorO2NitrW \cdot sNH4W \qquad 8.68$$

Fluxo de nitrificação na água [gN m^{-3} d^{-1}]

$$tNNitrS = afOxySed \cdot kNitrS \cdot uFunTmNitr \cdot sNH4S \qquad 8.69$$

Fluxo de nitrificação no sedimento [gN m^{-2} d^{-1}]

onde *kNitrW* e *kNitrS* são as taxas de nitrificação (d^{-1}) na água e no sedimento, respectivamente. O consumo de oxigênio utilizado no processo de nitrificação é dado por:

$$wO2NitrW = O2perNH4 \cdot molO2molN \cdot wNNitrW \quad \textbf{8.70}$$
Fluxo de O2 pela nitrificação na água [$gO_2\ m^{-3}\ d^{-1}$]

$$tO2NitrS = O2perNH4 \cdot molO2molN \cdot tNNitrS \quad \textbf{8.71}$$
Fluxo de O2 pela nitrificação no sedimento [$gO_2\ m^{-2}\ d^{-1}$]

8.5.2 Desnitrificação

A desnitrificação é um importante processo no qual o nitrogênio é perdido do sistema. É definida como a transformação do nitrato em substâncias voláteis, como moléculas de nitrogênio, as quais podem ser perdidas para a atmosfera. O processo é anaeróbio, microbial, dependente da temperatura e necessita da presença de carbono orgânico e nitrato (Van Luijn, 1997; Soetaert et al., 1995). Esse processo normalmente é significativo na camada do topo do sedimento, mas também tem um papel importante na coluna d'água se a concentração de oxigênio chegar a baixos valores.

A desnitrificação pode ser modelada como parte da parcela aeróbia do processo de mineralização. A dependência de nitrato pode ser descrita por meio de uma função sigmoidal:

$$wNDenitW = NO3PerC \cdot molNmolC \cdot cCPerDW \cdot sNO3W^2 /$$
$$(hNO3Denit^2 + sNO3W^2) \cdot (1 - aCorO2BOD) \cdot wDMinDetW$$
Fluxo de desnitrificação na água [$gN\ m^{-3}\ d^{-1}$] **8.72**

$$tNDenitS = NO3PerC \cdot molNmolC \cdot cCPerDW \cdot oNO3S^2 /$$
$$(hNO3Denit^2 + oNO3S^2) \cdot (1 - afOxySed) \cdot$$
$$\cdot (1 - fRefrDetS) \cdot tDMinDetS \quad \textbf{8.73}$$
Fluxo de desnitrificação no sedimento [$gN\ m^{-2}\ d^{-1}$]

onde *NO3PerC* = 0,8 é a quantidade de moles desnitrificados por mol de C mineralizado; *hNO3Denit* é a constante de meia saturação de NO_3 para desnitrificação; e *fRefrDetS* ≈ 0,15 é a fração refratária de matéria orgânica no sedimento.

8.6 Adsorção do fósforo

O fósforo dissolvido pode ser adsorvido pela matéria inorgânica, especialmente quando é constituída de argila. Esse processo funciona como um depósito da disponibilidade de fósforo para produção primária. Assume-se que a fração adsorvida está em equilíbrio químico reversível em estado dissolvido. A adsorção de fósforo na matéria orgânica não é significante e pode ser desprezada na modelagem (Rijkeboer; Otten; Gons, 1992). O processo de sorção (absorção de um gás por um líquido) pode ser assumido como instantâneo. O valor de equilíbrio é determinado por uma isoterma de adsorção, definida como a relação entre a concentração de fósforo dissolvido e fósforo adsorvido por grama de adsorvente no equilíbrio [gP/gD]. Quando a concentração de fósforo dissolvido no sedimento é alta, a capacidade máxima de adsorção é atingida. Tal capacidade depende da quantidade de ferro e alumínio no adsorvente. A adsorção é influenciada por várias condições ambientais, tais como condições de redox e pH. Em termos matemáticos, essas relações são expressas da seguinte maneira:

$$aPAdsMaxW = cRelPAdsD + aCorO2BOD \cdot$$
$$\cdot cRelPAdsFe \cdot fFeDIM + cRelPAdsAl \cdot fAlDIM \quad \text{8.74}$$

Adsorção máxima de fósforo por grama de matéria inorgânica na água [gP/gD]

$$aKPAdsW = (1 - fRedMax \cdot (1 - aCorO2BOD)) \cdot cKPAdsOx \quad \text{8.75}$$

Afinidade de adsorção de fósforo na água, corrigida pelas condições de redox [m^3/gP]

$$aPIsoAdsW = aPAdsMaxW \cdot aKPAdsW \cdot sPO4W /$$
$$(1 + aKPAdsW \cdot sPO4W) \quad \text{8.76}$$

Isoterma do fósforo adsorvido na matéria inorgânica na água [gP/gD]

$$aPAdsMaxS = cRelPAdsD + afOxySed \cdot$$
$$\cdot cRelPAdsFe \cdot fFeDIM + cRelPAdsAl \cdot fAlDIM \quad \text{8.77}$$

Adsorção máxima de fósforo por grama de matéria inorgânica no sedimento [gP/gD]

$$aKPAdsS = (1 - fRedMax \cdot (1 - afOxySed)) \cdot cKPAdsOx \quad \text{8.78}$$
Afinidade de adsorção de fósforo no sed., corrigida pelas condições de redox $[m^3/gP]$

$$aPIsoAdsS = aPAdsMaxS \cdot aKPAdsS \cdot oPO4S /$$
$$(1 + aKPAdsS \cdot oPO4S) \quad \text{8.79}$$
Isoterma do fósforo adsorvido na matéria inorgânica no sedimento $[gP/gD]$

$$aPeqIMS = aPIsoAdsS \cdot sDIMS \quad \text{8.80}$$
Quantidade em equilíbrio $[gP\,m^{-2}]$

$$tPSorpIMS = kPSorp \cdot (aPEqIMS - sPAIMS) \quad \text{8.81}$$
Sorção do fósforo na matéria inorgânica $[gP\,m^{-2}\,d^{-1}]$

onde $cRelPAdsD \approx 0,00003$ é a adsorção máxima de fósforo por grama de peso seco de matéria inorgânica; $cRelPAdsFe \approx 0,065$ é a adsorção máxima de fósforo por grama de ferro; $cRelPAdsAl \approx 0,134$ é a adsorção máxima de fósforo por grama de alumínio; $fFeDIM \approx 0,01$ é o conteúdo de ferro na matéria inorgânica (gFe/gD); $fAlDIM \approx 0,01$ é o conteúdo de alumínio na matéria inorgânica (gAl/gD); e $afOxySed$ é a proporção de sedimento aeróbio.

8.7 IMOBILIZAÇÃO DO FÓSFORO

A imobilização do fósforo pode ser estimada considerando-se uma concentração máxima de PO_4 na água presente nos poros do sedimento, acima da qual o fósforo é perdido por imobilização química irreversível (fluxo de perda de PO_4 do sistema).

$$tPChemPO4 = \text{MAX}(0, kPChemPO4 \cdot (oPO4S - cPO4Max)) \quad \text{8.82}$$
Perda química de fósforo dissolvido $[gP\,m^{-2}\,d^{-1}]$

onde $kPChemPO4$ é uma taxa constante e $cPO4Max$ é a concentração máxima de PO_4.

8.8 Liberação de Nutrientes (Difusão)

Fósforo, nitrato, amônio e sílica dissolvidos na água podem ser transportados do sedimento para a coluna d'água por difusão cruzando a interface sedimento-água. Esse fluxo pode ser ascendente (definido como um fluxo positivo) ou descendente (definido como um fluxo negativo). Os fluxos dependem do gradiente de concentração dos dois compartimentos. O fluxo de liberação de nutrientes pode ser estimado a partir da diferença entres as concentrações dividida pela distância de difusão ($aDepthDif$), definida como a metade da espessura da camada do topo do sedimento:

$$tDDifPO4 = kPDifPO4 \cdot uFunTmDif \cdot cTurbDifNut \cdot$$
$$\cdot bPorCorS \cdot (oPO4S - sPO4W)/aDepthDif \qquad \textbf{8.83}$$

Fluxo de difusão de fósforo dissolvido $[gP\,m^{-2}\,d^{-1}]$

onde $kPDifPO4$ é a constante de difusão do fósforo dissolvido ($m^2\,d^{-1}$); $cThetaDif$ é um parâmetro dependente da temperatura ($1/e^{oC}$); $cTurbDifNut$ é o fator de bioturbidez [-]; $aDepthDif = 0,5 \cdot cDepthS$ é a distância de difusão (m); $fAlDIMl$ é o conteúdo de alumínio na matéria inorgânica.

8.9 Reaeração

A reaeração é a difusão de oxigênio proveniente da atmosfera que cruza a superfície da água. Considere as seguintes equações:

$$uO2Sat = 14,652 - 0,41022 \cdot Tm$$
$$+ 7,991 \cdot 10^{-3} \cdot Tm^2 - 7,7774 \cdot 10^{-5} \cdot Tm^3 \qquad \textbf{8.84}$$

Concentração de saturação de oxigênio $[mgO_2\,L^{-1}]$

$$tO2Reaer = kReaer \cdot (uO2Sat - sO2W) \cdot uFunTmReaer \qquad \textbf{8.85}$$

Fluxo de reaeração de O2 na água $[gO_2\,m^{-2}\,d^{-1}]$

onde $uFunTmReaer = cThetaReaer^{(Tm-20)}$ é uma função que representa o efeito da temperatura na reaeração, e $cThetaReaer$ é uma constante aproximadamente igual a 1,06.

A constante de reaeração ($kReaer$) também pode ser escrita em função da velocidade do vento ($uVWind$). Além disso, a temperatura tem uma influência de ordem exponencial sobre a reaeração (Downing; Truesdale, 1955). A influência do vento é descrita utilizando-se uma equação empírica (Banks; Herrera, 1977):

$$kReaer = 0,727 \cdot uVWind^{0,5} - 0,371 \cdot uVWind + 0,0376 \cdot uVWind^2$$

8.86

$$\text{Coeficiente de reaeração } [m\ d^{-1}]$$

8.10 TEMPERATURA NA ÁGUA

A temperatura na água de um ecossistema aquático pode ser estimada a partir do balanço de calor entre a superfície da água e a atmosfera. O balanço de calor em um corpo hídrico é meramente a aplicação direta da primeira lei da termodinâmica para um fluido incompressível, a qual define que a variação da energia interna é igual à resultante dos fluxos de calor nos contornos do sistema. A Fig. 8.3 apresenta uma visão geral das principais trocas de calor em um corpo hídrico. A energia interna está representada pela estrutura de temperatura no reservatório. A variação dessa estrutura de temperatura durante um

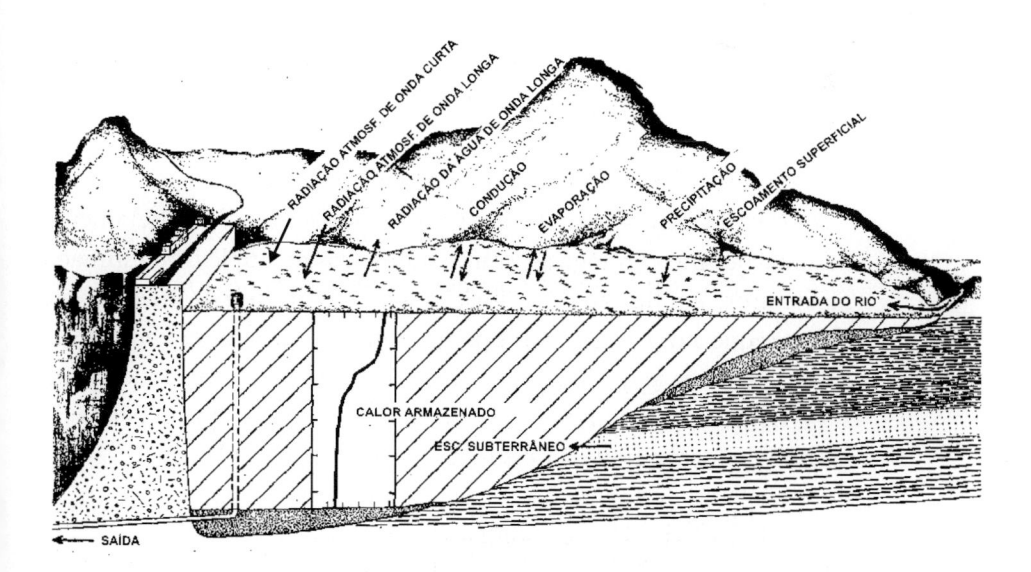

FIG. 8.3 Principais fluxos de calor em um reservatório

período definido é referida como o calor armazenado pelo sistema ou o balanço de calor.

O balanço do fluxo de calor, ΔQ (W m^{-2}), pode ser representado matematicamente por:

$$\Delta Q = Q_{RAOC}^{água} + Q_{RAOL} - Q_{RWOL} - Q_{COND} - Q_{EVAP} \pm Q_{IN/OUT} \quad 8.87$$

onde $Q_{RAOC}^{água}$ é o fluxo de calor referente à radiação atmosférica de onda curta; Q_{RAOL} é o fluxo de calor referente à radiação atmosférica **de onda longa**; Q_{RWOL} é o fluxo de calor referente à radiação da água de onda longa; Q_{COND} é o fluxo de calor referente à **condução** para a atmosfera; Q_{EVAP} é o fluxo de calor referente ao processo de evaporação; e $Q_{IN/OUT}$ é o fluxo de calor resultante das entradas e saídas por advecção, tais como o escoamento superficial e subterrâneo, o fluxo de afluentes, a precipitação e os fluxos de saída.

A quantidade de calor armazenado durante um intervalo de tempo pode ser convertida em termos de temperatura por meio da seguinte expressão:

$$\frac{\partial T}{\partial t} = \frac{\Delta Q}{\rho \cdot V \cdot c} \quad 8.88$$

onde V é o volume (m^3); ρ é a densidade da água (kg m^{-3}); e c é o calor específico da água (J kg^{-1}°C^{-1}).

8.10.1 Radiação atmosférica de onda curta

A radiação atmosférica de onda curta pode ser medida diretamente nas estações meteorológicas, com radiômetros de Eppley, ou estimada na literatura em função da inclinação solar e cobertura de nuvens. Vale ressaltar que a radiação medida por radiômetro é o valor medido acima da superfície da água, sem levar em consideração a parcela refletida na superfície da água, também conhecida como **albedo**, que depende da latitude do local e pode ser estimado pela equação de Fresnel:

$$Alb = \frac{\left[\frac{n_1 \cos(\theta_1) - n_2 \cos(\theta_2)}{n_1 \cos(\theta_1) + n_2 \cos(\theta_2)}\right]^2 + \left[\frac{n_1 \cos(\theta_2) - n_2 \cos(\theta_1)}{n_1 \cos(\theta_2) + n_2 \cos(\theta_1)}\right]^2}{2} \quad 8.89$$

onde $n_1 \approx 1$ e $n_2 = 1,333$ são os índices de refração do ar e da água, respectivamente; θ_1 e θ_2 são os ângulos de incidência e de refração do raio solar na superfície da água, respectivamente (Fig. 8.4).

A relação entre os ângulos de incidência e refração é dada pela lei da refração ou lei de Snell:

$$\frac{\text{sen}(\theta_1)}{\text{sen}(\theta_2)} = \frac{n_2}{n_1} \qquad 8.90$$

Dessa forma, a radiação atmosférica de onda curta que passa através da superfície da água pode ser expressa por:

$$Q_{RAOC}^{\text{água}} = (1 - \text{Alb})\, Q_{RAOC}^{\text{ar}} \qquad 8.91$$

Além disso, quando a **radiação de onda curta** penetra na superfície da água, a intesidade da radiação decai exponencialmente com a profundidade da água, de acordo com a lei de Lambert-Beer:

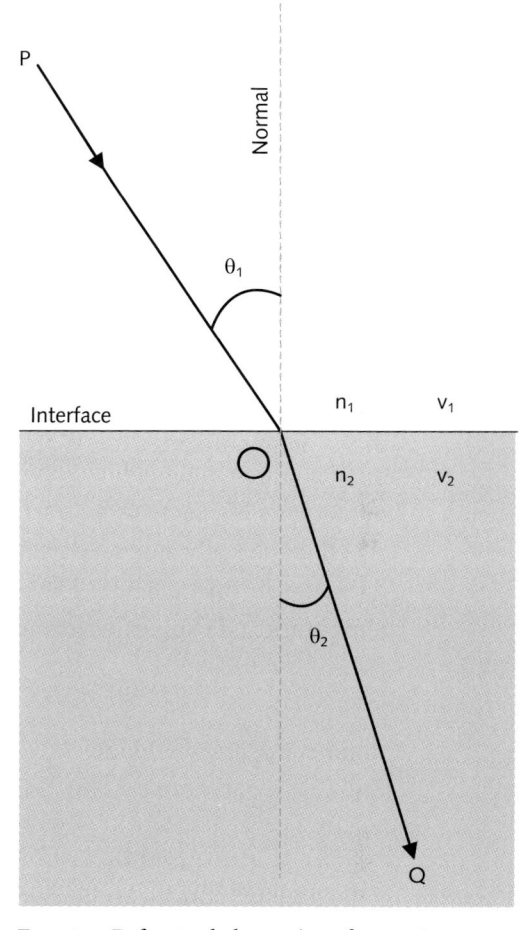

FIG. 8.4 Refração da luz na interface ar-água

$$Q_{RAOC}^{\text{água}}(z) = Q_{RAOC}^{\text{sup. da água}} \cdot e^{-k_d \cdot z} \qquad 8.92$$

onde k_d é o coeficiente de extinção da luz na água (m^{-1}), e z é a profundidade da água medida a partir de sua superfície.

8.10.2 Radiação atmosférica de onda longa

A radiação atmosférica de onda longa é a parcela de calor proveniente da atmosfera, que pode ser estimada em função da temperatura do ar (T_{ar}) e da umidade relativa:

$$Q_{RAOL} = \sigma\,(T_{ar} - 273)^4 \left(A + 0,031\sqrt{e_{ar}}\right)(1 - \text{Alb}) \qquad 8.93$$

onde σ é a constante de Stefan-Boltzmann ($11,7 \times 10^{-8}$ cal cm^{-2} d^{-1} K^{-1}); T_{ar} é a temperatura do ar (°C); A é um coeficiente (pode variar entre 0,5 e 0,7); e e_{ar} é a pressão de vapor atmosférica (mmHg), dada em função da umidade relativa do ar (UR):

$$UR = 100 \frac{e_{ar}}{e_{sat}} \qquad 8.94$$

onde e_{sat} é a pressão de vapor de saturação (mmHg), dada por:

$$e_{sat} = 4,596 \cdot \exp\left(\frac{17,269 \cdot T_{ar}}{T_{ar} + 273}\right) \qquad 8.95$$

Utilizando-se essas unidades, o fluxo de calor é dado em cal cm^{-2} dia^{-1}. Para converter em W m^{-2}, multiplica-se o valor por 0,48426.

8.10.3 Radiação da água de onda longa

O fluxo de calor que sai da superfície da água é chamado de radiação da água de onda longa. Ele pode ser determinado em função da temperatura da superfície da água, T_s:

$$Q_{RWOL} = \varepsilon\sigma\left(T_s - 273\right)^4 \qquad 8.96$$

onde ε é a emissividade da água (aproximadamente igual a 0,97). Q_{RWOL} é dado em cal cm^{-2} dia^{-1}.

8.10.4 Condução de calor

O fluxo de condução de calor ocorre em razão das colisões entre átomos e moléculas de uma substância e depende da intensidade do vento e do gradiente de temperatura entre a água e o ar:

$$Q_{COND} = c_1 \cdot f\left(Wind\right) \cdot \left(T_s - T_{ar}\right) \qquad 8.97$$

onde c_1 é o coeficiente de Bowen (0,47 mmHg $^0C^{-1}$); Q_{COND} é dado em cal cm^{-2} dia^{-1}; e $f(Wind)$ é uma função da velocidade do vento medida a 2 m acima da superfície da água:

$$f\left(Wind\right) = a_w + b_w W_2^{c_w} \qquad 8.98$$

onde a_w, b_w e c_w são coeficientes empíricos. Se a temperatura da água for maior do que a temperatura do ar, o fluxo de calor será no sentido água/atmosfera; caso contrário, será no sentido atmosfera/água.

8.10.5 Evaporação

O fluxo de calor por evaporação ($cal\,cm^{-2}\,dia^{-1}$) depende da temperatura do ar e da umidade relativa, ou da temperatura de ponto de orvalho, e é dado por:

$$Q_{EVAP} = f(Wind) \cdot (e_{sat} - e_{ar}) \qquad \textbf{8.99}$$

9 Fitoplâncton

Fitoplâncton é o nome dado ao conjunto dos organismos aquáticos microscópicos que têm capacidade fotossintética e que vivem à deriva flutuando na coluna d'água. O fitoplâncton encontra-se na base da cadeia alimentar dos ecossistemas aquáticos, uma vez que serve de alimentação a organismos maiores. Está na base porque pertence ao nível trófico dos produtores. Além disso, acredita-se que o fitoplâncton seja responsável pela produção de cerca de 98% do oxigênio da atmosfera terrestre. Existem variações da composição específica e da densidade das comunidades fitoplanctônicas ao longo do ano. Wetzel (1975) afirma que essas variações são mais evidentes em lagos de regiões temperadas do que em lagos de regiões tropicais. Vários estudos mencionam as variações quantitativas e qualitativas das espécies de fitoplâncton em função das estações do ano (Domitrovic; Asselborn; Casco, 1998) ou em função da hidrodinâmica (Cardoso; Motta Marques, 2009). Tanto ao longo da coluna d'água como ao longo da superfície, o fitoplâncton apresenta grande distribuição. Esteves (1998) e Cardoso e Motta Marques (2009) indicam alguns fatores que podem influenciar a distribuição vertical e horizontal do fitoplâncton, podendo-se destacar: (a) densidade específica dos organismos; (b) herbivoria; (c) seiches internas (ondas paradas); (d) fluxo da água; (e) radiação solar; (f) bentos; (g) temperatura da água; (h) ondas; (i) turbidez.

O fitoplâncton também pode ser responsável por alguns problemas ecológicos quando se desenvolve em excesso. Em situação de alta disponibilidade de nutrientes, profundidade favorável, temperatura e luz ótimas, esses organismos podem se multiplicar rapidamente, formando o que se costuma chamar **floração** de algas ou *bloom* (como é mais utilizado). Esse fenômeno geralmente ocorre em dias quentes e calmos, e principalmente em lagos eutróficos (ricos em nutrientes) ou eutrofizados artificialmente (Esteves, 1998). Os principais problemas relacionados à eutrofização são:

A. Redução da diversidade biológica e do desenvolvimento de plantas aquáticas submersas, uma vez que o desenvolvimento intensivo de algas espalha-se por toda a superfície da água, impedindo a penetração da luz nas camadas inferiores.

B. Condições anaeróbias no fundo do corpo d'água e no corpo d'água como um todo. O aumento da produtividade do corpo d'água causa um aumento da concentração de bactérias heterotróficas, que se alimentam da matéria orgânica das algas e de outros microrganismos mortos, consumindo oxigênio dissolvido do meio líquido. No fundo do corpo d'água, predominam condições anaeróbias, em razão da sedimentação da matéria orgânica, da reduzida penetração do oxigênio a essas profundidades, bem como da ausência de fotossíntese (ausência de luz).

C. Liberação de **toxinas** para o meio aquático. Algumas espécies de fitoplâncton do grupo das cianobactérias produzem toxinas que podem causar a morte de outras espécies aquáticas. Os moluscos e os crustáceos acumulam toxinas quando consomem o fitoplâncton, e essas toxinas podem, então, passar para os humanos quando os consomem. Isso geralmente causa apenas pequenos desarranjos gástricos, mas em alguns casos raros, essas toxinas podem provocar problemas respiratórios que, às vezes, são mortais.

D. Deposição de espuma na costa marítima. As grandes florações de fitoplâncton podem causar uma espécie de espuma nas praias. Essas espumas não são tóxicas, porém aborrecem as pessoas que tinham intenção de se banhar. Os efeitos sobre o turismo são nefastos quando as praias são afetadas por esse problema.

E. Eventuais mortandades de peixes. A mortandade de peixes pode ocorrer em função de condições anaeróbias (conforme comentado anteriormente) e de toxicidade por amônio. Em condições de pH elevado (frequentes durante os períodos de elevada fotossíntese), o amônio apresenta-se em grande parte na forma livre (NH_3), tóxica aos peixes, em vez de na forma ionizada (NH_4^+), não tóxica.

F. Maior dificuldade e elevação nos custos de tratamento da água. A presença excessiva de algas afeta substancialmente o tratamento da água captada no lago ou na represa, pela necessidade de remover a alga, a cor, o sabor e o odor, com um maior consumo de produtos químicos e lavagens mais frequentes dos filtros.

G. Problemas com o abastecimento de água industrial. Elevação dos custos para o abastecimento de água industrial por razões similares às anteriores, e também em razão de depósitos de algas nas águas de resfriamento.

Com relação à formação e distribuição espacial do fitoplâncton, esse organismo é controlado por dois mecanismos (Lucas et al., 1999a, 1999b): (a) mecanismos locais (altura da coluna d'água, disponibilidade de luz, temperatura, concentrações de nutrientes, predação por zooplâncton e bentos), os quais determinam o equilíbrio entre produção e perda para uma coluna d'água em uma posição espacial particular (*i.e.* controlam a possibilidade de ocorrer uma floração); (b) mecanismos relacionados ao transporte, que governam a distribuição da biomassa (*i.e.* controlam onde uma floração de algas ocorre e se é possível acontecer).

9.1 Aspectos gerais para a modelagem

O fitoplâncton pode ser modelado na água e no sedimento, estando sujeito a diversos processos (Fig. 9.1), tais como: (a) crescimento e consumo de nutrientes; (b) respiração e excreção de nutrientes; (c) sedimentação e ressuspensão; (d) mortalidade natural; e (e) consumo por herbívoros. Além disso, o fitoplâncton está sujeito ao transporte longitudinal e vertical por advecção e difusão, descritos na seção 6.3.1.

Uma aproximação mais realista é feita quando o fitoplâncton é modelado por grupos funcionais, tais como dinoflagelados, cianobactérias, diatomáceas e clorofíceas. Essa distinção é feita visando atender a diferentes características ecológicas desses grupos, bem como a interesses de gerenciamento no ecossistema aquático. Entretanto, por

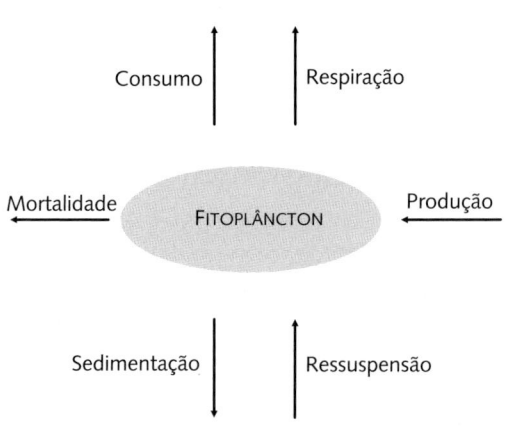

FIG. 9.1 Esquema dos processos no fitoplâncton

questões de simplificação, geralmente o fitoplâncton é modelado como um único grupo. Neste capítulo, utilizaremos a notação (*Spec*) para representar um grupo funcional de fitoplâncton. Cada grupo poderia também ser modelado por compartimentos: peso seco (D), carbono (C), nitrogênio (N) e fósforo (P). As razões entre nutrientes e peso seco podem ser expressas por:

$$rPDSpec = sPSpec/sDSpec \qquad \text{Razão P/D [gP/gD]} \qquad 9.1$$

$$rNDSpec = sNSpec/sDSpec \qquad \text{Razão N/D [gN/gD]} \qquad 9.2$$

O conteúdo de carbono pode ser linearmente relacionado com o peso seco. Dessa forma, o termo de perdas e ganhos do fitoplâncton é dado por:

$$S_{Phyt,D} = \underbrace{f^{NUT}_{Phyt}(NO3, NH4, PO4, sPhyt, Luz, T)}_{\text{produção}} - \underbrace{f^{RES}_{Phyt}(T, sPhyt)}_{\text{respiração}}$$

$$-\underbrace{f^{CB}_{Phyt}(sZoo, sFish)}_{\text{consumo biológico}} + \underbrace{f^{FS}_{Phyt}(Wind, H)}_{\text{fluxos no sed.}} - \underbrace{f^{MOT}_{Phyt}(sPhty)}_{\text{mortalidade}} \qquad 9.3$$

Peso seco

$$S_{Phyt,P,N} = \underbrace{f^{NUT}_{Phyt}(NO3, NH4, PO4, sPhyt, Luz, T)}_{\text{assimilação}} - \underbrace{f^{RES}_{Phyt}(T, sPhyt)}_{\text{excreção}}$$

$$-\underbrace{f^{CB}_{Phyt}(sZoo, sFish)}_{\text{consumo biológico}} + \underbrace{f^{FS}_{Phyt}(Wind, H)}_{\text{fluxos no sed.}} - \underbrace{f^{MOT}_{Phyt}(sPhty)}_{\text{mortalidade}} \qquad 9.4$$

Conteúdo de P e N

Na sequência, serão apresentadas algumas equações matemáticas que podem ser utilizadas para modelar os processos pertinentes ao fitoplâncton.

9.2 PRODUÇÃO

A produção é entendida como o aumento de biomassa expressa em gramas de peso seco por dia. A produção também pode ser expressa em gramas de oxigênio por grama de biomassa fitoplanctônica, uma vez que 1 g de biomassa assimilada corresponde a 1 g de oxigênio produzido. A produção é uma função dos seguintes fatores: taxa máxima de crescimento, temperatura da água, horas de luz no dia, intensidade da luz na superfície da água, condições da luz na água, conteúdo de fósforo e nitrogênio na água e no fitoplâncton. Matematicamente, a produção do fitoplâncton pode ser expressa por:

$$aMuSpec = cMuMaxSpec \cdot \underbrace{ufDay}_{\text{fotoperíodo}} \cdot \underbrace{aLLimSpec}_{\text{Luz}} \cdot$$

$$\cdot \underbrace{uFunTmSpec}_{\text{temperatura}} \cdot \underbrace{aNutLimSpec}_{\text{nutrientes}} \qquad 9.5$$

Taxa de crescimento diária do fitoplâncton $[d^{-1}]$

onde *cMuMaxSpec* é a taxa máxima de crescimento de uma determinada espécie de fitoplâncton; *ufDay* é o fotoperíodo em h/24h; *aLLimSpec* é um fator que reproduz o efeito da luz no crescimento do fitoplâncton; *uFunTmSpec* é um fator que reproduz o efeito da temperatura no crescimento do fitoplâncton; e *aNutLimSpec* é um fator que representa o efeito da disponibilidade de nutrientes no crescimento do fitoplâncton.

9.2.1 TEMPERATURA

O efeito da temperatura é modelado por meio de uma função Gaussiana, definida por uma temperatura ótima para crescimento (*cTmOptSpec*):

$$uFunTmSpec = \text{EXP}(-0,5/cSigTmSpec^2 \cdot$$
$$\cdot ((T - cTmOptSpec)^2 - (cTmRef - cTmOptSpec)^2)) \qquad 9.6$$

Efeito da temperatura no crescimento do fitoplâncton [-]

onde *cSigTmSpec* é o parâmetro sigma da curva de Gauss e *cTmRef* é a temperatura de referência (20°C).

Na Fig. 9.2 são apresentadas algumas combinações dos parâmetros *cTmOptSpec* e *cSigTmSpec* para a estimativa do efeito da temperatura no crescimento do fitoplâncton. Observa-se que o parâmetro *cTmOptSpec* representa a posição da temperatura ótima para crescimento e *cSigTmSpec* está relacionado à forma da curva.

Funções de **Monod** ou de Hill (Apêndice B) também são largamente utilizadas para o cálculo do efeito da temperatura no crescimento do fitoplâncton, porém elas não representam o efeito inibitório do crescimento do fitoplâncton diante de altas temperaturas. A função de Hill seria:

$$uFunTmSpec = \frac{Tm^p}{Tm^p + T^p_{1/2}} \qquad 9.7$$

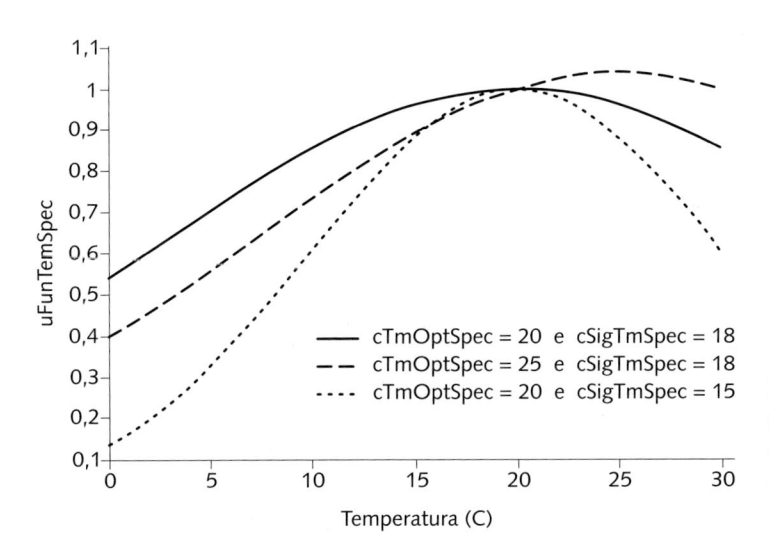

Efeito da temperatura no crescimento do fitoplâncton [-]

onde $T^p_{1/2}$ é o coeficiente de meia saturação da temperatura no crescimento do fitoplâncton.

O modelo *theta* também é bastante utilizado:

$$uFunTmSpec = \theta_T^{(T-20)} \qquad 9.8$$

Efeito da temperatura no crescimento do fitoplâncton [-]

onde θ_T é um parâmetro que controla o efeito da temperatura no crescimento do fitoplâncton, cujo valor, de acordo com Eppley (1972), é aproximadamente 1,06.

FIG. 9.2 Efeito da temperatura no crescimento do fitoplâncton (função Gaussiana)

9.2.2 LUZ

O fator de limitação da luz na água pode ser modelado por uma função de Monod, integrada ao longo da coluna d'água e em 24 horas (Jorgensen, 1980). A atenuação da luz com a profundidade é descrita por uma função bem conhecida, a lei de Lambert-Beer (Fig. 9.4B):

$$aLPAR(z) = uLPAR(0) \cdot \text{EXP}(-aExtCoef \cdot z), \quad \text{sendo que}$$
$$uLPAR(0) = Lout \cdot \text{fPAR} \cdot (1 - fRefl) \qquad \textbf{9.9}$$

onde *Lout* é a intensidade da luz acima da superfície da água; *fPAR* é a fração de radiação fotossinteticamente ativa; *fRefl* é a fração refletida; *uLPAR(0)* é a intensidade da luz imediatamente acima da superfície da água; *aLPAR(z)* é a intensidade da luz a uma profundidade z; e *aExtCoef* é o coeficiente de extinção da luz na água. Esse coeficiente é a soma da extinção de base (*i.e.* extinção da luz provocada pela própria água e por substâncias dissolvidas) e contribuições da matéria orgânica, detritos, algas e vegetação aquática submergentes:

$$aExtCoef = cExtWat + aExtIM + aExtDet + aExtPhyt + aExtVeg$$
$$\text{Coeficiente de extinção } [m^{-1}] \qquad \textbf{9.10}$$

A contribuição de cada grupo funcional do fitoplâncton para a extinção da luz é linearmente relacionada com sua concentração por meio de uma constante de proporcionalidade (*cExtSpec*):

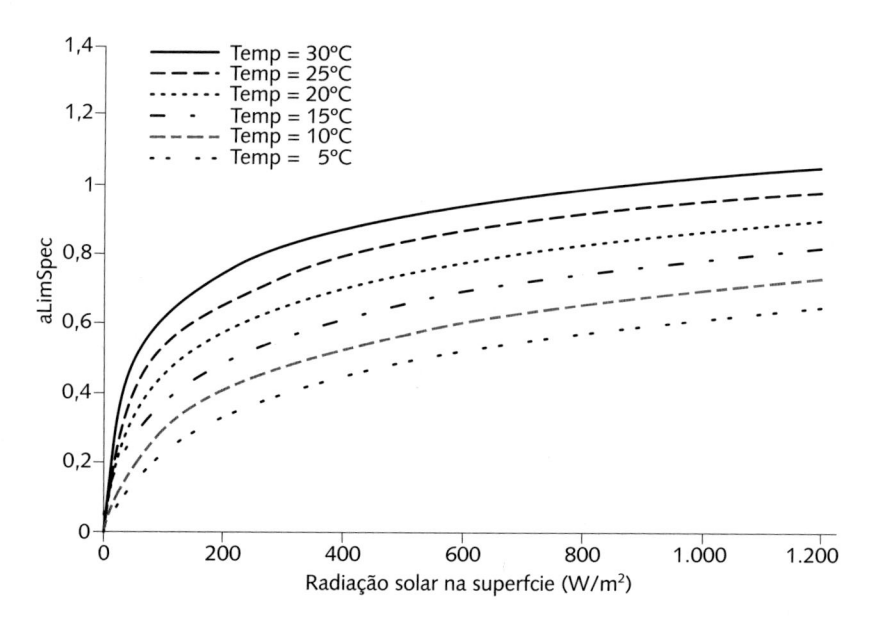

FIG. 9.3 Efeito da luz no crescimento de fitoplâncton, desprezando-se o efeito de inibição da produção pelo excesso de luz

$$aExtSpec = cExtSpec \cdot sDSpecW \qquad \text{9.11}$$

Contribuição de um grupo algal para a extinção da luz $[m^{-1}]$

Uma alternativa mais simples para calcular o coeficiente de atenuação da luz, *aExtCoef*, é por meio da seguinte expressão (Chapra, 1997):

$$aExtCoef = \frac{1,8}{aSecchi} \qquad \text{9.12}$$

onde *aSecchi* é a profundidade de Secchi (m).

A parcela do coeficiente de extinção sem a contribuição das macrófitas aquáticas submersas, que dão um efeito positivo na transparência da água, é chamada de *aExtCoefOpen*, e essa variável pode ser usada para o cálculo da profundidade de Secchi:

$$aSecchi = \text{MIN}(sDepthW, aPACoef/aExtCoefOpen) \qquad \text{9.13}$$

Profundidade de Secchi [m]

onde *aPACoef* é o coeficiente de Poole-Atkins, que depende da concentração de matéria orgânica na água (*aDOMW*):

$$aPACoef = cPACoefMin + (cPACoefMax - cPACoefMin) \cdot \qquad \text{9.14}$$
$$hPACoef/(hPACoef + aDOMW)$$

Coeficiente de Poole-Atkins [-]

onde *cPACoefMin* e *cPACoefMax* são os coeficientes mínimo e máximo de Poole-Atkins, respectivamente; e *hPACoef* é o coeficiente de meia saturação da matéria orgânica.

Dessa forma, a parcela da luz responsável pelo crescimento do fitoplâncton é obtida pela integração da curva de produção do tipo Monod ao longo da coluna d'água (desprezando a inibição da produção pelo excesso de luz) (Fig. 9.3):

$$aLimSpec = \frac{1}{aExtCoef \cdot sDepthW} \cdot \text{LOG}\left(\frac{1 + \frac{uLPAR0}{uhLSpec}}{1 + \frac{aLPARBot}{uhLSpec}}\right) \qquad \text{9.15}$$

Função de Lehman para o cálculo do efeito da luz no crescimento do fitoplâncton [-]

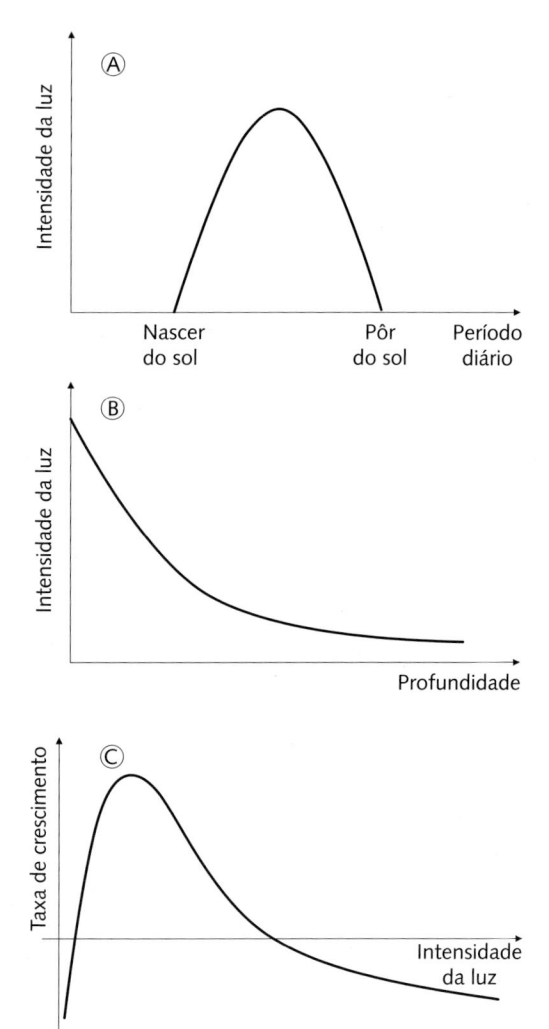

FIG. 9.4 Efeitos da luz no crescimento do fitoplâncton. (A) variação da incidência de luz durante o dia; (B) atenuação da luz com a profundidade; (C) dependência da taxa de crescimento com a intensidade da luz

onde *aLPARBot* é a intensidade da luz no fundo (Wm^{-2} PAR) e *uhLSpec* é a constante de meia saturação da intensidade da luz para um determinado grupo de fitoplâncton (Wm^{-2} PAR).

Tendo em vista a inibição da produção pelo excesso de luz (Fig. 9.4C), a Eq. 9.15 seria reescrita para:

$$aLimSpec = \exp\left(\frac{1}{aExtCoef \cdot sDepthW}\right)$$

$$\cdot \exp\left(\frac{-aLPARBot}{cLOptRefSpec \cdot uFunTmSpec}\right)$$
$$-\exp\left(\frac{-uLPAR0}{cLOptRefSpec \cdot uFunTmSpec}\right) \quad \textbf{9.16}$$

Função de Steele para o cálculo do efeito da luz
no crescimento do fitoplâncton [-]

onde *cLOptRefSpec* é a intensidade de luz ótima para o crescimento (Wm^{-2} PAR).

A produção ao longo do dia depende do período de luz durante o dia, também chamado de fotoperíodo (Fig. 9.4A), que varia ao longo do ano e depende da latitude do ecossistema aquático.

Geralmente, a fração de horas de luz no dia é calculada de acordo com uma função do tipo cosseno:

$$ufDay = ufFoto_{med} - \frac{ufFoto_{amp}}{2} \cdot \cos\left(2\pi \cdot \frac{DayJul + ufFoto_{lag}}{365}\right)$$

Fração de horas de luz no dia [h/24h]   **9.17**

onde $ufFoto_{med}$ é a fração média de horas de luz no ano; $ufFoto_{amp}$ é a amplitude de variação da fração de horas de luz no ano; $ufFoto_{lag}$ é o dia Juliano, em que ocorre a mínima fração de horas de luz no ano; e *DayJul* é o dia Juliano. Esses coeficientes dependem da latitude do local.

9.2.3 Assimilação de nutrientes

O efeito da limitação de nutrientes no crescimento do fitoplâncton pode ser modelado pela equação de Droop, que descreve a dependência da taxa de crescimento de acordo com o conteúdo de nutrientes no fitoplâncton. A taxa de crescimento aumenta rapidamente se esse conteúdo for baixo, e vice-versa:

$$aPLimSpec = \left(1 - \frac{cPDSpecMin}{rPDSpec}\right) \cdot \frac{cPDSpecMax}{cPDSpecMax - cPDSpecMin}$$

Função de Droop para o cálculo do efeito da limitação   **9.18**
de fósforo no crescimento do fitoplâncton [-]

onde $cPDSpecMin$ $[gP\,g^{-1}D]$ e $cPDSpecMax$ $[gP\,g^{-1}D]$ são o conteúdo de fósforo mínimo e máximo no fitoplâncton, respectivamente. As equações para nitrogênio e sílica são análogas.

Esse efeito também poderia ser modelado por meio de uma simples equação de Monod:

$$aPLimSpec = \frac{sPO4W}{hPO4AssSpec + sPO4W} \quad \textbf{9.19}$$

Função de Monod para o cálculo do efeito da limitação de fósforo no crescimento do fitoplâncton [-]

onde $hPO4AssSpec$ é a constante de meia saturação da concentração de PO_4 para o crescimento do fitoplâncton. As equações são análogas para nitrogênio e sílica.

O efeito geral da limitação de nutrientes no crescimento do fitoplâncton pode ser estimado por meio da combinação dos efeitos de cada nutriente.

$$aLimSpec = aPLimSpec \cdot aNLimSpec \cdot aSiLimSpec, \text{ ou} \quad \textbf{9.20}$$

$$aLimSpec = \min\left(aPLimSpec, aNLimSpec, aSiLimSpec\right), \text{ ou} \quad \textbf{9.21}$$

$$aLimSpec = \frac{3}{\dfrac{1}{aPLimSpec} + \dfrac{1}{aNLimSpec} + \dfrac{1}{aSiLimSpec}} \quad \textbf{9.22}$$

Efeito combinado da limitação de nutrientes no crescimento do fitoplâncton [-]

A assimilação de nutrientes pelo fitoplâncton depende da demanda de nutrientes pelo fitoplâncton e da disponibilidade de nutrientes no meio aquático. Para simplificar, apresentamos a seguir apenas as equações referentes ao consumo de fósforo pelo fitoplâncton. A taxa máxima de assimilação de nutrientes depende do conteúdo atual de nutrientes no fitoplâncton, ou seja, da razão entre nutrientes e peso seco (D) no fitoplâncton. Se essa razão é baixa, a taxa de assimilação de nutrientes é alta, e se a razão é alta, a taxa de assimilação aproxima-se do valor mínimo.

Para o caso do fósforo, tem-se:

$$aVPUptMaxCorSpec = cVPUptMaxSpec \cdot uFunTmSpec \cdot \frac{cPDSpecMax - rPDSpec}{cPDSpecMax - cPDSpecMin} \qquad 9.23$$

Taxa máxima de assimilação de fósforo [mgP/mgD/d]

onde $cPDSpecMin$ e $cPDSpecMax$ são as razões entre fósforo e peso seco (D) mínimo e máximo no fitoplâncton, respectivamente; $cVPUptMaxSpec$ é a taxa máxima de assimilação de P pelo fitoplâncton; e $uFunTmSpec$ é uma função que representa o efeito da temperatura na assimilação de P.

A taxa de assimilação específica é descrita por uma função do tipo Monod para concentração de fósforo dissolvido:

$$aVPUptSpec = aVPUptMaxCorSpec \cdot \frac{sPO4}{ahPUptSpec + sPO4} \qquad 9.24$$

Taxa específica de assimilação de fósforo [mgP/mgD/d]

Isso implica que a concentração de meia saturação de fósforo não é uma constante, mas depende da taxa máxima de assimilação ($aVPUptMaxCorSpec$):

$$ahPUptSpec = aVPUptMaxCorSpec/cAffPUptSpec \qquad 9.25$$

Concentração de meia saturação de fósforo [mgP/l]

onde $cAffPUptSpec$ é a afinidade de consumo de P pelo fitoplâncton ($l \cdot mgD^{-1} \cdot d^{-1}$). O fluxo de assimilação de fósforo é o produto entre a taxa específica de assimilação e a biomassa atual:

$$tPUptSpec = aVPUptSpec \cdot sDSpec \qquad 9.26$$

Fluxo de assimilação de fósforo [gP m^{-3} d^{-1}]

A assimilação de nitrogênio é modelado da mesma maneira, com uma característica especial: o fitoplâncton tanto pode assimilar nitrato como amônio. Geralmente se assume que o fitoplâncton tem uma maior preferência por amônio, uma vez que essa forma de nitrogênio é energeticamente mais vantajosa. As taxas de assimilação de nitrogênio são baseadas no total de nitrogênio total solúvel, o qual é dividido em duas frações (Ambrose et al., 1988). A fração de nitrogênio absorvido como amônio corresponde a:

$$afNH4UptSpec = \frac{sNH4 \cdot sNO3}{(ahNUptSpec + sNH4) \cdot (ahNUptSpec + sNO3)} \\ + \frac{sNH4 \cdot ahNUptSpec}{(sNO3 + sNH4) \cdot (ahNUptSpec + sNO3)} \quad 9.27$$

Fração de nitrogênio assimilado como amônio pelo fitoplâncton [-]

9.3 Respiração e excreção de nutrientes

Em resumo, a respiração pode ser dividida em comportamental (fotorrespiração), relacionada ao crescimento, e de manutenção, relacionada à energia requerida para a manutenção vital. Geralmente, apenas a respiração de manutenção é explicitamente modelada por meio de uma função de primeira ordem, e a respiração comportamental é incorporada implicitamente na taxa de crescimento. O fluxo de respiração para a manutenção pode ser expresso por:

$$ukDRespTmSpec = kDRespSpec \cdot uFunTmSpec \quad 9.28$$

Taxa de respiração de manutenção $[d^{-1}]$

$$wDRespSpec = ukDRespTmSpec \cdot sDSpec \quad 9.29$$

Fluxo de respiração para a manutenção $[gD\ m^{-3}\ d^{-1}]$

A excreção é outro processo de transferência de nutrientes para os compartimentos orgânicos (dissolvido e particulado). Nessa aproximação, geralmente se considera que os fluxos de excreção são proporcionais aos fluxos de peso seco da respiração de manutenção:

$$wPExcrSpecW = rPDSpecW/(cPDSpecMin + rPDSpecW) \cdot \\ \cdot rPDSpecW \cdot wDRespSpecW \quad 9.30$$

Excreção de fósforo algal na água $[gP\ m^{-3}\ d^{-1}]$

A equação é similar para o fitoplâncton no sedimento.

9.4 Sedimentação, ressuspensão e mortalidade

A modelagem dos processos de sedimentação e ressuspensão é apresentada em detalhes na seção 8.3. A sedimentação do fitoplâncton pode ser descrita como um processo de primeira ordem, sendo a taxa igual à velocidade de sedimentação dividida pela profundidade da água. A taxa de ressuspensão depende das dimensões do ecossistema aquático, da intensidade do vento e da quantidade de peixes que se alimentam de animais que vivem no sedimento (ver seção 8.3). A mortalidade natural também pode ser admitida como um processo de primeira ordem:

$$wDMortSpecW = kMortSpecW \cdot sDSpecW \qquad 9.31$$
$$\text{Mortalidade algal na água } [gD\ m^{-3}\ d^{-1}]$$

$$tDMortSpecS = kMortSpecS \cdot sDSpecS \qquad 9.32$$
$$\text{Mortalidade algal no sedimento } [gD\ m^{-2}\ d^{-1}]$$

onde *kMortSpecW* e *kMortSpecS* são as taxas de mortalidade do fitoplâncton na água e no sedimento, respectivamente. A mortalidade resultante do consumo por outros organismos aquáticos está descrita em detalhes no Cap. 11.

9.5 Parâmetros

Um dos maiores problemas na modelagem ecológica está na atribuição dos valores dos parâmetros. Muitos estudos experimentais foram realizados com o intuito de determinar uma faixa de valores razoável para diversos parâmetros ecológicos. Entretanto, grande parte desses estudos foi desenvolvida em ecossistemas aquáticos temperados, que apresentam padrões bem diferentes dos encontrados em ecossistemas tropicais e subtropicais. Dessa forma, o modelador sempre deverá usar o bom senso na escolha de um valor adequado para seu sistema. Os valores apresentados na Tab. 9.1 podem ser tomados como valores de referência, os quais estão sujeitos a alterações na fase de calibração do modelo.

TAB. 9.1 Valores sugeridos para os parâmetros relacionados ao fitoplâncton

Parâmetro	Diatomáceas	Clorofíceas	Cianobactérias	Fitoplâncton (geral)
Produção (geral)				
uMuMaxSpec	1,5-2,5	1,2-1,7	0,4-0,8	1,7-2,2
Produção (luz)				
cExtWat				0,4-0,6
fPAR				0,4-0,6
fRefl				0,05-0,15
cExtSpDet				0,10-0,20
cExtSpIM				0,01-0,10
cExtSpVeg				0-0,05
cPACoefMin				1-2
cPACoefMax				2-3
hPACoef				2-4
cExtSpec	0,20-0,30	0,20-0,30	0,30-0,40	0,20-0,40
hLRefSpec	15-25	13-22	5-22	5-15
cLOptRefSpec	40-60	23-35	10-17	20-30
Produção (nutrientes)				
hSiAssDiat	0,05-0,15			
cChDSpecMax	0,01-0,02	0,015-0,03	0,01-0,02	0,015-0,03
cChDSpecMin	0,002-0,006	0,008-0,012	0,002-0,007	0,008-0,012
Respiração e excreção de nutrientes				
kDRespSpec	0,05-0,15	0,05-0,10	0,015-0,045	0,05-0,15
Sedimentação				
cVSetSpec	0,4-0,6	0,15-0,3	0,04-0,08	0,05-0,15
Mortalidade				
kMortSpecW	0,007-0,015	0,007-0,015	0,007-0,015	0,007-0,015
kMortSpecS	0,003-0,007	0,003-0,007	0,008-0,015	0,003-0,007
fDissMortSpec	0,15-0,30	0,15-0,30	0,15-0,30	0,15-0,30

Fonte: Janse, 2005.

MACRÓFITAS AQUÁTICAS 10

As macrófitas aquáticas têm um importante papel em muitos componentes abióticos e bióticos de um ecossistema aquático (Scheffer, 1998; Jeppesen et al., 1998b). Um dos mais relatados efeitos positivos da presença de macrófitas aquáticas é a transparência da água, embora os mecanismos que causam esse efeito possam variar de caso para caso (Scheffer, 1998). Os mecanismos responsáveis pelo aumento da transparência da água são:

A. redução da ressuspensão provocada por ondas;
B. efeito alelopático na comunidade fitoplanctônica (liberação de substâncias que inibem o crescimento do fitoplâncton);
C. oferecer abrigo para o zooplâncton, zoobentos e peixes, o que traria benefícios para o estabelecimento dessas comunidades.

Pelo fato de as macrófitas aquáticas constituírem um grupo muito grande, elas são geralmente classificadas em 5 grupos ecológicos, baseados em seu modo de vida (biotipo) no ambiente aquático (Fig. 10.1). Esses grupos são:

- macrófitas aquáticas emersas: são enraizadas no sedimento, porém as folhas crescem para fora da água. Ex.: junco, taboa;
- macrófitas aquáticas com folhas flutuantes: são enraizadas no sedimento e com folhas flutuando na superfície da água. Ex.: lírio d'água, vitória-régia;
- macrófitas aquáticas submersas enraizadas: são enraizadas no sedimento, crescendo totalmente debaixo d'água. Ex.: elódea, cabomba;
- macrófitas aquáticas submersas livres: permanecem flutuando debaixo d'água. Podem se prender a pecíolos e caules de outras macrófitas. Ex.: utriculária;
- **macrófitas aquáticas flutuantes**: flutuam livremente na superfície da água. Ex.: alface d'água, aguapé, orelha-de-rato.

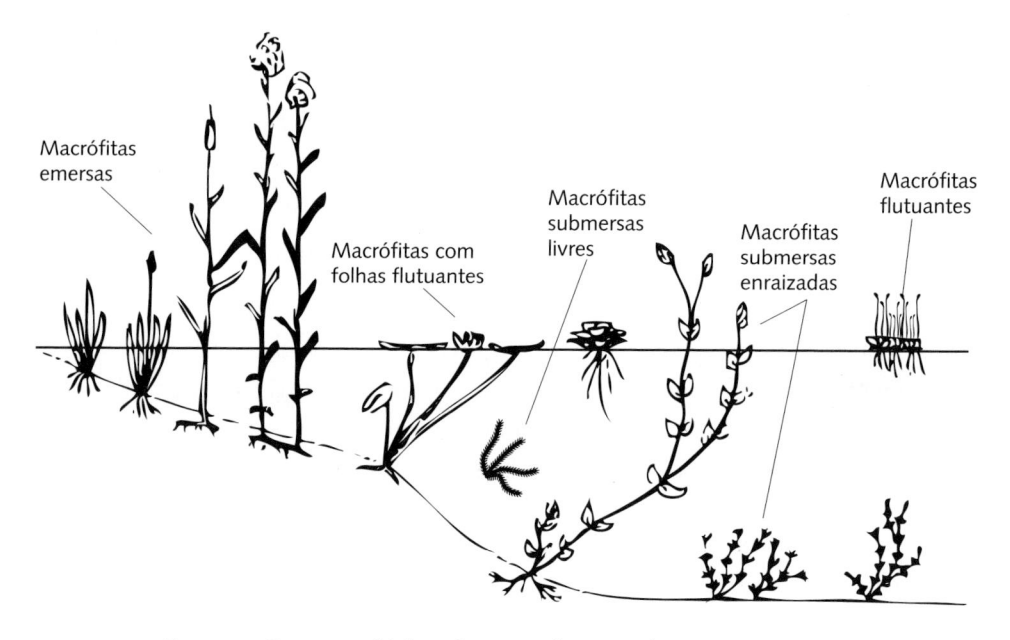

FIG. 10.1 Grupos ecológicos das macrófitas aquáticas

O crescimento das macrófitas é regularizado por diversos fatores, tais como a disponibilidade de luz, nutrientes, temperatura, estabilidade do sedimento, ação das ondas, mudança dos níveis da água e consumo por várias espécies de aves e peixes. Apesar do pouco conhecimento sobre importantes aspectos para o crescimento das macrófitas aquáticas, como a herbivoria por aves, modelos determinísticos são boas ferramentas de avaliação e predição da dinâmica do crescimento da vegetação. Esses modelos também podem ser utilizados para a geração de hipóteses, as quais podem ser testadas em campo ou em laboratório.

Neste capítulo, utilizamos a notação (Veg) para representar um determinado grupo funcional de macrófitas aquáticas. Cada grupo poderia ser modelado por compartimentos: peso seco (D), carbono (C), nitrogênio (N) e fósforo (P). As razões entre nutrientes e peso seco podem ser expressas por:

$$rPDVeg = sPVeg/sDVeg \quad \text{Razão P/D [gP/gD]} \quad \quad \textbf{10.1}$$

$$rNDVeg = sNVeg/sDVeg \quad \text{Razão N/D [gN/gD]} \quad \quad \textbf{10.2}$$

O carbono tem relação diretamente linear com o peso seco. O termo de perdas e ganhos para as macrófitas aquáticas é dado por:

$$S_{Veg,D} = \underbrace{f_{Veg}^{NUT}(NO3, NH4, PO4, sVeg, Luz, T)}_{\text{produção}} - \underbrace{f_{Phyt}^{RES}(T, sVeg)}_{\text{respiração}}$$

$$- \underbrace{f_{Veg}^{CB}(sBird, sFish)}_{\text{consumo biológico}} - \underbrace{f_{Veg}^{MOT}(sVeg)}_{\text{mortalidade}} \text{ peso seco} \qquad 10.3$$

$$S_{Veg,P,N} = \underbrace{f_{Veg}^{NUT}(NO3, NH4, PO4, sVeg, Luz, T)}_{\text{assimilação}}$$

$$- \underbrace{f_{Veg}^{RES}(T, sVeg)}_{\text{excreção}} - \underbrace{f_{Veg}^{CB}(sBird, sFish)}_{\text{consumo biológico}}$$

$$- \underbrace{f_{Veg}^{MOT}(sVeg)}_{\text{mortalidade}} \text{ conteúdo de P e N} \qquad 10.4$$

Essas razões referem-se à planta como um todo, sem distinção entre caule, raiz e folhas. Pode-se também considerar distinções da fração de biomassa que faz parte da estrutura no solo (raiz) e na água (tronco). Por questões de simplificação, pode-se assumir a estrutura presente na água como distribuída uniformemente. As macrófitas aquáticas estão sujeitas a: (A) crescimento e consumo de nutrientes; (B) respiração e excreção de nutrientes; (C) sedimentação e ressuspensão; (D) mortalidade natural; (E) consumo por aves; e (F) ações de gerenciamento (*e.g.* corte). Na sequência, apresentam-se as equações correspondentes a cada processo citado.

10.1 Produção

10.1.1 Temperatura

A modelagem do efeito da temperatura no crescimento das macrófitas aquáticas é similar à do fitoplâncton, descrita na seção 9.2.1.

10.1.2 Assimilação de nutrientes

As equações para avaliar o efeito combinado da limitação de nutrientes no crescimento das macrófitas aquáticas são as mesmas utilizadas para o fitoplâncton. O consumo de nutrientes também é análogo ao do fitoplâncton. Como existem diferenças específicas na estrutura da vegetação (raiz e tronco), os processos são novamente descritos.

As macrófitas podem assimilar nutrientes tanto do substrato como da água. Apresentamos a seguir apenas as equações referentes ao consumo de fósforo pelas macrófitas. A assimilação de fósforo pela planta depende da demanda de fósforo pela vegetação e da disponibilidade de fósforo no sistema. A taxa máxima de assimilação depende do conteúdo atual de nutrientes nas macrófitas, ou seja, da razão entre nutrientes e peso seco. Se essa razão é baixa, a taxa de assimilação de nutrientes é alta, e se a razão é alta, a taxa de assimilação aproxima-se do valor mínimo. Para o caso do fósforo, tem-se:

$$aVUptMaxCorVeg = cVPUptMaxVeg \cdot uFunTmVeg \cdot \frac{cPDVegMax - rPDVeg}{cPDVegMax - cPDVegMin} \quad 10.5$$

Taxa máxima de assimilação de fósforo [mgP/mgD/d]

onde $cPDVegMin$ e $cPDVegMax$ são as razões entre fósforo e peso seco (D) mínimo e máximo na planta, respectivamente; $cVPUptMaxVeg$ é a taxa máxima de assimilação de P pela planta; e $uFunTmVeg$ é uma função que representa o efeito da temperatura na assimilação de P.

A taxa de assimilação específica é descrita por uma função do tipo Monod para concentração de fósforo dissolvido:

$$aVPUptVeg = aVPUptMaxCorVeg \cdot \frac{sPO4}{ahPUptVeg + sPO4} \quad 10.6$$

Taxa específica de assimilação de fósforo [mgP/mgD/d]

Isso implica que a concentração de meia saturação de fósforo não é uma constante, mas depende da taxa máxima de consumo ($aVPUptMaxCorVeg$):

$$ahPUptVeg = aVPUptMaxCorVeg / cAffPUptVeg \quad 10.7$$

Concentração de meia saturação de fósforo [mgP/l]

O fluxo de assimilação de fósforo na água é o produto entre a taxa específica de assimilação e a biomassa das plantas submersas (enraizadas e não enraizadas) e flutuantes:

$$tPUptVegW = aVPUptVegW \cdot (aDSubVeg + aDFloatVeg) \quad \textbf{10.8}$$
Fluxo de assimilação de fósforo na água $[gP\ m^{-3}\ d^{-1}]$

No mesmo sentido, o fluxo de assimilação de fósforo no sedimento promovido pelas raízes é:

$$tPUptVegS = aVPUptVegS \cdot aDRootVeg \quad \textbf{10.9}$$
Fluxo de consumo de fósforo no sedimento $[gP\ m^{-3}\ d^{-1}]$

O consumo de nitrogênio é modelado da mesma maneira, com uma característica especial: as macrófitas tanto podem consumir nitrato como amônio. Como no fitoplâncton, as macrófitas aquáticas têm uma maior preferência por amônio, uma vez que essa forma de nitrogênio é energeticamente mais vantajosa. As taxas de consumo de nitrogênio são baseadas no total de nitrogênio total solúvel, o qual é dividido em duas frações (Ambrose et al., 1988). A fração de nitrogênio absorvido como amônio corresponde a:

$$afNH4UptVeg = \frac{sNH4 \cdot sNO3}{(ahNUptVeg + sNH4) \cdot (ahNUptVeg + sNO3)} + \frac{sNH4 \cdot ahNUptVeg}{(sNO3 + sNH4) \cdot (ahNUptVeg + sNO3)} \quad \textbf{10.10}$$

Fração de nitrogênio assimilado como amônio pelas macrófitas [-]

10.1.3 Luz e Temperatura

As equações da dependência da luz na água são aplicadas apenas para as macrófitas submersas. A formulação é dividida em duas partes: interceptação da luz na superfície da água e limitação da luz na água. A fração de luz interceptada na superfície da água é utilizada para o cálculo da biomassa das plantas flutuantes e emergentes, com um máximo de 100%. A equação por grupo funcional de macrófitas é dada por:

$$afCoverSurfVeg =$$
$$\text{MIN}\left(1, \text{MAX}\left(\frac{aDFloatVeg}{cDLayerVeg}, \frac{aDEmergVeg}{fEmergVeg \cdot cDCarrVeg}\right)\right) \quad \textbf{10.11}$$

Fração da superfície da água coberta por vegetação flutuante ou emergente [d^{-1}]

onde *aDFloatVeg* é a biomassa de vegetação flutuante presente; *cDLayerVeg* é a biomassa total da camada superficial preenchida por folhas flutuantes; *aDEmergVeg* é a biomassa de vegetação emergente; *fEmergVeg* é a fração emergente do caule; e *cDCarrVeg* é a capacidade máxima de biomassa de vegetação por unidade de área.

Fica evidente que as macrófitas flutuantes e emergentes determinam a porcentagem de luz interceptada. A parte coberta não contribui para a produção de macrófitas submersas. Pode-se assumir também que a produção das plantas flutuantes é impedida pela presença de vegetação emergente, por meio da intercepção da luz.

A limitação da luz na água pode ser modelada por uma função de Monod, integrada ao longo da coluna d'água e em 24 horas (Jorgensen, 1980). A atenuação da luz com a profundidade é representada por uma função bem conhecida, a lei de Lambert-Beer. A limitação da luz para a produção das macrófitas submersas é dada por:

$$aFumLSubSpec = \frac{1}{aExtCoef \cdot sDepthW} \cdot \text{LOG}\left(\frac{1 + \frac{aLPAR1Spec}{uhLSpec}}{1 + \frac{aLPAR2Spec}{uhLSpec}}\right) \quad$$

Dependência da luz para a produção de macrófitas submersas [-] **10.12**

onde:

$$aLPAR1Veg = uLPAR0 \cdot \text{EXP}(-aExtCoefOpen \cdot uDepth1Veg) \quad \textbf{10.13}$$
Intensidade da luz no topo da planta [W m^{-2} PAR]

$$aLPAR2Veg = aLPAR1Veg \cdot \text{EXP}(-aExtCoefOpen \cdot$$
$$\cdot (uDepth2Veg - uDepth1Veg)) \quad \textbf{10.14}$$
Intensidade da luz na base da planta [W m^{-2} PAR]

$$uhLVeg = hLRefVeg \cdot uFunTmProdVeg \quad \text{10.15}$$

Meia saturação da luz para produção da vegetação [$W\ m^{-2}\ PAR$]

onde *uDepth1Veg* e *uDepth2Veg* são, respectivamente, a profundidade do topo e da base da planta, medida a partir da superfície da água (Fig. 10.2); *hLRefVeg* é a constante de meia saturação do PAR para a vegetação a 20°C.

A taxa de crescimento combinada, incluindo a influência da temperatura e da luz, pode ser expressa como:

$$aMuTmLVeg = uMuMaxTmVeg \cdot \\ afCovSurfVeg) \cdot ufDay \cdot fSubVeg \cdot \\ \cdot (1 - afCovSurfVeg) \\ \cdot uFunTmVeg \quad \text{10.16}$$

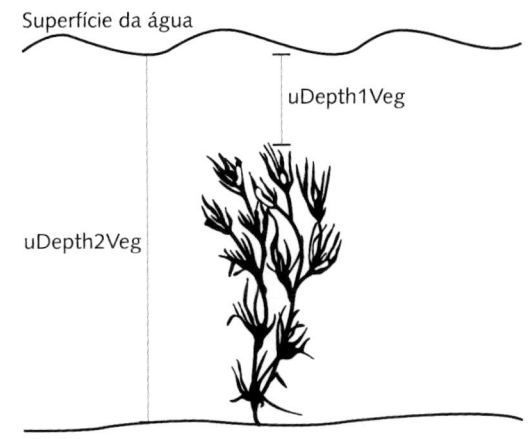

FIG. 10.2 Elementos para o cálculo da distribuição da luz na macrófita aquática

Taxa de crescimento da vegetação aquática, considerando luz e temperatura [d^{-1}]

onde *uMuMaxTmVeg* é a taxa máxima de crescimento da vegetação, considerando luz e temperatura; *ufDay* é o fotoperíodo (h/24h); *fSubVeg* é a fração de vegetação na água; *afCovSurfVeg* é a fração de área coberta da superfície da água.

A limitação por nutrientes pode ser modelada pela equação de Droop (Riegman; Mur, 1984), que descreve a dependência da taxa de crescimento pelo conteúdo de nutrientes na vegetação:

$$aPLimVeg = \left(1 - \frac{cPDVegMin}{rPDVeg}\right) \cdot \frac{cPDSpecMax}{cPDSpecMax - cPDSpecMin} \quad \text{10.17}$$

Função de Droop para a taxa de crescimento do fitoplâncton [-]

A equação para nitrogênio e sílica é similar. Uma função de Monod poderia ser utilizada, como demonstrado no capítulo anterior.

A taxa de crescimento poderia ser corrigida em função da densidade máxima de plantas por área. A biomassa máxima de vegetação por unidade de área é expressa como a capacidade máxima de suporte do sistema. Esse parâmetro poderia aparecer embutido na taxa de crescimento da vegetação.

A taxa intrínseca de crescimento, considerando uma capacidade máxima de suporte do sistema, é definida como:

$$akDIncrVeg = aMuTmLVeg - ukDRespTmVeg - bkMortVeg \qquad 10.18$$
$$\text{Taxa intrínseca de crescimento } [d^{-1}]$$

onde $ukDRespTmVeg$ é o fluxo de respiração e $bkMortVeg$ é o fluxo de mortalidade da vegetação. O termo de correção é dado por:

$$tDEnvVeg = akDIncrVeg/cDCarrVeg \cdot sDVeg^2 \qquad 10.19$$
$$\text{Correção logística da vegetação } [gD\, m^{-2}\, d^{-1}]$$

onde $cDCarrVeg$ é a capacidade máxima de suporte do sistema.

A redução de produção, considerando o efeito da densidade de plantas, é descrita como:

$$tDEnvProdVeg = aNutLimVeg \cdot aMuTmLVeg \cdot$$
$$\cdot ufDay \cdot tDEnvVeg \qquad 10.20$$
$$\text{Correção logística da produção pela densidade de plantas } [gD\, m^{-2}\, d^{-1}]$$

onde $ufDAy$ é o fotoperíodo (h/24h). O fluxo de produção é expresso como:

$$tDProdVeg = aMuTmLVeg \cdot sDVeg - tDEnvProdVeg \qquad 10.21$$
$$\text{Fluxo de produção de vegetação } [gD\, m^{-2}\, d^{-1}]$$

e o fluxo de produção das macrófitas submersas é dado por:

$$tDProdSubVeg = ufSubVeg \cdot tDProdVeg \qquad 10.22$$
$$\text{Fluxo de produção de vegetação submersa } [gD\, m^{-2}\, d^{-1}]$$

onde $ufSubVeg$ é a fração submersa da vegetação.

10.2 Respiração e excreção

Em resumo, a respiração pode ser dividida em comportamental (fotorrespiração), relacionada ao crescimento, e de manutenção, relacionada à energia requerida para a manutenção vital. A respiração de manutenção é explicitamente modelada por meio de uma função de primeira ordem, e a respiração comportamental é incorporada implicitamente na taxa de crescimento:

$$ukDRespTmVeg = kDRespVeg \cdot uFunTmVeg \quad \textbf{10.23}$$
$$\text{Taxa de respiração de manutenção } [d^{-1}]$$

$$wDRespVeg = ukDRespTmVeg \cdot sDVeg \quad \textbf{10.24}$$
$$\text{Fluxo de respiração para a manutenção } [gD\ m^{-3}\ d^{-1}]$$

onde $uFunTmVeg = cThetaRespVeg^{(Tm-20)}$ é uma função que representa o efeito da temperatura na respiração da vegetação; $cThetaResp \approx 1{,}06$ é o coeficiente da função $uFunTmVeg$; $kDRespVeg$ é a taxa de respiração de manutenção (d^{-1}).

A excreção é outra maneira de transferir nutrientes para o meio. Geralmente se assume que os fluxos de excreção são proporcionais aos fluxos de peso seco da respiração de manutenção:

$$tPExcrVeg = rPDVeg/(cPDVegMin + rPDVeg) \cdot rPDVeg \cdot wDRespVeg$$
$$\text{Excreção de fósforo algal na água } [gP\ m^{-3}\ d^{-1}] \quad \textbf{10.25}$$

Os fluxos de excreção de fósforo e nitrogênio podem ser desmembrados entre sedimento e coluna d'água, de acordo com a razão entre raiz e tronco da planta:

$$tPExcrVegS = fRootVeg \cdot tDExcrVeg$$
$$tPExcrVegW = tDExcrVeg - tPExcrVegS \quad \textbf{10.26}$$

onde $fRootVeg$ é a fração enraizada da planta.

10.3 MORTALIDADE

Em ambientes tropicais e subtropicais não existe mortalidade sazonal completa das plantas. Dessa forma, a mortalidade natural é modelada como para o caso do fitoplâncton (processo de primeira ordem), corrigida pela produção máxima:

$$tDMortVeg = bkMortVeg \cdot sDVeg + tDEnvProdVeg \quad \textbf{10.27}$$
$$\text{Fluxo de mortalidade da vegetação } [gD\ m^{-2} d^{-1}]$$

$$tDEnvMortVeg = tDEnvVeg - tDEnvProdVeg \qquad \textbf{10.28}$$
Correção logística da mortalidade $[gD\ m^{-2}d^{-1}]$

onde *bkMortVeg* é a taxa de mortalidade da vegetação (d^{-1}).

10.4 Consumo por aves

Opcionalmente, o consumo de macrófitas aquáticas por aves pode ser incluído. As aves podem ser consideradas elementos externos do sistema e, assim, não são modeladas dinamicamente. A predação de macrófitas por aves está relacionada com a densidade de aves e o período do ano em que elas estão presentes no ecossistema aquático. Usualmente se admite uma taxa de consumo constante por aves, bem como uma eficiência constante de assimilação das plantas. Um fator de Monod pode ser incluído para assegurar que a demanda pelas aves não ultrapasse a oferta de alimento. A parcela evacuada retorna como detritos, e a parte assimilada é considerada uma perda irreversível para o sistema.

$$tDGrazVegBird = cPrefVegBird \cdot sDVeg/(hDVegBird + sDVeg) \cdot$$
$$\cdot cBirdsPerha/m2Perha \cdot cDGrazPerBird \qquad \textbf{10.29}$$
Fluxo de biomassa resultante de consumo por aves $[gD\ m^{-2}\ d^{-1}]$

onde *cPrefVegBird* é o fator de preferência do consumo de plantas aquáticas pelas aves; *hDVegBird* é a constante de meia saturação do consumo de vegetação pelas aves; *cBirdsPerha* é o número de aves por ha; *m2Perha* = 10.000 é um fator de conversão de m² para ha; *cDGrazPerBird* é a taxa de consumo de plantas aquáticas por unidade de ave ($gD.ave^{-1}.d^{-1}$).

Micro e macrofauna aquática 11

Este capítulo apresenta o equacionamento matemático dos principais animais aquáticos (*i.e.* micro e macrofauna), tais como zooplâncton, zoobentos e peixes. A modelagem desses compartimentos aquáticos é uma tarefa difícil, em virtude da dificuldade de representar fatores como a seletividade alimentar (dieta) e a heterogeneidade espacial desses organismos. Entretanto, uma aproximação da biomassa em termos médios pode ser obtida de forma razoável.

Poucos modelos ecológicos atualmente disponíveis consideram a dinâmica desses organismos, os quais são responsáveis por vários efeitos diretos e indiretos na qualidade da água dos ecossistemas aquáticos. Por exemplo, o zooplâncton apresenta grande relevância ecológica, visto que são organismos filtradores de material em suspensão, como bactérias, detritos, matéria inorgânica e fitoplâncton. A sua alta taxa de renovação populacional permite destacá-los como um importante elo no fluxo de energia para níveis tróficos mais elevados (*e.g.* peixes planctívoros) e na ciclagem de nutrientes (Esteves, 1998). Outra característica importante do zooplâncton é a sua alta capacidade de tolerância às alterações ambientais (Allan, 1976). Os macroinvertebrados ou zoobentos constituem uma importante fonte de alimento para peixes e são bons indicadores da degradação ambiental em ecossistemas aquáticos. Assim como o zooplâncton, eles influenciam na ciclagem de nutrientes, na produtividade primária e na decomposição (Wallace; Webster, 1996). Os peixes atuam como reguladores do crescimento das populações de zooplâncton e zoobentos, e auxiliam a ciclagem de nutrientes por meio da assimilação do plâncton, da excreção e da ressuspensão de material de fundo resultante da procura por alimentos no sedimento.

11.1 Aspectos gerais para a modelagem

As razões entre nutrientes e peso seco podem ser modeladas dinamicamente para cada animal aquático e geralmente aumentam com o nível trófico. As taxas de assimilação e mortalidade podem ser combinadas como uma correção de densidade, para garantir que a biomassa não ultrapasse uma densidade máxima de indivíduos por unidade de área. Uma parte do fluxo de consumo, a eficiência de assimilação (*fDAssSpec*), é usada no crescimento dos animais, e o restante é evacuado para o compartimento de detritos (consumo – evacuação = assimilação). O sufixo *–Spec* corresponde a um determinado organismo. Os termos de perdas e ganhos para um grupo da fauna aquática são dados por:

$$S_D = \underbrace{f^{Con}}_{\text{consumo}} - \underbrace{f^{Eges}}_{\text{egestão}} - \underbrace{f^{RES}(T)}_{\text{respiração}} - \underbrace{f^{Pred}}_{\text{predação}} - \underbrace{f^{MOT}}_{\text{mortalidade}} \quad \text{peso seco} \quad 11.1$$

$$S_{P,N} = \underbrace{f^{Con}}_{\text{consumo}} - \underbrace{f^{Eges}}_{\text{egestão}} - \underbrace{f^{RES}(T)}_{\text{excreção}} - \underbrace{f^{Pred}}_{\text{predação}} - \underbrace{f^{MOT}}_{\text{mortalidade}} \quad \text{P ou N} \quad 11.2$$

Para manter as diferenças das razões entre nutrientes e peso seco na cadeia trófica e um balanço de massa fechado, alguns processos são considerados dependentes da atual razão entre nutrientes e peso seco. Dessa forma, três mecanismos são relevantes para a modelagem de nutrientes da fauna aquática:

(a) Considera-se que o fósforo e o nitrogênio são assimilados com mais eficiência do que o carbono. A eficiência de assimilação de P e N é expressa em função das razões P/D e N/D da presa:

$$afPAssSpec = \text{MIN}\left(1, \frac{cPDSpecRef}{rPDFoodSpec} \cdot fDAssSpec\right) \quad 11.3$$

Eficiência de assimilação de fósforo de um animal aquático [-]

$$afNAssSpec = \text{MIN}\left(1, \frac{cNDSpecRef}{rNDFoodSpec} \cdot fDAssSpec\right) \quad 11.4$$

Eficiência de assimilação de nitrogênio de um animal aquático [-] onde *cPDSpecRef* é a razão entre fósforo e peso seco do predador, a qual é necessária para seu funcionamento; *rPDFodSpec* é a razão P/D da presa; e *fDAssSpec* é o fator de assimilação do predador.

(b) Considera-se que a taxa de excreção de fósforo e de nitrogênio é relativamente mais baixa do que a taxa de respiração. Assim, as taxas de excreção de um animal aquático são dadas por:

$$akPExcrSpec = \frac{rPDSpec}{cPDSpecRef} \cdot kDRespSpec \qquad 11.5$$

Taxa de excreção de fósforo de um animal aquático [d^{-1}]

$$akNExcrSpec = \frac{rNDSpec}{cNDSpecRef} \cdot kDRespSpec \qquad 11.6$$

Taxa de excreção de nitrogênio de um animal aquático [d^{-1}]

(c) Quando o conteúdo de fósforo ou nitrogênio no organismo decresce, a taxa de respiração aumenta. Dessa forma, um fator de correção é incluído no fluxo de P e N, por causa da respiração do organismo:

$$aCorDRespSpec = \text{MAX}\left(\frac{cPDSpecRef}{rPDSpec}, \frac{cNDSpecRef}{rNDSpec}\right) \qquad 11.7$$

Fator de correção da respiração para o conteúdo de fósforo e nitrogênio [-]

11.2 Zooplâncton e zoobentos

Os organismos zooplanctônicos e macrobentônicos podem se alimentar de fitoplâncton e detritos com diferentes níveis de preferência. Entretanto, a presença de zooplâncton de grande porte em ambientes tropicais e subtropicais é limitada e, portanto, sua pressão de predação sobre o fitoplâncton de grande porte é reduzida. Os principais processos do zooplâncton estão apresentados na Fig. 11.1.

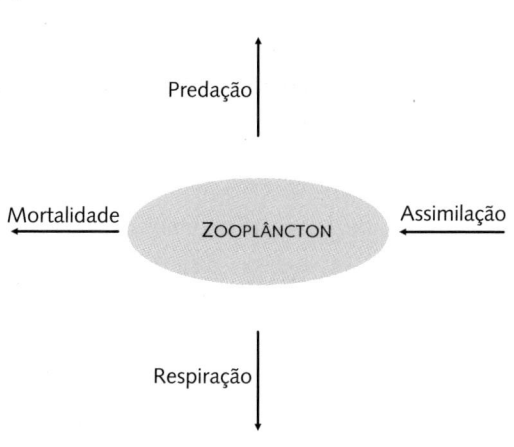

FIG. 11.1 Esquema dos processos no zooplâncton

A resposta funcional do zooplâncton pode ser descrita simplesmente por meio de uma taxa específica de filtração (consumo), que depende da concentração de alimento disponível e de outros fatores ambientais, como a temperatura. A formulação proposta por Gulati, Siewertsen e Postema (1982, 1985) é uma boa alternativa. Ela considera um decaimento hiperbólico da taxa de filtragem com a concentração de séston, e um aumento da taxa com a temperatura:

$$aFilt = cFiltMax \cdot uFunTmzoo \cdot \frac{hFilt}{(hFilt + oDOMW)} \quad 11.8$$

Taxa de filtragem [litros/mgD/d]

onde *cFiltMax* é a taxa máxima de filtragem do séston; *hFilt* é a constante de meia saturação do séston; *oDOMW* é a concentração de séston na água; a correção da temperatura é dada por:

$$uFunTmZoo = \text{EXP}(-0,5/cSigTmZoo^2 \cdot$$
$$\cdot ((uTm - cTmOptZoo)^2 - (cTmRef - cTmOptZoo)^2)) \quad 11.9$$

Função de temperatura do zooplâncton [-]

onde *cSigTmZoo* é o parâmetro sigma da função de Gauss (°C); *cTmRef* = 20 é uma temperatura de referência (°C); *cTmOptZoo* é a temperatura ótima para assimilação do zooplâncton.

Dessa forma, a taxa máxima pode ser expressa por:

$$ukDAssTmZoo = fDAssZoo \cdot cFiltMax \cdot uFunTmZoo \cdot hFilt \quad 11.10$$

Taxa máxima de assimilação do zooplâncton com correção da temperatura [d^{-1}]

onde *fDAssZoo* é a eficiência de assimilação do zooplâncton.

As diferenças na taxa de consumo específica para cada presa podem ser incorporadas na modelagem. Por exemplo, o zooplâncton tem maior dificuldade para ingerir cianobactérias filamentosas (Gliwicz; Lampert, 1990). Essas diferenças são modeladas com a introdução de um fator que atribui uma preferência seletiva para cada presa (Arnold, 1971). Esse fator representa a fração de um determinado alimento presente na água que será ingerida pelo zooplâncton. Considere, então, o *ranking* de seletividade para o zooplâncton: algas verdes > diatomáceas > detritos > cianobactérias. A equação seguinte estima a quantidade de alimento disponível para o zooplâncton, considerando a seletividade alimentar do organismo:

$$oDFoodZoo = cPrefDiat \cdot sDDiatW + cPrefGren \cdot sDGrenW$$
$$+ cPrefBlue \cdot sDBlueW + cPrefDet \cdot sDDetW \quad \textbf{11.11}$$
Alimento disponível para o zooplâncton [mgD/l]

onde *cPrefDiat* é um fator de preferência para o consumo de diatomáceas; *cPrefGren* é um fator de preferência para o consumo de algas verdes; *cPrefBlue* é um fator de preferência para o consumo de cianobactérias; *cPrefDet* é um fator de preferência para o consumo de detritos.

A taxa de assimilação poderia ser corrigida pela densidade de zooplâncton presente na água, como no caso das macrófitas aquáticas:

$$ukIncrZoo = ukDAssTmZoo - ukDRespTmZoo - kMortZoo \quad \textbf{11.12}$$
Taxa intrínseca de crescimento do zooplâncton $[d^{-1}]$

$$wDEnvZoo = \text{MAX}\left(0, \frac{ukDIncrZoo}{cDCarrZoo} \cdot sDZoo^2\right) \quad \textbf{11.13}$$
Correção ambiental do zooplâncton $[g\ m^{-3}\ d^{-1}]$

onde *kDRespTmZoo* é a taxa de respiração do zooplâncton (d^{-1}); *kMortZoo* é a taxa de mortalidade do zooplâncton (d^{-1}); e *cDCarrZoo* é a biomassa máxima de suporte do ecossistema por unidade de volume ($gD.m^{-3}$). A assimilação do zooplâncton poderia ser corrigida em função da saturação de alimento disponível:

$$aDSatZoo = oDFoodZoo/(hFilt + oDOMW) \quad \textbf{11.14}$$
Função de saturação de alimento do zooplâncton [-]

$$wDAssZoo = aDSatZoo \cdot (ukDAssTmZoo \cdot sDZoo - wDEnvZoo)$$
Assimilação do zooplâncton $[g\ m^{-3}\ d^{-1}]$ \quad \textbf{11.15}

O consumo total de alimento pelo zooplâncton é uma fração do total assimilado. Isso significa dizer que:

$$wDConsZoo = wDAssZoo/fDAssZoo \quad \textbf{11.16}$$
Consumo do zooplâncton $[g\ m^{-3}\ d^{-1}]$

As parcelas individuais de consumo de cada presa são determinadas por:

$$wDConsDetZoo = cPrefDet \cdot \frac{sDDetW}{oDFoodZoo} \cdot wDConsZoo \quad \text{11.17}$$
$$\textit{Consumo de detritos pelo zooplâncton } [g\ m^{-3}\ d^{-1}]$$

$$wDConsDiatZoo = cPrefDiat \cdot \frac{sDDiatW}{oDFoodZoo} \cdot wDConsZoo \quad \text{11.18}$$
$$\textit{Consumo de diatomáceas pelo zooplâncton } [g\ m^{-3}\ d^{-1}]$$

$$wDConsGrenZoo = cPrefGren \cdot \frac{sDGrenW}{oDFoodZoo} \cdot wDConsZoo \quad \text{11.19}$$
$$\textit{Consumo de algas verdes pelo zooplâncton } [g\ m^{-3}\ d^{-1}]$$

$$wDConsBlueZoo = cPrefBlue \cdot \frac{sDBlueW}{oDFoodZoo} \cdot wDConsZoo \quad \text{11.20}$$
$$\textit{Consumo de cianobactérias pelo zooplâncton } [g\ m^{-3}\ d^{-1}]$$

A egestão do zooplâncton é exatamente a diferença entre o que foi consumido e o que foi assimilado:

$$wDEgesZoo = wDConsZoo - wDAssZoo \quad \text{11.21}$$
$$\textit{Evacuação do zooplâncton } [g\ m^{-3}\ d^{-1}]$$

A respiração e a mortalidade podem ser descritas como um processo de primeira ordem, dependentes da temperatura:

$$ukDRespTmZoo = kDRespZoo \cdot uFunTmZoo \quad \text{11.22}$$
$$\textit{Taxa de respiração do zooplâncton } [d^{-1}]$$

$$ukDMortTmZoo = kDMortZoo \cdot uFunTmZoo \quad \text{11.23}$$
$$\textit{Taxa de mortalidade do zooplâncton } [d^{-1}]$$

As equações para zoobentos são similares às escritas para zooplâncton, lembrando que o zoobento alimenta-se de detritos e fitoplâncton no sedimento por meio de uma resposta funcional do tipo Monod.

11.3 Peixes

Os peixes podem ser divididos em grandes grupos funcionais: onívoros (alimentam-se de plâncton, zoobentos e peixes de pequeno porte), planctívoros (alimentam-se de plâncton e zoobentos) e piscívoros (alimentam-se de outros peixes). Na modelagem de peixes, os diferentes grupos funcionais implicam dietas distintas. Por exemplo, é fundamental incluir na modelagem de peixes a predação de piscívoros sobre peixes bentívoros e planctívoros, os quais afetam diretamente os compartimentos de zooplâncton e zoobentos. Além disso, em razão de sua heterogeneidade, grupos de diferentes tamanhos podem servir de alimento em diferentes estágios de vida para peixes e até para alguns zooplânctons carnívoros (Jeppesen et al., 1990). Os **peixes onívoros**, na fase adulta, não têm preferência seletiva por suas presas, e alimentam-se de algas, zooplâncton, zoobentos e peixes juvenis, dependendo da densidade instantânea da presa. Os peixes planctívoros, na fase adulta, alimentam-se de fitoplâncton, zooplâncton e macroinvertebrados, utilizando regras semelhantes de seletividade atribuídas aos peixes onívoros. Na fase juvenil, os peixes onívoros e planctívoros apenas se alimentam de zooplâncton. Um efeito negativo na transparência da água, resultante da ressuspensão de material devido à procura de alimento no sedimento pelos peixes onívoros e planctívoros, poderia também ser considerado na modelagem. A presença da vegetação impede e eficiência da procura por zooplâncton e zoobentos. O sufixo –*Fi* refere-se aos peixes onívoros e planctívoros. A Fig. 11.2 destaca os processos na modelagem de peixes.

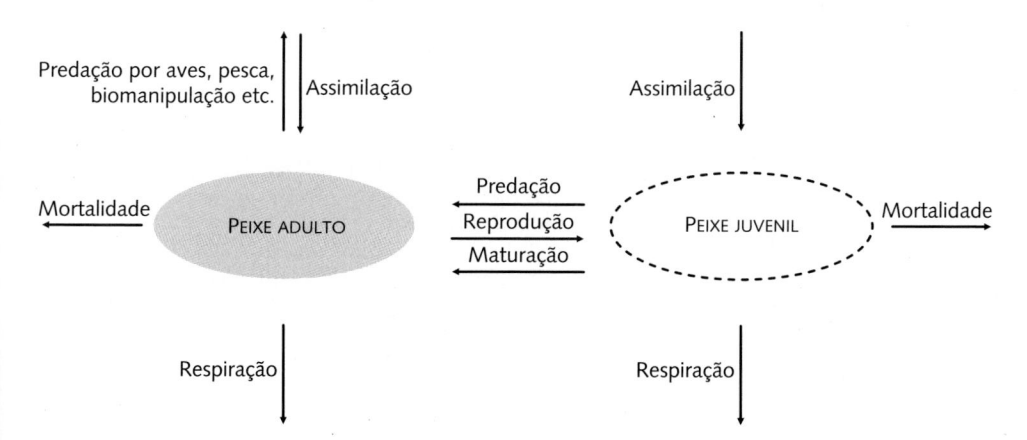

FIG. 11.2 Esquema dos processos nos peixes adulto e juvenil. Os peixes juvenis também podem ser modelados dinamicamente

11.3.1 Assimilação

A taxa de predação dos peixes pode ser modelada por meio de uma função sigmoidal que depende da densidade das presas disponíveis para consumo. Além disso, o efeito da presença da vegetação aquática poderia ser incluído como um fator que reduz a eficiência de predação dos peixes:

$$aFunVegFiJv = MAX(0, 1 - cRelVegFiJv \cdot aCovVeg) \quad \text{11.24}$$

Dependência da vegetação para peixes onívoros e planctívoros juvenis [-]

$$aDSatFiJv = \frac{(aFunVegFiJv \cdot sDZoo \cdot sDepthW)^2}{(hDZooFiJv^2 + (aFunVegFiJv \cdot sDZoo \cdot sDepthW)^2)} \quad \text{11.25}$$

Função de limitação de alimento para peixes onívoros e planctívoros juvenis [-]

$$aFunVegFiAd = MAX(0, 1 - cRelVegFiAd \cdot aCovVeg) \quad \text{11.26}$$

Dependência da vegetação para peixes onívoros e planctívoros adultos [-]

$$aDSatFiAd = \frac{(aFunVegFiAd \cdot sDBent)^2}{(hDBentFiAd^2 + (aFunVegFiAd \cdot sDBent)^2)} \quad \text{11.27}$$

Função de limitação de alimento para peixes onívoros e planctívoros adultos [-]

onde $cRelVegFiJv$ e $cRelVegFiAd$ são a redução da eficiência de predação pela presença da vegetação para o peixe jovem e adulto, respectivamente; $aCovVeg$ é a fração de área coberta por vegetação; $hDZooFiJv$ é a constante de meia saturação de biomassa de zooplâncton para predação de peixes jovens; e $hDZooFiAd$ é a constante de meia saturação de biomassa de zoobentos para predação de peixes adultos.

O efeito dos peixes onívoros e planctívoros na turbidez foi explicado na seção 8.3. O crescimento dos peixes piscívoros pode depender da presença de vegetação da seguinte maneira:

$$aFunVegPisc = \frac{aDSubVeg}{(hDVegPisc + aDSubVeg)} \quad \text{11.28}$$

Dependência da vegetação para peixes piscívoros [-]

$$aDSatPisc = aDFi^2/(hDFiPisc^2 + aDFi^2) \qquad \text{11.29}$$

Função de limitação de alimento para peixes piscívoros [-]

onde $hDVegPisc$ é a constante de meia saturação da biomassa de vegetação que inibe o crescimento dos peixes piscívoros; $aDSubVeg$ é a biomassa de vegetação submersa (gD m^{-2}); $aDFi$ é a biomassa de peixe disponível para predação pelo peixe piscívoro; e $hDFiPisc$ é a constante de meia saturação de peixes para predação pelo peixe piscívoro.

11.3.2 RESPIRAÇÃO, MORTALIDADE E EXCREÇÃO

Respiração, mortalidade e excreção podem ser modeladas como processos de primeira ordem. Quando um peixe morre, uma fração correspondente ao material não decomposto (escamas e ossos) sedimenta no fundo e não participa mais do ciclo biológico.

11.3.3 REPRODUÇÃO E FASES DE VIDA

A desova de peixes pode ser simulada como uma simples transferência de biomassa do compartimento adulto para o compartimento jovem. Em um determinado dia do ano, uma pequena fração de biomassa adulta passa a ser biomassa juvenil. No final de cada ano, metade da biomassa juvenil torna-se biomassa adulta. As simplificações apresentadas podem ser grosseiras, mas permitem uma aproximação anual média da transferência de biomassa entre os compartimentos adulto e juvenil. A sugestão dada não é uma regra, e o leitor é encorajado a pesquisar outras funções que melhor representem essas transferências.

11.3.4 PESCA PREDATÓRIA E CONSUMO POR AVES

A pesca predatória e o consumo por aves, para todos os peixes adultos, em um determinado período do ano, foram implementados como um processo de primeira ordem, da seguinte forma:

$$tDHarvFish = kHarvFish \cdot sDFish \qquad \text{11.30}$$

Pesca e consumo por aves para todos os peixes adultos [gD m^{-2} d^{-1}]

onde $kHarvFish$ é a taxa de pesca predatória e/ou o consumo de peixes por aves (d^{-1}).

Parte III
MODELOS CONCEITUAIS

12 Modelagem da bacia de drenagem

Dada a importância da **hidrologia** e, consequentemente, do processo de escoamento em bacias para a dinâmica dos ecossistemas aquáticos, a modelagem de bacias hidrográficas desenvolve-se há muito tempo (Burnash; Ferral; McGuire, 1973; Williams; Hann, 1973; HEC, 1981; Tucci; Sánchez; Lopes, 1981; Lopes; Braga; Conejo, 1981; Lanna; Schwarzbach, 1989; U.S.Army, 1972; Schaake, 1971). Tucci (2002) comenta que a modelagem de escoamentos em bacias é apenas uma ferramenta que a ciência desenvolveu para representar e entender o comportamento da bacia hidrográfica, além de prever condições diferentes das historicamente observadas. Eventualmente, esses modelos hidrológicos são denominados modelos chuva-vazão, pois muitas vezes são aplicados para simular a resposta da bacia, em termos de vazão, para uma determinada seção fluvial de interesse, a partir de uma precipitação conhecida. Existem vários modelos chuva-vazão que se diferenciam basicamente pelos dados utilizados, pela discretização (concentrados ou **distribuídos**), pela representação dos processos e pelos objetivos a serem alcançados. Recentemente, em função da necessidade de um maior entendimento dos processos físicos, químicos e biológicos na bacia hidrográfica, uma nova geração de modelos hidrológicos (distribuídos) foi desenvolvida para aproximar ao máximo os processos hidrológicos da realidade (Abbott et al., 1986; Beven; Kirkby, 1979; Collischonn, 2001). Isso permite avaliar os efeitos hidrológicos decorrentes de mudanças climáticas e do uso do solo das bacias hidrográficas (Tucci, 1998).

Dessa forma, recomenda-se que os modelos de escoamento superficial das bacias de drenagem levem em consideração a análise das características fisiográficas da bacia, do tipo de solo e sua cobertura.

Uma vez que a modelagem hidrológica não é o foco deste livro, serão apresentados alguns modelos hidrológicos simples, que podem ser utilizados para a determinação do escoamento superficial.

12.1 MÉTODO RACIONAL

O método racional resume todos os processos hidrológicos da bacia em um único coeficiente, o qual determina a parcela da chuva que se transforma em escoamento superficial. O cálculo da vazão pelo método racional é efetuado pela equação:

$$Q = 0,278 \cdot C \cdot i \cdot A \qquad \textbf{12.1}$$

onde Q é a vazão superficial (m³/s); C é o coeficiente de escoamento superficial da bacia (adimensional); i é a intensidade pluviométrica (mm/h); e A é a área de drenagem (km²).

O método racional é, certamente, o mais difundido para a determinação de **vazões** de pico em pequenas bacias hidrográficas. A simplicidade de aplicação e os resultados obtidos, geralmente satisfatórios, são responsáveis pela sua grande aceitação, desde que utilizado em condições de validade. Recomenda-se o uso desse método apenas para bacias pequenas, menores que 2 km², por apresentarem uma rápida resposta da precipitação, e quando o analista deseja obter um valor preliminar da vazão máxima.

12.1.1 COEFICIENTE DE ESCOAMENTO SUPERFICIAL

O coeficiente de escoamento superficial deve ser adotado em função do tipo e uso do solo da bacia (Tab. 12.1). O valor do coeficiente de escoamento superficial da bacia pode também ser determinado a partir da média ponderada dos coeficientes das áreas parciais:

$$C = \sum_{i=1}^{n} C_i \cdot A_i \Big/ \sum_{i=1}^{n} A_i \qquad \textbf{12.2}$$

onde C_i é o valor do coeficiente de escoamento na região i com área A_i.

12.2 MÉTODO RACIONAL MODIFICADO

Para esse método são aplicados os mesmos procedimentos do método racional, acrescentando-se o fator de correção determinado em função

TAB. 12.1 Valores do coeficiente de determinação para diferentes tipos de cobertura do solo

C		Tipo de solo/superfície
Intervalo	Valor esperado	
0,70-0,95	0,83	Pavimento/asfalto
0,80-0,95	0,88	Pavimento/concreto
0,75-0,85	0,80	Pavimento/calçadas
0,75-0,95	0,85	Pavimento/telhado
0,05-0,10	0,08	Grama-solo arenoso/plano (2%)
0,10-0,15	0,13	Grama-solo arenoso/médio (2%-7%)
0,15-0,20	0,18	Grama-solo arenoso/alta (7%)
0,13-0,17	0,15	Grama-solo pesado/plano (2%)
0,18-0,22	0,20	Grama-solo pesado/médio (2%-7%)
0,25-0,35	0,30	Grama-solo pesado/alta (7%)

Fonte: ASCE, 1969.

EXEMPLO 12.1 Determine o valor do escoamento superficial diário de uma bacia com área de 2 km², declividade de 5%, 30% de área cultivada, 50% com mata nativa e 20% urbanizada, sabendo que a precipitação diária foi de 65 mm.

Solução:

1) cálculo do coeficiente de escoamento

$$Q = \underbrace{0,3 \cdot 0,13}_{\text{cultivo}} + \underbrace{0,5 \cdot 0,2}_{\text{mata}} + \underbrace{0,2 \cdot 0,88}_{\text{urbana}} = 0,315$$

2) intensidade da precipitação

$$i = \frac{65 \text{ mm}}{\text{dia}} = \frac{2,70 \text{ mm}}{\text{hora}}$$

3) cálculo da vazão superficial diária

$$Q = 0,278 \cdot C \cdot i \cdot A = 0,278 \cdot 0,315 \cdot 2,70 \cdot 2 = 0,423 \text{ m}^3/\text{s}$$

---

da área da bacia, por meio da expressão (CCN, 1991):

$$f = A^{-0,10} \tag{12.3}$$

onde f é o fator de correção e A é a área de drenagem (ha).

Dessa forma, a equação do método racional seria corrigida para:

$$Q = C \cdot i \cdot A \cdot f \qquad 12.4$$

Esse método é recomendado para bacias sem maiores complexidades, que tenham de 2 a 5 km² de área de drenagem (Tucci, 1993; Pinto; Holts; Martins, 1973).

12.3 Método do SCS

Esse método determina a descarga de uma bacia hidrográfica por meio do hidrograma triangular composto, que é o resultado do somatório das ordenadas de histogramas unitários simples, para cada intervalo de tempo. Existem dois módulos básicos na estrutura desse método: (a) separação do escoamento; (b) propagação do escoamento.

A separação do escoamento é obtida por meio das seguintes equações, respeitando-se suas respectivas condições:

$$Pe = \frac{(P - Ia)^2}{P + S - Ia} \quad \text{para } P > Ia \qquad 12.5$$

$$Pe = 0 \quad \text{para } P \leqslant Ia \qquad 12.6$$

onde Ia representa as perdas iniciais (mm); S é a capacidade de armazenamento (mm); e Pe é a precipitação efetiva acumulada (mm).

O armazenamento pode ser obtido com base na equação

$$S = \frac{25400}{CN} - 254 \qquad 12.7$$

onde CN é um parâmetro que retrata as condições de cobertura do solo, variando numa escala de 1 a 100 (Tab. 12.2).

Assim como no cálculo do coeficiente de escoamento, estima-se o CN a partir da média ponderada dos CNs das áreas parciais da bacia. As perdas iniciais para condições médias de umidade podem ser consideradas 20% do armazenamento, ou $Ia = 0,2S$.

Os tipos de solo considerados para a estimativa do parâmetro CN são (SCS, 1975):

Solo A – produz baixo escoamento superficial e alta infiltração (solos arenosos profundos com pouco silte e argila).

TAB. 12.2 Valores do parâmetro CN para bacias rurais

Uso do solo	Superfície	A	B	C	D
Solo lavrado	Com sulcos retilíneos	77	86	91	94
	Em fileiras retas	70	80	87	90
Plantações regulares	Em curvas de nível	67	77	83	87
	Terraceado em nível	64	76	84	88
	Em fileiras retas	64	76	84	88
Plantações de cereais	Em curvas de nível	62	74	82	85
	Terraceado em nível	60	71	79	82
	Em fileiras retas	62	75	83	87
Plantações de legumes	Em curvas de nível	60	72	81	84
	Terraceado em nível	57	70	78	89
Pastagens	Pobres	68	79	86	89
	Normais	49	69	79	94
	Boas	39	61	74	80
	Pobres, em curva de nível	47	67	81	88
	Normais, em curva de nível	25	59	75	83
	Boas, em curva de nível	6	35	70	79
Campos permanentes	Normais	30	58	71	78
	Esparsos, de baixa transpiração	45	66	77	83
	Normais	36	60	73	79
	Densas, de alta transpiração	25	55	70	77
Chácaras, estradas de terra	Normais	56	75	86	91
	Más	72	82	90	92
	De superfície dura	74	84	90	92
Florestas	Muito esparsas, baixa transpiração	56	75	86	91
	Esparsas	46	68	78	84
	Densas, alta transpiração	26	52	62	69
	Normais	36	60	70	76

Fonte: SCS, 1975.

Solo B – menos permeável que o Solo A, com permeabilidade superior à média (solos arenosos menos profundos que o Solo A).

Solo C – gera escoamento superficial acima da média, com capacidade de infiltração abaixo da média (solo com porcentagem considerável de argila e pouco profundo).

Solo D – produz grande escoamento superficial, pouco profundo

TAB. 12.3 Valores do parâmetro CN para bacias urbanas

Uso do solo	Superfície	A	B	C	D
Zonas cultivadas	Sem conservação do solo	72	81	88	91
	Com conservação do solo	62	71	78	81
Pastagens ou terrenos baldios	Em más condições	68	79	86	89
	Em boas condições	39	61	74	80
Prado	Em boas condições	30	58	71	78
Bosques ou zonas florestais	Cobertura ruim	45	66	77	83
	Cobertura boa	25	55	70	77
Espaços abertos, relvados, parques, campos de golfe, cemitérios	Com relva em mais de 75% da área	39	61	74	80
	Com relva de 50% a 75% da área	49	69	79	84
Zonas comerciais e de escritórios		89	92	94	95
Zonas industriais		81	88	91	93
Zonas residenciais lotes em m²%	média imperm.				
<500	65	77	85	90	92
1000	38	61	75	83	87
1300	30	57	72	81	86
2000	25	54	70	80	85
4000	20	51	68	79	84
Parques de estacionamento, telhados, viadutos etc.		98	98	98	98
Arruamento e estradas asfaltadas e com drenagem de águas pluviais		98	98	98	98
Paralelepípedos	De superfície dura	76	85	89	91
Terra		72	82	87	89

Fonte: SCS, 1975.

e com baixa capacidade de infiltração (solos contendo argilas expansivas).

A propagação do escoamento é obtida com base no hidrograma unitário triangular, definido pelo **tempo de pico** T_p e o **tempo de concentração** T_c (Fig. 12.1). A vazão de pico do hidrograma unitário triangular (m³/s por mm de precipitação efetiva) é obtida por:

$$Qp = \frac{0,208 \cdot A}{\Delta t/2 + T_p} \qquad 12.8$$

onde T_p é o tempo de pico (h). A vazão de pico (m³/s) é obtida multiplicando-se o valor de Q_p da Eq. 12.7 por *Pe*. A última coordenada do triângulo, T_e, é determinada sabendo-se que a área do triângulo deve ser igual ao volume precipitado efetivo *Pe*:

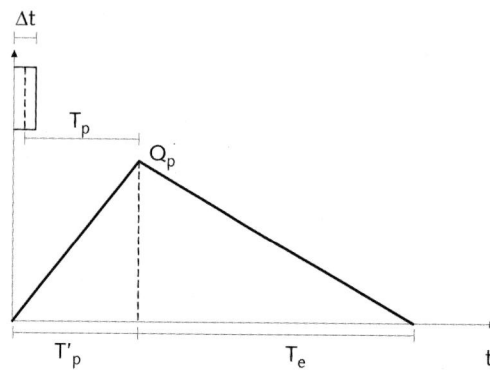

FIG. 12.1 Hidrograma unitário triangular do SCS
Fonte: Tucci, 1993.

$$\frac{Qp \cdot (T_p + \Delta t/2)}{2} + \frac{Qp \cdot T_e}{2} = P_e \qquad 12.9$$

Em resumo, para cada intervalo temporal de discretização da chuva, obtém-se o escoamento correspondente à chuva excedente nesse período (P_e). A partir dos volumes excedentes, estimam-se os hidrogramas unitários triangulares, para cada intervalo temporal de discretização da chuva (Q_p). E, finalmente, da superposição dos hidrogramas unitários triangulares, determina-se o hidrograma final de cheia.

Cálculo do tempo de pico do hidrograma unitário

O tempo de pico do hidrograma é escrito em função do tempo de concentração da bacia:

$$T_p = 0,6 \cdot T_c \qquad 12.10$$
$$T'_p = \Delta t/2 + T_p \qquad 12.11$$

onde T_c é o tempo de concentração da bacia (h) e Δt é o intervalo de tempo da precipitação (h).

Cálculo do tempo de concentração (T_c) da bacia

O tempo de concentração (T_c) **é o tempo necessário para que toda a área da bacia contribua para o escoamento superficial na seção de saída.** Os fatores que influenciam o T_c de uma dada bacia são:

A. forma da bacia;
B. declividade média da bacia;
C. tipo de cobertura vegetal;
D. comprimento e declividade do curso principal e afluentes;
E. distância horizontal entre o ponto mais afastado da bacia e sua saída (exutório);
F. condições do solo em que a bacia se encontra no início da chuva.

Algumas fórmulas de tempo de concentração são apresentadas na Tab. 12.4.

TAB. 12.4 Fórmulas de tempo de concentração

Nome	Equação*
Onda Cinemática	$T_c = 7,35 n^{0,6} i^{-0,4} L^{0,6} S^{-0,3}$
Kirpich	$T_c = 0,0663 L^{0,77} S^{-0,385}$
SCS Lag	$T_c = 0,057 (1000/CN - 9)^{0,7} L^{0,8} S^{-0,5}$
Ven te Chow	$T_c = 0,160 L^{0,64} S^{-0,32}$
Dooge	$T_c = 0,365 A^{0,41} S^{-0,17}$
Corps Engineers	$T_c = 0,191 L^{0,79} S^{-0,19}$

(*) T_c (h); A (km^2); L (km); S (m/m); i (mm/h).
Fonte: Silveira, 2005. (*Cálculo do intervalo temporal de discretização de simulação.*)

Com a finalidade de retratar bem a subida e a descida do hidrograma unitário, recomenda-se que o intervalo de tempo de simulação seja 7,5 vezes menor que o tempo de concentração da bacia:

$$\Delta t \leqslant \frac{T_c}{7,5} \qquad \textbf{12.12}$$

EXEMPLO 12.2 Uma bacia rural de 7 km² com cobertura de pasto (CN = 61) tem seu rio principal com comprimento de 2,5 km e declividade de 8%. Essa bacia vai ser submetida a um processo de urbanização que alterará 75% do canal fluvial e produzirá 30% de áreas impermeáveis. Calcule os hidrogramas unitários pelo método do SCS para as condições atuais e futuras. Adotar CN = 83 para as condições urbanas.

Solução:
1) Condições atuais:

$$S = \frac{25400}{61} - 254 = 162,4$$

$T_c = 0,057\,(1000/61 - 9)^{0,7}\,2,5^{0,8}\,0,08^{-0,5} = 1,026\,\text{horas (SCS Lag)}$

Considerando-se uma duração de precipitação de 15 min (1/4 h):

$$T'_p = \frac{0,25}{2} + 1,026 \cdot 0,6 = 0,74\,\text{horas}$$

$$Qp = \frac{0,208 \cdot 7}{0,74} = 1,96\,\text{m}^3/\text{s/mm}$$

2) Condições futuras:

$$S = \frac{25400}{83} - 254 = 52,0$$

$T_c = 0,057\,(1000/83 - 9)^{0,7}\,2,5^{0,8}\,0,08^{-0,5} = 0,55\,\text{horas}$

$$T'_p = \frac{0,25}{2} + 0,55 \cdot 0,6 = 0,45\,\text{horas}$$

$$Qp = \frac{0,208 \cdot 7}{0,45} = 3,19\,\text{m}^3/\text{s/mm}$$

MODELOS DE RIOS 13

13.1 ESCOAMENTOS EM RIOS E CANAIS

Os modelos hidrodinâmicos de rios consideram os gradientes espaciais em uma direção, geralmente na direção longitudinal. Os modelos longitudinais são aplicáveis para estudar variações do escoamento ao longo do eixo do reservatório, desprezando a estratificação vertical, que é marcante, como, por exemplo, em reservatórios com grandes profundidades.

13.2 REGIME PERMANENTE

13.2.1 ESCOAMENTO UNIFORME

Atualmente, a equação de **Manning** é uma das metodologias de cálculo mais utilizadas por projetistas no dimensionamento de canais abertos e rios. Da maneira como é apresentada, essa equação pode ser utilizada no cálculo do escoamento uniforme em canais, qualquer que seja a forma geométrica da seção transversal. A equação de Manning deriva de um balanço do momento em uma seção e relaciona a velocidade longitudinal, u (m.s^{-1}), com as características geométricas da seção transversal:

$$u = \frac{1}{n} R_h^{2/3} S^{1/2} \qquad \textbf{13.1}$$

onde n é o coeficiente de rugosidade de Manning (Tab. 13.1); R_h é o raio hidráulico da seção transversal (m), definido como a área dividida pelo perímetro molhado (A/P); e S é a declividade do canal ou do rio (m/m).

A equação de Manning também pode ser escrita em termos da vazão em m^3.s^{-1}. Sabendo-se que $Q = u.A$, tem-se:

$$Q = \frac{A}{n} R_h^{2/3} S^{1/2} \qquad \textbf{13.2}$$

TAB. 13.1 Valores do coeficiente de Manning para diferentes formas de fundo

Material de fundo	n
Canais artificiais:	
Concreto	0,012
Fundo de pedregulho com taludes em:	
Concreto	0,020
Enrocamento miúdo	0,033
Pedra batida	0,023
Rios:	
Limpos e sem meandros	0,030
Limpos e com meandros	0,040
Com macrófitas e com meandros	0,050
Coberto por vegetação densa	0,100

Fonte: Chow, 1959.

TAB. 13.2 Elementos hidráulicos de algumas seções transversais conhecidas

seção	área	P	Rh	Dh
D (círculo)	$\pi\dfrac{D^4}{4}$	πD	$\dfrac{D}{4}$	D
A (quadrado)	s^2	$4a$	$\dfrac{a}{4}$	A
A×B (retângulo)	ab	$2(a+b)$	$\dfrac{ab}{2(a+b)}$	$\dfrac{2ab}{a+b}$
a×b	ab	$2a+b$	$\dfrac{ab}{2a+b}$	$\dfrac{4ab}{2a+b}$
D (semicírculo)	$\pi\dfrac{D}{8}$	$\pi\dfrac{D}{2}$	$\dfrac{D}{4}$	D

Na Tab. 13.2 são apresentados alguns elementos hidráulicos de seções transversais, os quais são mais comumente utilizados na construção de canais artificiais.

13.2.2 ESCOAMENTO NÃO UNIFORME

Modelos de armazenamento podem ser utilizados para a simulação de escoamentos permanentes não uniformes. O modelo de Muskingun, desenvolvido por McCarthy (1939), é considerado um simples método para determinar escoamentos permanentes, não uniformes que utiliza a equação da continuidade e relaciona o armazenamento, S, com as vazões de entrada e saída de um volume de controle. Essa relação é expressa por:

$$S = \frac{b\left[XI^{m/n} + (1-X)Q^{m/n}\right]}{a^{m/n}} \qquad 13.3$$

onde X é um parâmetro de ponderação das vazões de entrada (I) e saída (Q). Por questões de simplificação, o método assume que a razão m/n é igual a 1 e a razão b/a é igual a K, resultando em uma relação linear simples entre o armazenamento e as vazões:

$$S = K\left[XI + (1-X)Q\right] \qquad 13.4$$

onde K é uma constante de tempo de trânsito para o trecho considerado (tempo médio de deslocamento da onda no volume de controle). O fator de ponderação, X, varia entre 0 e 0,5 (aproximadamente 0,2 para rios naturais).

A solução numérica é desenvolvida derivando a Eq. 13.4 e substituindo na equação da continuidade. Na forma de diferenças finitas, a solução numérica é dada por:

$$Q^{n+1} = AI^{n+1} + BI^n + CQ^n \qquad 13.5$$

onde:

$$A = \frac{-KX + \Delta t/2}{K(1-X) + \Delta t/2} \qquad 13.6$$

$$B = \frac{KX + \Delta t/2}{K(1-X) + \Delta t/2} \qquad 13.7$$

$$C = \frac{K(1-X) - \Delta t/2}{K(1-X) + \Delta t/2} \qquad 13.8$$

Para eliminar a possibilidade de ocorrerem valores de vazões estimados pelo modelo sem significado físico, uma relação entre os parâmetros K, X e Δt deve ser satisfeita:

$$X \leqslant \frac{\Delta t}{2K} \leqslant 1 - X \qquad 13.9$$

13.3 Regime não permanente

Embora a equação de Manning seja uma aproximação de simples formulação para determinar as velocidades e profundidades de canais e rios em regime permanente, existem outros casos em que a velocidade muda com o tempo, o que impossibilita o emprego dessa equação. Nesses casos, uma solução dinâmica da velocidade é mais apropriada. Esses modelos são baseados nas equações de Saint Venant, descritas a seguir.

Equações governantes

As leis físicas que governam o escoamento da água não permanente em rios são o princípio da conservação de massa (continuidade) e o princípio da conservação de momentos (quantidade de movimento).

A equação da continuidade unidimensional é derivada a partir do balanço de massa por meio de um volume de controle, conforme demonstrado na Fig. 13.1.

A taxa de entrada de água no volume de controle pode ser expressa como:

$$Q - \frac{\partial Q}{\partial x}\frac{\Delta x}{2} \qquad 13.10$$

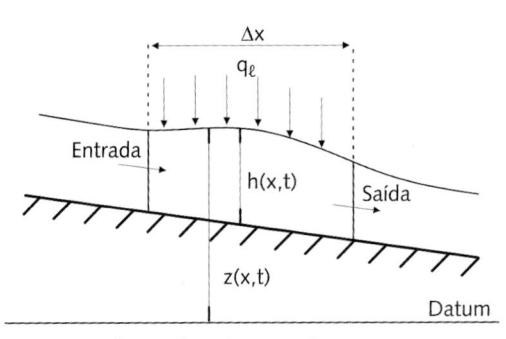

FIG. 13.1 Fluxos de volume e elementos integrantes de um volume de controle unidimensional

onde Q é a vazão (volume que atravessa uma face em um dado intervalo de tempo).

A taxa de saída de água no volume de controle pode ser computada como:

$$Q + \frac{\partial Q}{\partial x}\frac{\Delta x}{2} \qquad 13.11$$

e, finalmente, a taxa de armazenamento dentro do volume de controle é dada por:

$$\frac{\partial A_T}{\partial t}\Delta x \qquad 13.12$$

Assumido que Δx é suficientemente pequeno, a mudança da massa de água dentro do volume de controle é definida pelo seguinte balanço:

$$\rho \frac{\partial A_T}{\partial t} \Delta x = \rho \left(Q \frac{\partial Q}{\partial x} \frac{\Delta x}{2} - Q \frac{\partial Q}{\partial x} \frac{\Delta x}{2} - q_l \right) = 0 \quad \text{13.13}$$

onde ρ é a densidade da água e q_l é a contribuição lateral entrando no volume de controle por unidade de comprimento.

Simplificando e dividindo a Eq. 13.13 por $\rho \Delta x$, chega-se à forma final da equação da continuidade para escoamentos unidimensionais:

$$\frac{\partial A_T}{\partial t} + \frac{\partial Q}{\partial x} - q_l = 0 \quad \text{13.14}$$

onde u é a velocidade na direção x; A é a área; H é a profundidade total; g é a aceleração da gravidade; S_0 é a declividade de fundo; e S_f é a declividade da linha de atrito.

A equação da conservação dos momentos é baseada na 2ª lei de Newton:

$$\sum F_x = \frac{\partial \vec{M}}{\partial t} \quad \text{13.15}$$

As principais forças que atuam em um volume de controle unidimensional, de seção transversal irregular, são: (a) forças de pressão; (b) forças gravitacionais; e (c) forças de atrito. Assume-se a força de pressão que atua na face do volume de controle é como hidrostática:

$$F_p = \int_0^h \rho g (h - y) B(y) dy \quad \text{13.16}$$

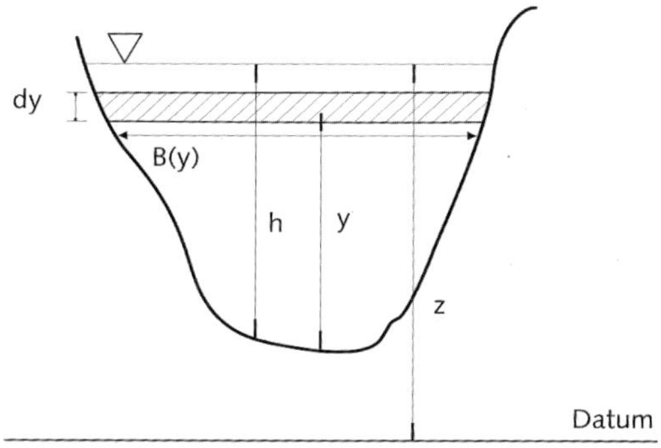

FIG. 13.2 Elemento infinitesimal na seção transversal

onde y é a distância do fundo a uma fatia infinitesimal da seção tranversal cuja largura, B, é uma função de y (Fig. 13.2).

Se a força de pressão que atua na seção transversal média do volume de controle for F_p, a força na face a montante do volume de controle é dada por:

$$F_p - \frac{\partial F_p}{\partial x} \frac{\Delta x}{2} \quad \text{13.17}$$

e na face a jusante do volume de controle é:

$$F_p + \frac{\partial F_p}{\partial x}\frac{\Delta x}{2} \qquad 13.18$$

Assim, a força resultante devido à pressão, F_{pr}, que atua no volume de controle, é definida como:

$$F_{pr} = \left(F_p - \frac{\partial F_p}{\partial x}\frac{\Delta x}{2}\right) - \left(F_p + \frac{\partial F_p}{\partial x}\frac{\Delta x}{2}\right) + F_B \qquad 13.19$$

onde F_B é a componente de força de pressão que a água exerce no fundo, na direção x.
Simplificando a Eq. 13.19, tem-se:

$$F_{pr} = -\frac{\partial F_p}{\partial x}\Delta x + F_B \qquad 13.20$$

Substituindo F_p na Eq. 13.20 e utilizando a regra de Leibnitz de integral por partes, chega-se a:

$$F_{pr} = -\rho g \Delta x \left[\frac{\partial h}{\partial x}\int_0^h B(y)\,dy + \int_0^h (h-y)\frac{\partial B(y)}{\partial x}dy\right] + F_B \qquad 13.21$$

A primeira integral é a área da seção transversal e a segunda integral, multiplicada pelo fator $\rho g \Delta x$, resulta em F_B, que se anula com o termo de igual magnitude e sinal oposto. Assim, a expressão da força resultante da pressão no volume de controle pode ser escrita como:

$$F_{pr} = -\rho g A_T \frac{\partial h}{\partial x}\Delta x \qquad 13.22$$

A força de gravidade que atua no volume de controle, na direção x, é:

$$F_g = \rho g A_T \operatorname{sen}(\theta)\Delta x \qquad 13.23$$

onde θ é o ângulo que o fundo do canal faz com a horinzontal.

Em rios, geralmente θ é muito pequeno, tal que $\operatorname{sen}(\theta) \approx \tan(\theta) = -\partial z_0/\partial x$, sendo z_0 a distância medida a partir de um referencial (*datum*) até o fundo do canal ($z_0 = z - h$). Dessa forma, a força de gravidade pode ser reescrita da seguinte forma:

$$F_g = -\rho g A_T \frac{\partial z_0}{\partial x}\Delta x \qquad 13.24$$

A força de atrito produzida na interface água/fundo é definida como:

$$F_f = -\tau_0 P \Delta x \qquad \text{13.25}$$

onde τ_0 é a tensão de cisalhamento do fundo (força por unidade da área) e P é a força peso. O sinal negativo indica que essa força atua na direção contrária à do escoamento. A tensão de cisalhamento do fundo é definida como:

$$\tau_0 = \rho C_D u^2 \qquad \text{13.26}$$

onde C_D é o coeficiente de atrito no fundo do canal, o qual pode ser relacionado com o coeficiente de **Chezy**, C_z:

$$C_D = \frac{g}{C_z} \qquad \text{13.27}$$

sendo a equação de Chezy definida como:

$$u = C_z \sqrt{RS_f} \qquad \text{13.28}$$

onde R é o raio hidráulico e S_f é a inclinação do fundo do canal.

Com algumas substituições e simplificações, a força de atrito no volume de controle é dada por:

$$F_f = -\rho g A_T S_f \Delta x \qquad \text{13.29}$$

Com as três forças definidas, a equação da quantidade de movimento pode ser desenvolvida a partir do balanço de forças sobre o volume de controle, resultando em:

$$\frac{\partial Q}{\partial t} + \frac{\partial Qu}{\partial x} + gA_T \left(\frac{\partial z}{\partial x} + S_f \right) = 0 \qquad \text{13.30}$$

Planície de inundação

Quando o nível de um rio sobe e alcança sua margem, inicia-se uma transferência de água, lateralmente, do canal principal para a planície de inundação. O escoamento na planície de inundação é diferente do que ocorre no canal, uma vez que a água pode tomar outros caminhos preferenciais, o que pode resultar em um retardamento ou encurtamento do fluxo da água para seções mais a jusante. Após esse evento, a água pode ficar armazenada em depressões ou retornar à calha do rio.

A integração entre canal e planície de inundação tem características bidimensionais. No entanto, uma precisa aproximação também pode ser realizada utilizando-se uma representação unidimensional do escoamento (Fig. 13.3).

Uma simples representação desse problema é quando se considera que a superfície da água é horizontal à seção transversal do rio, tal que as trocas entre canal e planície de inundação são desprezadas, e que a vazão resultante é uma função da *conveyance* (fator de troca entre rio e planície de inundação) do rio, ou seja:

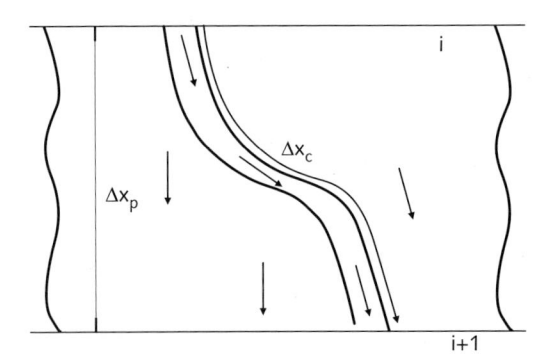

FIG. 13.3 Escoamento no canal principal e na planície de inundação

$$Q_c = \phi Q \qquad 13.31$$

onde Q_c é a vazão no canal; Q é a vazão total; e $\phi = K_c/(K_c + K_p)$, sendo K_c a *conveyance* no canal e K_p a *conveyance* na planície de inundação.

Com essa suposição, as equações do escoamento são combinadas para o sistema integrado e escritas na seguinte forma:

$$\frac{\partial A_T}{\partial t} + \frac{\partial (\phi Q)}{\partial x_c} + \frac{\partial [(1-\phi)Q]}{\partial x_p} = 0 \qquad 13.32$$

$$\frac{\partial Q}{\partial t} + \frac{\partial (\phi^2 Q^2/A_c)}{\partial x_c} + \frac{\partial \left[(1-\phi)^2 Q^2/A_p\right]}{\partial x_p}$$
$$+ gA_c \left(\frac{\partial z}{\partial x_c} + S_{fc}\right) + gA_p \left(\frac{\partial z}{\partial x_p} + S_{fp}\right) = 0 \qquad 13.33$$

Os índices c e p referem-se ao canal e à planície de inundação, respectivamente.

Solução numérica

Diversos esquemas numéricos poderiam ser aplicados nas equações de escoamento unidimensional para encontrar sua solução numérica. Aqui adotaremos um esquema numérico semi-implícito, ou seja, alguns termos diferenciais são substituídos por diferenças finitas válidas para o tempo atual (discretização explícita), e outros, por diferenças finitas válidas para o tempo posterior (discretização implícita). Esse é o procedimento mais aceito e aplicado para solucionar as equações do escoamento em uma dimensão. No entanto, esse esquema produz um sistema de equações lineares que pode ser resolvido com técnicas numéricas iterativas (*e.g.* Newton-Raphson, métodos dos gradientes conjugados) (ver Apêndice C em <www.ofitexto.com.br/modelagemecologica>).

Cada célula é numerada em seu centro, com os índices i e j, que se referem, respectivamente, à posição da célula nos eixos x e y. A profundidade total de água, H, está definida no centro da célula com um índice (i), e a velocidade u é definida nas fronteiras médias das células, com índices ($i \pm 1/2$), como indicado na Fig. 13.4.

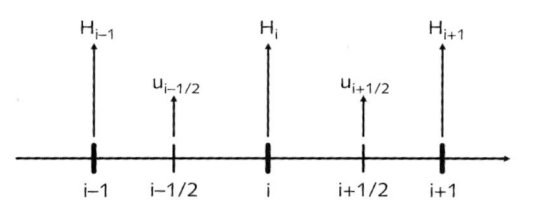

FIG. 13.4 Malha utilizada na discretização unidimensional espacial

Os termos que são tratados semi-implicitamente, utilizando-se um ponderador no tempo (θ), são: o gradiente de elevação da superfície da água na equação da quantidade de movimento ($\partial z/\partial x$) e o gradiente da velocidade na equação da continuidade e de movimento ($\partial Q/\partial x$). Para garantir uma solução estável, o valor de θ deve estar compreendido entre 0,5 e 1. Os demais termos são tratados explicitamente.

As discretizações numéricas dos termos das equações da continuidade e da quantidade de movimento são apresentadas nas Tabs. 13.3 e 13.4, respectivamente.

As equações apresentadas são reduzidas a uma única equação, isolando-se as variáveis no tempo $n+1$ do lado esquerdo e as variáveis no tempo n do lado direito, resultando na equação:

$$A \cdot Q_i^{n+1} + B \cdot z_i^{n+1} + C \cdot Q_{i+1}^{n+1} + D \cdot Q_{i+1}^{n+1} = E^n \qquad \textbf{13.34}$$

TAB. 13.3 Discretização dos termos da equação da continuidade

$\partial A_T/\partial t$	$\dfrac{\left(A_{i+1}^{n+1} - A_{i+1}^{n}\right) + \left(A_{i}^{n+1} - A_{i}^{n}\right)}{2\Delta t}$
$\partial Q/\partial x$	$\theta \cdot \dfrac{Q_{i+1}^{n+1} - Q_{i}^{n+1}}{\Delta x} + (1-\theta) \cdot \dfrac{Q_{i+1}^{n} - Q_{i}^{n}}{\Delta x}$

TAB. 13.4 Discretização dos termos da equação da quantidade de movimento

$\partial Q/\partial t$	$\dfrac{\left(Q_{i+1}^{n+1} - Q_{i+1}^{n}\right) + \left(Q_{i}^{n+1} - Q_{i}^{n}\right)}{2\Delta t}$
$\partial Qu/\partial x$	$\theta \cdot \dfrac{(Qu)_{i+1}^{n+1} - (Qu)_{i}^{n+1}}{\Delta x} + (1-\theta) \cdot \dfrac{(Qu)_{i+1}^{n} - (Qu)_{i}^{n}}{\Delta x}$
$\partial z/\partial x$	$\theta \cdot \dfrac{z_{i+1}^{n+1} - z_{i}^{n+1}}{\Delta x} + (1-\theta) \cdot \dfrac{z_{i+1}^{n} - n_{i}^{n}}{\Delta x}$
A_T	$\dfrac{A_{i+1}^{n} + A_{i}^{n}}{2}$
S_f	$\dfrac{S_{i+1}^{n} + S_{i}^{n}}{2}$

Os coeficientes A, B, C e D são termos calculados no tempo n, podendo ser determinados por algebrismo. A Eq. 13.34 é aplicada em todas as células, resultando num sistema de equações lineares. A matriz que representa esse sistema é positiva definida e tem uma única solução para Q e z quando $h_i^n \geq 0$.

Condições de contorno

Para cada trecho de rio existem N pontos computacionais, correspondentes a N-1 elementos. A partir dessas células, desenvolvem-se 2N-2 equações de diferenças finitas. Como existem 2N incógnitas (Q e z em cada nó), duas equações adicionais precisam ser fornecidas, que provêm das condições de contorno do sistema. Apresentamos a seguir algumas das mais comuns condições de contorno para rios.

Condições de contorno internas (conexões entre trechos)

Uma rede de drenagem é composta por um conjunto de trechos de rios conectados entre si. As condições de contorno internas devem ser atribuídas em cada conexão entre trechos. Segundo o tipo de conexão do trecho, um dos dois tipos de condição de contorno deve ser empregado:

A. continuidade do fluxo: empregada em trechos que dividem ou combinam o escoamento (*e.g.* trecho 1 da Fig. 13.5);
B. continuidade de nível: empregada nos demais casos (*e.g.* trechos 2 e 3 da Fig. 13.5).

A condição de continuidade de fluxo é responsável pela conservação do volume em uma confluência:

$$\sum_{i=1}^{l} S_i \cdot Q_i^{n+1} = 0 \qquad \text{13.35}$$

onde l é o número de trechos conectados em uma confluência; S_i assume o valor 1 para trechos de montante e -1 para trechos de jusante; e Q_i é a vazão do trecho i.

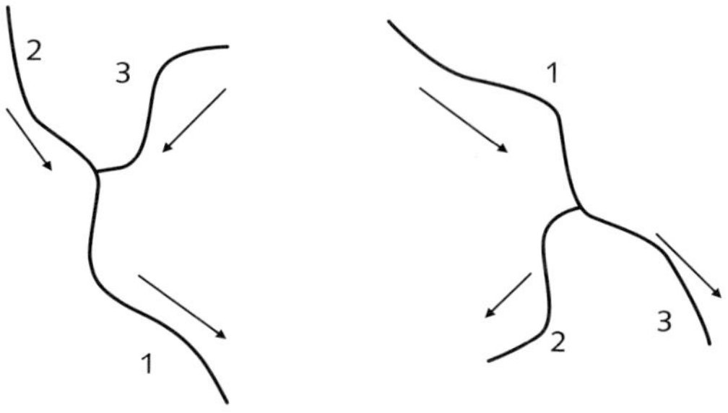

FIG. 13.5 Confluências em rios

A condição de continuidade de nível estabelece que os níveis da água são iguais para diferentes trechos em uma confluência:

$$z_1^{n+1} = z_2^{n+1} \qquad \text{13.36}$$

Condições de contorno externas

As condições de contorno externas são aplicadas nos nós extremos da rede de drenagem. Para os nós de montante, um hidrograma (vazão ao longo do tempo) pode ser dado como condição:

$$Q_i^{n+1} = Q_i^* \qquad \text{13.37}$$

onde Q_i^* é a vazão de um hidrograma conhecido em um nó de montante. Para os nós de jusante, além de um hidrograma conhecido, uma condição de nível ou de declividade também poderia ser atribuída.

A condição de nível é:
$$z_i^{n+1} = z_i^*$$ 13.38

onde z_i^* é o nível conhecido em um nó de jusante.

Utilizando-se a equação de Manning, uma condição de declividade conhecida no nó extremo de jusante pode ser atribuída como:
$$Q_i^{n+1} = K\sqrt{S_f^*}$$ 13.39

onde S_f^* é a declividade conhecida em um nó de jusante.

Modelos de lagos e estuários 14

Em razão das condições físicas e geológicas que interagem de forma complexa, o escoamento em corpos d'água rasos, tais como lagos e estuários, é considerado turbulento na maioria dos casos. Admite-se que esse tipo de escoamento deve ser governado pelas equações de Navier-Stokes, deduzidas a partir da 2ª lei de Newton, que representam o princípio da conservação da quantidade de movimento aplicado a uma partícula de massa $\rho \cdot dxdydz$, onde ρ é a densidade e $dxdydz$ é o volume da partícula.

Uma das características dos escoamentos turbulentos são os **vórtices** que se apresentam em uma vasta gama de escalas espaciais e temporais. Rosman (1999) esclarece que os maiores vórtices detêm grande parte da energia dos agentes externos (*e.g.* vento, maré, corrente). Esses vórtices são bastante anisotrópicos por pertencerem a uma fração considerada do domínio estudado, uma vez que dependem fortemente da geometria do corpo d'água. O comprimento dos maiores vórtices é muito maior do que as escalas de profundidade desses corpos d'água rasos, o que torna viável a modelagem computacional bidimensional na horizontal. Por outro lado, é impraticável a aplicação das equações de Navier-Stokes para partículas nessa faixa de escala em que não prevalece a isotropia.

Resolver um problema na escala de interesse significa utilizar no modelo numérico discretizações temporais e espaciais compatíveis. Por exemplo, para resolver um vórtice de tamanho L, é necessário ter espaçamentos inferiores a L/2 ao longo da malha de discretização e, no mínimo, L/4 para uma resolução razoável (Wrobel et al., 1989). Na realidade, quando o sistema possui variações turbulentas, a solução média pode não ser representativa. Essas variações ocorrem em sistemas fortemente não lineares, e uma dicretização adequada é fundamental para a representatividade da heterogeneidade espacial.

Visando resolver esse problema, os modelos para escoamentos turbulentos necessitam de bases estatísticas bem desenvolvidas e filtradas em grande escala, bem como da aplicação de uma simplificação padrão para o sistema, i.e., a separação de cada variável global dividida em uma parte "média" ou de grande escala, e uma parte de flutuação ou de pequena escala, na qual os efeitos gerais, e não os detalhes, aparecem no modelo. Portanto, procura-se modelar matematicamente as variáveis, para que se possa estudar fenômenos hidrodinâmicos e biológicos em grande escala e, assim, obter um **modelo determinístico** para o escoamento e a dinâmica de fitoplâncton a uma profundidade média.

14.1 Equações governantes

As equações de águas rasas descrevem um escoamento bidimensional, integrado verticalmente (valores médios) e irregular (não uniforme). Essas equações são baseadas na conservação da massa e na quantidade de movimento. As equações assumem que o fluido é incompressível e que a distribuição de pressão é hidrostática. Outra suposição é que não há estratificação de densidade e que a velocidade na vertical é considerada pequena em relação à velocidade na horizontal.

Escritas na forma diferencial, as equações governantes têm a forma:
Equação da Continuidade:

$$\frac{\partial \eta}{\partial t} + \frac{\partial \left[(h+\eta)u\right]}{\partial x} + \frac{\partial \left[(h+\eta)v\right]}{\partial y} = 0 \qquad 14.1$$

Equação da Quantidade de Movimento:

$$\frac{\partial u}{\partial t} + u\frac{\partial u}{\partial x} + v\frac{\partial u}{\partial y} = -g\frac{\partial \eta}{\partial x} - \gamma u + \tau_x + A_h \nabla^2 u + fv \qquad 14.2$$

$$\frac{\partial v}{\partial t} + u\frac{\partial v}{\partial x} + v\frac{\partial v}{\partial y} = -g\frac{\partial \eta}{\partial y} - \gamma v + \tau_y + A_h \nabla^2 v - fu \qquad 14.3$$

onde t é o tempo; u e v são as componentes da velocidade nas direções x e y no plano horizontal, respectivamente; η é a elevação da superfície da água medida a partir de um nível de referência (Fig. 14.1); h é a profundidade medida a partir de um nível de referência; g é a aceleração da gravidade; f é o parâmetro de Coriolis; τ_x e τ_y são os termos de tensão do vento nas direções x e y, respectivamente;

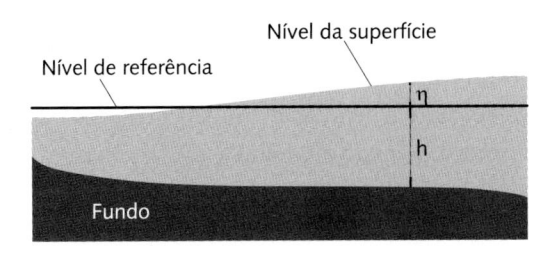

FIG. 14.1 Esquema dos elementos integrantes das equações de movimento

$\nabla = \partial/\partial x \cdot \vec{i} + \partial/\partial x \cdot \vec{j}$ é um operador vetorial no plano $x - y$; A_h é o coeficiente de viscosidade turbulenta horizontal; e γ é o coeficiente de fricção ao fundo.

A Eq. 14.1 representa a continuidade, ou conservação de massa, e as Eqs. 14.2 e 14.3 expressam a conservação do momento, ou a quantidade de movimento. O coeficiente de fricção ao fundo (γ) pode ser escrito como:

$$\gamma = \frac{g\sqrt{u^2 + v^2}}{C_z^2 H} \qquad 14.4$$

onde $H = h + \eta$ é a profundidade total e C_z é o coeficiente de atrito de Chezy.

Como é comum em modelos de escoamento, a tensão de atrito na superfície livre pelo vento é escrita em termos da velocidade do vento:

$$\tau_x = C_D \cdot W_x \cdot \|W\| \qquad 14.5$$
$$\tau_y = C_D \cdot W_y \cdot \|W\| \qquad 14.6$$

onde C_D é o coeficiente de arraste do vento; W_x e W_y são as componentes do vetor velocidade do vento nas direções x e y (m/s), respectivamente, medidas a 10 m da superfície livre; e $\|W\|$ é a norma do vetor velocidade do vento.

14.2 SOLUÇÃO NUMÉRICA

As equações de águas rasas não têm solução analítica direta. O método de diferenças finitas resolve as equações governantes para um número finito de pontos no espaço e no tempo. Esse método necessita subdividir o domínio bidimensional de aplicação em uma malha com um número finito de células. As equações são discretizadas espacialmente em uma grade retangular, que consiste em células computacionais quadradas com comprimento Δx e largura Δy. A

Fig. 14.2 ilustra a malha computacional utilizada na discretização espacial. As variáveis hidrodinâmicas (u, v e η) são calculadas em cada uma das células. Cada célula é numerada em seu centro, com os índices i e j, que se referem à posição da célula nos eixos x e y, respectivamente.

A elevação da superfície da água, η, está definida no centro da célula com um índice (i, j), e as velocidades u, v são definidas nas fronteiras médias das células com índices (i ± ½, j) e (i, j ± ½), respectivamente, como indicado na Fig. 14.2.

O esquema numérico de discretização adotado no modelo é o semi-implícito, ou seja, alguns termos diferenciais são substituídos por diferenças finitas válidas para o tempo atual (discretização explícita), outros, por diferenças finitas válidas para o tempo posterior (discretização implícita). Os termos tratados semi-implicitamente

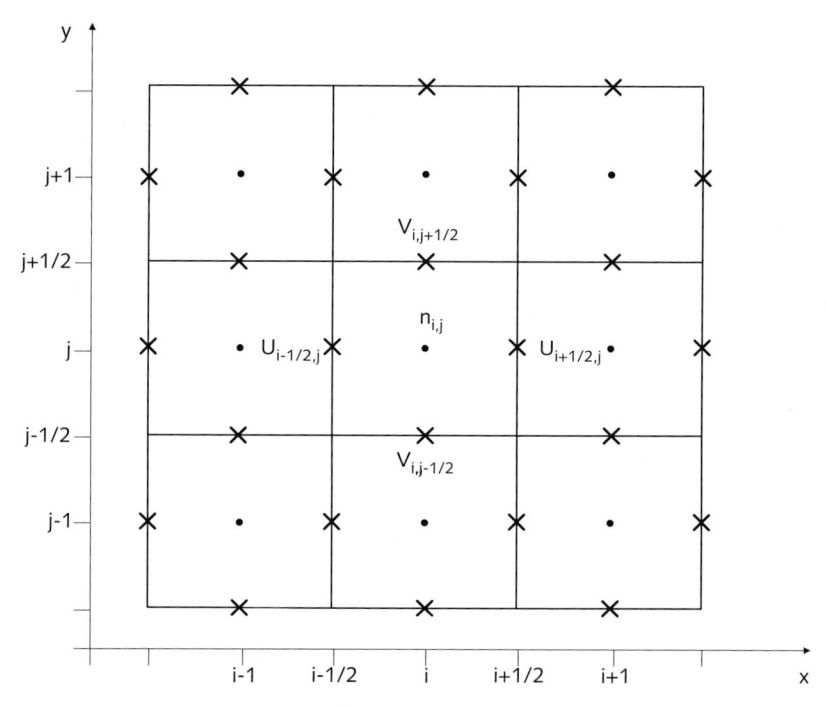

FIG. 14.2 Malha utilizada na discretização bidimensional espacial, e a posição de avaliação das variáveis no esquema de diferenças finitas adotado

Fonte: Fulford, 2003.

são os gradientes de elevação da superfície da água nas equações da quantidade de movimento ($g\partial\eta/\partial x$, $g\partial\eta/\partial y$), o gradiente das velocidades na equação da continuidade ($\partial u/\partial x$, $\partial v/\partial y$) e a velocidade dos termos de rugosidade junto ao fundo ($\gamma u, \gamma v$). Os demais termos são discretizados explicitamente.

Os termos semi-implícitos são escritos como:

$$\partial\eta/\partial x = \theta \cdot \frac{\eta_{i+1,j}^{n+1} - \eta_{i,j}^{n+1}}{\Delta x} + (1-\theta) \cdot \frac{\eta_{i+1,j}^{n} - \eta_{i,j}^{n}}{\Delta x}$$

$$\partial\eta/\partial y = \theta \cdot \frac{\eta_{i,j+1}^{n+1} - \eta_{i,j}^{n+1}}{\Delta y} + (1-\theta) \cdot \frac{\eta_{i,j+1}^{n} - \eta_{i,j}^{n}}{\Delta y}$$

14.7

$$\partial u/\partial x = \theta \cdot \frac{u_{i+1/2,j}^{n+1} - u_{i-1/2,j}^{n+1}}{\Delta x} + (1-\theta) \cdot \frac{u_{i+1/2,j}^{n} - u_{i-1/2,j}^{n}}{\Delta x}$$

$$\partial v/\partial y = \theta \cdot \frac{v_{i,j+1/2}^{n+1} - v_{i,j-1/2}^{n+1}}{\Delta y} + (1-\theta) \cdot \frac{v_{i,j+1/2}^{n} - v_{i,j-1/2}^{n}}{\Delta y}$$

14.8

Para um sistema com densidade constante, o método é estável para valores de θ maiores do que 0,5, e instável para valores de θ menores do que 0,5 (Casulli; Cattani, 1994). Esses autores verificaram que, à medida que θ se aproxima de 0,5, a diagonal principal da matriz solução do sistema de equações torna-se crescentemente dominante, garantindo uma rápida convergência, além de uma maior eficiência computacional na solução da matriz. Teoricamente, se θ for igual a 0,5, o método numérico permanece estável, conduzindo o modelo a uma máxima precisão e eficiência da solução. Entretanto, para esse valor (θ = 0,5), pequenas perturbações de onda podem se propagar indefinidamente ao longo do sistema. Portanto, em aplicações práticas, recomenda-se utilizar valores de θ compreendidos entre 0,55 e 0,60 (Wang et al., 1998).

Os termos advectivos nas equações da conservação da quantidade de movimento podem ser expressos como uma derivada substancial, D/Dt, calculada ao longo de uma linha de corrente. A derivada substancial é aproximada segundo um **esquema Euleriano-Lagrangiano** (Casulli, 1990), resultando em:

$$\frac{Du}{Dt} = \frac{\partial u}{\partial t} + u\frac{\partial u}{\partial x} + v\frac{\partial u}{\partial y} \approx \frac{u_{i+1/2,j}^{n+1} - Fu_{i+1/2,j}^{n+1}}{\Delta t}$$

14.9

$$\frac{Dv}{Dt} = \frac{\partial v}{\partial t} + u\frac{\partial v}{\partial x} + v\frac{\partial v}{\partial y} \approx \frac{v_{i+1/2,j}^{n+1} - Fv_{i+1/2,j}^{n+1}}{\Delta t} \qquad \text{14.10}$$

onde $Fu_{i+1/2,j}^{n+1} = u_{i-a,j-b}^n$ é o valor de u no intervalo de tempo n, no ponto $(i + 1/2 - a, j - b)$ que leva uma partícula fluida até o ponto $(i + 1/2, j)$, no intervalo $n + 1$; e $Fv_{i,j+1/2}^{n+1} = v_{i-a,j-b}^n$ é o valor de v no intervalo de tempo n, no ponto $(i - a,^j +1/2 - b)$ que leva uma partícula fluida até o ponto $(i,^j +1/2)$, viajando através de uma linha de corrente.

Na prática, considera-se que os valores de $u_{i-a,j-b}^n$ e $v_{i-a,j-b}^n$ podem ser aproximados por uma interpolação bilinear sobre os quatros pontos vizinhos inteiros da malha (Fig. 14.3), por meio das equações:

$$u_{i-a,j-b}^k = (1-p)\left[(1-q) \cdot u_{i-n,j-m}^k + q \cdot u_{i-n,j-m-1}^k\right] \\ + p\left[(1-q) \cdot u_{i-n-1,j-m}^k + q \cdot u_{i-n-1,j-m-1}^k\right] \qquad \text{14.11}$$

$$v_{i-a,j-b}^n = (1-p)\left[(1-q) \cdot v_{i-n,j-m}^n + q \cdot v_{i-n,j-m-1}^n\right] \\ + p\left[(1-q) \cdot v_{i-n-1,j-m}^n + q \cdot v_{i-n-1,j-m-1}^n\right] \qquad \text{14.12}$$

onde $a = n + p$ e $b = m + q$, com n e m inteiros e $0 \leq p, q < 1$.

Na prática, o valor de $Fu_{i+1/2,j}^{n+1}$ e $Fv_{i,j+1/2}^{n+1}$ é calculado encontrando-se os valores de a e b, que correspondem à distância percorrida em x e y pelas partículas de água que estavam nos pontos $(i + 1/2 - a,^j -b)$ e $(i - a,^j +1/2 - b)$, e chegam aos pontos $(i + 1/2, j)$ e $(i, j + 1/2)$, respectivamente, em um intervalo de tempo.

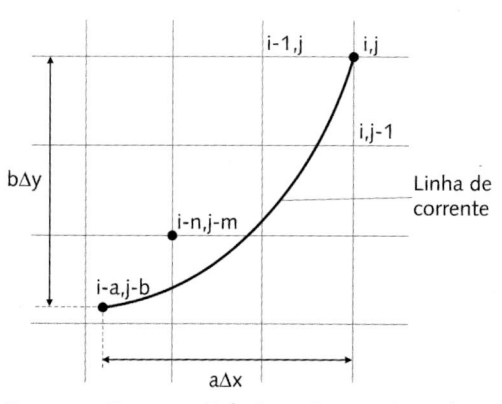

FIG. 14.3 Esquema Euleriano-Lagrangiano de convecção

Isso é feito com a divisão do intervalo de tempo em N subintervalos iguais ($\xi = \Delta t/N$) e com o cálculo de $Fu_{i+1/2,j}^{n+1}$ e $Fv_{i,j+1/2}^{n+1}$ de forma iterativa e retroativa, atualizando-se a posição de cada partícula de água nas direções x e y por meio das seguintes equações:

$$x^{s-1} = x^s - \xi \cdot u^k(x^s, y^s) \xrightarrow{\text{para}} s = N, N-1, N-2, ..., 2, 1 \quad \textbf{14.13}$$

$$y^{s-1} = y^s - \xi \cdot v^k(x^s, y^s) \xrightarrow{\text{para}} s = N, N-1, N-2, ..., 2, 1 \quad \textbf{14.14}$$

onde $u^k(x_s, y_s)$ e $v^k(x_s, y_s)$ são calculados em cada subintervalo de tempo a partir da interpolação dos dados conhecidos na grade Euleriana. Então, o valor de a e b pode ser calculado por meio dos valores de x e y, utilizando-se as Eqs. 14.13 e 14.14, e nos passos inicial e final do processo iterativo por:

$$a = \frac{x^N - x^0}{\Delta x} \overset{e^b}{=} \frac{y^N - y^0}{\Delta y} \quad \textbf{14.15}$$

Portanto, a discretização semi-implícita das equações governantes tem a seguinte forma:

$$\eta_{i,j}^{n+1} = \eta_{i,j}^n - \frac{\Delta t}{\Delta x}\left[\begin{array}{l}\left(h_{i+1/2,j} + \max\left(\eta_{i,j}^n, \eta_{i+1,j}^n\right)\right) u_{i+1/2,j}^{n+1} \\ -\left(h_{i-1/2,j} + \max\left(\eta_{i,j}^n, \eta_{i-1,j}^n\right)\right) u_{i-1/2,j}^{n+1}\end{array}\right]$$

$$-\frac{\Delta t}{\Delta y}\left[\begin{array}{l}\left(h_{i,j+1/2} + \max\left(\eta_{i,j}^n, \eta_{i,j+1}^n\right)\right) v_{i,j+1/2}^{n+1} \\ -\left(h_{i,j-1/2} + \max\left(\eta_{i,j}^n, \eta_{i,j-1}^n\right)\right) v_{i,j-1/2}^{n+1}\end{array}\right] \quad \textbf{14.16}$$

$$u_{i+1/2,j}^{n+1} = Fu_{i+1/2,j}^n - g\frac{\Delta t}{\Delta x}\left(\eta_{i+1,j}^{n+1} - \eta_{i,j}^{n+1}\right)$$
$$-\Delta t\left(\gamma_{i+1/2,j}^n \cdot u_{i+1/2,j}^{n+1} - Wx_{i+1/2,j}^n\right) \quad \textbf{14.17}$$

$$v_{i,j+1/2}^{n+1} = Fv_{i,j+1/2}^n - g\frac{\Delta t}{\Delta y}\left(\eta_{i,j+1}^{n+1} - \eta_{i,j}^{n+1}\right)$$
$$-\Delta t\left(\gamma_{i,j+1/2}^n \cdot v_{i,j+1/2}^{n+1} - Wy_{i,j+1/2}^n\right) \quad \textbf{14.18}$$

onde Wx e Wy são os termos que agregam a tensão de cisalhamento na superfície da água pela ação do vento, a viscosidade turbulenta e a força de Coriolis, avaliadas no intervalo de tempo n e nas células

$(i + 1/2, j)$ e $(i, j + 1/2)$, respectivamente, conforme as equações:

$$Wx_{i+1/2,j}^n = \left[\tau_x + A_h \cdot \left(\frac{\partial^2 u}{\partial x^2} + \frac{\partial^2 u}{\partial y^2}\right) + f \cdot v\right]_{i+1/2,j}^n \quad \text{14.19}$$

$$Wy_{i,j+1/2}^n = \left[\tau_y + A_h \cdot \left(\frac{\partial^2 v}{\partial x^2} + \frac{\partial^2 v}{\partial y^2}\right) - f \cdot u\right]_{i,j+1/2}^n \quad \text{14.20}$$

Na Eq. 14.16, os termos similares a $\max(\eta_{i,j}^n, \eta_{i+1,j}^n)$ são introduzidos em função da secagem de células, quando $H_{i\pm1/2,j}^n \leqslant 0$ e $H_{i,j\pm1/2}^n \leqslant 0$. Nesse caso, o valor máximo do nível de uma célula e de sua vizinha é selecionado e utilizado na equação. Além disso, assume-se que o valor do coeficiente de fricção ao fundo, γ, na célula seca tende ao infinito para garantir o impedimento da passagem de fluxo na célula (Cheng; Casulli; Gartner, 1993).

As equações discretizadas são reduzidas a uma única equação, isolando-se as variáveis $u_{i+1/2,j}^{n+1}$ e $v_{i,j+1/2}^{n+1}$ das Eqs. 14.17 e 14.18, e, em seguida, substituindo-as na Eq. 14.16.

$$A \cdot \eta_{i,j}^{n+1} + B \cdot \eta_{i+1,j}^{n+1} + C \cdot \eta_{i-1,j}^{n+1} + D \cdot \eta_{i,j+1}^{n+1} + E \cdot \eta_{i,j-1}^{n+1} = F \quad \text{14.21}$$

onde:

$$A = 1 - B - C - D - E \quad \text{14.22}$$

$$B = -\theta^2 \cdot \frac{P_B \cdot g \cdot \Delta t^2}{\Delta x^2 \cdot \left(1 + \Delta t \cdot \gamma_{i+1/2,j}^n\right)} \quad \text{14.23}$$

$$C = -\theta^2 \cdot \frac{P_C \cdot g \cdot \Delta t^2}{\Delta x^2 \cdot \left(1 + \Delta t \cdot \gamma_{i-1/2,j}^n\right)} \quad \text{14.24}$$

$$D = -\theta^2 \cdot \frac{P_D \cdot g \cdot \Delta t^2}{\Delta y^2 \cdot \left(1 + \Delta t \cdot \gamma_{i,j+1/2}^n\right)} \quad \text{14.25}$$

$$E = -\theta^2 \cdot \frac{P_E \cdot g \cdot \Delta t^2}{\Delta y^2 \cdot \left(1 + \Delta t \cdot \gamma_{i,j-1/2}^n\right)} \quad \text{14.26}$$

$$F = \eta_{i,j}^n$$

$$-\frac{\theta \cdot P_B \cdot \Delta t \cdot \left(Fu_{i+1/2,j}^n - (1-\theta) \cdot (g \cdot \Delta t/\Delta x) \cdot \left(\eta_{i+1,j}^n - \eta_{i,j}^n\right) + \Delta t \cdot Wx_{i+1/2,j}^n\right)}{\Delta x \cdot \left(1 + \Delta t \cdot \gamma_{i+1/2,j}^n\right)}$$

$$+\frac{\theta \cdot P_C \cdot \Delta t \cdot \left(Fu_{i-1/2,j}^n - (1-\theta) \cdot (g \cdot \Delta t/\Delta x) \cdot \left(\eta_{i,j}^n - \eta_{i-1,j}^n\right) + \Delta t \cdot Wx_{i-1/2,j}^n\right)}{\Delta x \cdot \left(1 + \Delta t \cdot \gamma_{i-1/2,j}^n\right)}$$

$$-\frac{\theta \cdot P_D \cdot \Delta t \cdot \left(Fv_{i,j+1/2}^n - (1-\theta) \cdot (g \cdot \Delta t/\Delta y) \cdot \left(\eta_{i,j+1}^n - \eta_{i,j}^n\right) + \Delta t \cdot Wy_{i,j+1/2}^n\right)}{\Delta y \cdot \left(1 + \Delta t \cdot \gamma_{i,j+1/2}^n\right)}$$

$$+\frac{\theta \cdot P_E \cdot \Delta t \cdot \left(Fv_{i,j-1/2}^n - (1-\theta) \cdot (g \cdot \Delta t/\Delta y) \cdot \left(\eta_{i,j}^n - \eta_{i,j-1}^n\right) + \Delta t \cdot Wy_{i,j-1/2}^n\right)}{\Delta y \cdot \left(1 + \Delta t \cdot \gamma_{i,j-1/2}^n\right)}$$

$$- (1-\theta) \cdot (\Delta t/\Delta y) \cdot \left(P_B \cdot u_{i+1,j}^n - P_C \cdot u_{i,j}^n\right)$$
$$- (1-\theta) \cdot (\Delta t/\Delta y) \cdot \left(P_D \cdot v_{i,j+1}^n - P_E \cdot v_{i,j}^n\right) \qquad \textbf{14.27}$$

onde os termos P_B, P_C, P_D e P_E representam a profundidade média em direção a cada uma das células i, j, de acordo com as equações:

$$P_B = \frac{\left(\eta_{i,j}^n + h_{i,j}\right) + \left(\eta_{i+1,j}^n + h_{i+1,j}\right)}{2} \qquad \textbf{14.28}$$

$$P_C = \frac{\left(\eta_{i,j}^n + h_{i,j}\right) + \left(\eta_{i-1,j}^n + h_{i-1,j}\right)}{2} \qquad \textbf{14.29}$$

$$P_D = \frac{\left(\eta_{i,j}^n + h_{i,j}\right) + \left(\eta_{i,j+1}^n + h_{i,j+1}\right)}{2} \qquad \textbf{14.30}$$

$$P_E = \frac{\left(\eta_{i,j}^n + h_{i,j}\right) + \left(\eta_{i,j-1}^n + h_{i,j-1}\right)}{2} \qquad \textbf{14.31}$$

Os coeficientes A, B, C, D, E e F são termos calculados no tempo n. A Eq. 14.21, aplicada em todas as células, resulta num sistema de equações lineares. A matriz que representa esse sistema é pentagonal, positiva definida, com uma única solução quando $H_{i\pm1/2,j}^n \geqslant 0$ e $H_{i,j\pm1/2}^n \geqslant 0$. A matriz é resolvida pelo método dos gradientes conjugados precondicionados (Press et al., 1992) (ver Apêndice C em <www.ofitexto.com.br/modelagemecologica>).

O armazenamento dos coeficientes na matriz solução é simples. Considere o sistema hipotético com elementos computacionais numerados sequencialmente de acordo com a Fig. 14.4.

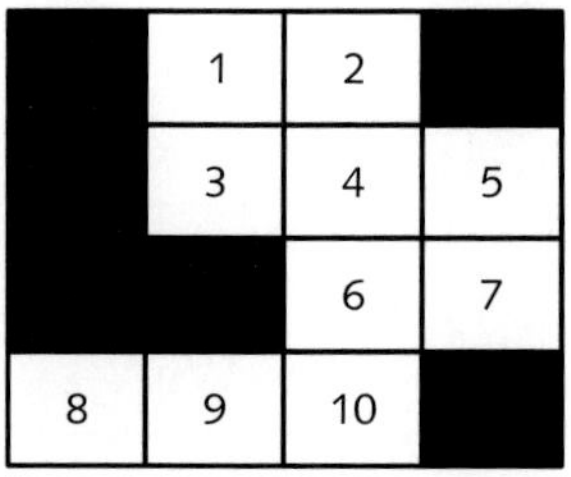

O elemento 1 tem como vizinhos o elemento 2, que está à sua direita, e o elemento 3, abaixo. O coeficiente A da célula 1 é armazenado na posição (1,1) da matriz de coeficientes, na diagonal principal, por pertencer ao termo $\eta_{i,j}^{n+1}$. O coeficiente B, referente ao termo $\eta_{i+1,j}^{n+1}$ da célula 1, também é diferente de zero, porque existe um vizinho à sua direita. Esse coeficiente é armazenado na posição (1,2) da matriz de coeficientes. Os coeficientes C e D, referentes aos termos $\eta_{i-1,j}^{n+1}$ e $\eta_{i,j+1}^{n+1}$, respectivamente, são nulos, porque não existe elementos vizinhos à esquerda e acima da célula 1. E, por fim, o elemento 3, que está abaixo da célula 1, faz com que o coeficiente E seja armazenado na posição (1, 3) da matriz de coeficientes. Monta-se, assim, a primeira linha da matriz de coeficientes. Aplicando-se a mesma metodologia para os elementos seguintes, tem-se como resultado a matriz de coeficientes do problema (Fig. 14.5).

FIG. 14.4 Numeração dos elementos computacionais ativos. As células inativas, em preto, representam regiões sem escoamento

$$A \cdot \eta = F$$

$$\begin{bmatrix} A_{1,1} & B_{1,2} & E_{1,3} & 0 & 0 & 0 & 0 & 0 & 0 & 0 \\ C_{2,1} & A_{2,2} & 0 & 0 & E_{2,4} & 0 & 0 & 0 & 0 & 0 \\ D_{3,1} & 0 & A_{3,3} & 0 & B_{3,4} & 0 & 0 & 0 & 0 & 0 \\ 0 & D_{4,2} & C_{4,3} & A_{4,4} & B_{4,5} & E_{4,2} & 0 & 0 & 0 & 0 \\ 0 & 0 & 0 & C_{5,4} & A_{5,5} & 0 & E_{5,7} & 0 & 0 & 0 \\ 0 & 0 & 0 & D_{6,4} & 0 & A_{6,6} & B_{6,7} & 0 & 0 & E_{6,10} \\ 0 & 0 & 0 & 0 & D_{7,5} & C_{7,6} & A_{7,7} & 0 & 0 & 0 \\ 0 & 0 & 0 & 0 & 0 & 0 & A_{8,8} & B_{8,9} & 0 & 0 \\ 0 & 0 & 0 & 0 & 0 & 0 & C_{9,8} & A_{9,9} & B_{9,10} \\ 0 & 0 & 0 & 0 & D_{10,6} & 0 & 0 & C_{10,9} & A_{10,10} \end{bmatrix} \cdot \begin{Bmatrix} \eta_1^{n+1} \\ \eta_2^{n+1} \\ \eta_3^{n+1} \\ \eta_4^{n+1} \\ \eta_5^{n+1} \\ \eta_6^{n+1} \\ \eta_7^{n+1} \\ \eta_8^{n+1} \\ \eta_9^{n+1} \\ \eta_{10}^{n+1} \end{Bmatrix} = \begin{Bmatrix} F_1 \\ F_2 \\ F_3 \\ F_4 \\ F_5 \\ F_6 \\ F_7 \\ F_8 \\ F_9 \\ F_{10} \end{Bmatrix}$$

FIG. 14.5 Matriz de coeficientes para os elementos computacionais da Fig. 14.4

O esquema de diferenças finitas semi-implícito é estável, de acordo com a condição de Von Neumann (Casulli; Cattani, 1994), se a seguinte inequação for satisfeita:

$$\Delta t \leqslant \left[2A_h \left(\frac{1}{\Delta x^2} + \frac{1}{\Delta y^2}\right)\right]^{-1} \qquad \textbf{14.32}$$

14.3 CONDIÇÕES INICIAIS E DE CONTORNO

Na resolução do sistema de equações diferenciais parciais, além da necessidade de recorrer a métodos numéricos, é necessário formalizar as condições iniciais e de contornos do sistema. Uma vez que é difícil obter medidas, ao longo do sistema, que venham a caracterizar um estágio da circulação, as condições iniciais normalmente são arbitrárias, sendo usualmente consideradas, ao longo do sistema, as velocidades u e v iguais a zero e o nível d'água η inicial prescrito pelo modelador. Essa consideração leva a um resultado falso nas primeiras iterações, mas tende ao resultado real, à medida que as iterações se sucedem, geralmente em um período de simulação correspondente a um ciclo de maré (Fragoso Jr. et al., 2000), fato que pode consumir muito tempo computacional em alguns casos, dependendo da definição da discretização espacial e temporal.

As condições de contorno serão estabelecidas de maneira a melhor se aproximar das condições reais. Ao longo da costa, que forma o contorno terra-água do sistema, a condição usada no contorno será a de fluxo nulo, a componente da velocidade normal ao contorno é nula. Analogamente, essa condição será aplicada às fronteiras internas do sistema, como, por exemplo, nas ilhas. Se o sistema está sujeito a uma variação de nível (*e.g.* maré), então a variação de nível deve ser imposta ao longo de uma linha ou região, como no contato entre um rio e o oceano. A intensidade e a direção do vento também devem ser impostas pelo modelador ao longo do sistema. Nos trechos de fronteiras do sistema que representam a entrada ou a saída de rios ou canais, além de a prescrição da velocidade ser diferente de zero, ao trecho de fronteira em questão há também que se prescrever a componente tangencial, usualmente zero (Rosman, 1999).

15 Modelos de Reservatórios

15.1 Aspectos gerais

Os reservatórios possuem diversos mecanismos específicos de funcionamento que sugerem o desenvolvimento de várias atividades e estudos para sua implementação. A maior parcela desses reservatórios é construída com a finalidade de gerar energia e abastecimento, entretanto, eles têm sido utilizados com finalidades múltiplas, tais como pesca, irrigação, recreação e aquicultura (UNEP-IETC, 2003). Por outro lado, a construção de barragens está relacionada a um grande número de problemas associados, como eutrofização, sedimentação, toxicidade e veiculação de doenças (Tab. 15.1).

A dinâmica de circulação da água em reservatórios é um fenômeno tridimensional, caracterizado por apresentar velocidades pequenas quando comparadas àquelas observadas em rios, estuários e lagos. Em razão das baixas velocidades de escoamento, o fluxo na superfície livre induzido pela ação do vento tem um papel importante no escoamento e no transporte de poluentes. Operação das estruturas de descarga, bombeamento para abastecimento e irrigação, fluxos de entrada dos afluentes, precipitação e evaporação também são variáveis importantes a serem incluídas no balanço hídrico de um reservatório.

A eutrofização das águas interiores de reservatórios é considerada um dos maiores problemas em nível mundial. Ela causa grandes impactos negativos ecológicos (*e.g.* floração de algas, crescimento de plantas aquáticas), de saúde (*e.g.* toxinas na água, tifo, cólera) e econômicos (*e.g.* redução do estoque pesqueiro, perda do valor paisagístico), mediante a deterioração dos recursos hídricos. Uma das principais razões para o crescente quadro de eutrofização em reservatórios é o aumento da carga de nutrientes nas águas interiores, decorrente do desmatamento, do desenvolvimento agrícola e industrial e da urbanização nas bacias

TAB. 15.1 Resumo dos múltiplos usos dos reservatórios brasileiros e os principais problemas apresentados por esses sistemas artificiais

Principais usos	Principais problemas
Hidroeletricidade	Eutrofização
Armazenamento da água para irrigação	Aumento da toxicidade e contaminação geral
Armazenamento da água para abastecimento	Sedimentação e rápida perda da capacidade de armazenamento
Aquicultura (cultivo de peixes)	Veiculação de doenças hidricamente transmissíveis
Pesca extensiva	Salinização (Nordeste do Brasil, regiões semiáridas)
Transporte	Hipolímnio anóxico e grandes impactos a jusante (em especial em reservatórios da Amazônia)
Recreação	Baixa diversidade ictíica, quando comparada à dos rios
Turismo	Grande carga interna (nos eutróficos) e sedimentos tóxicos
Armazenamento de água para resfriamento	Grande crescimento de macrófitas aquáticas e cianobactérias associado à eutrofização e à perda de terra arável
Controle de cheias	Realocação de pessoas

Fonte: UNEP-IETC, 2003.

adjacentes. Os fatores dentro do lago que regulam os impactos gerados pelo aumento da carga de nutrientes incluem a estrutura da rede alimentar, trocas entre os sedimentos e a água, forma da bacia e os movimentos da água dentro do reservatório. Além disso, as condições climáticas e hidrológicas ajudam a atenuar ou amplificar os impactos da eutrofização (Bartram; Balance, 1996).

A modelagem matemática em reservatórios é uma alternativa bastante disseminada para avaliar principalmente os padrões de circulação da água e os cenários de impactos decorrentes da eutrofização. Essa avaliação geralmente faz parte do Estudo de Impacto Ambiental (EIA), que é realizado ainda na fase de planejamento do empreendimento, junto com o monitoramento quanti-qualitativo da água. Os estudos de modelagem pertinentes a esse projeto geralmente incluem:

A. identificação e previsão dos padrões de circulação da água;
B. determinação da capacidade de decomposição da biomassa inundada;

C. avaliação dos riscos de alteração do padrão de qualidade das águas superficiais na área de influência do projeto;
D. avaliação dos riscos de eutrofização no reservatório;
E. avaliação dos riscos de ocorrência de problemas de erosão e assoreamento;
F. caracterização físico-química e bacteriológica dos recursos hídricos;
G. perspectivas para o uso múltiplo e as regras de operações;
H. avaliação dos impactos na quantidade e na qualidade da água a jusante da barragem.

Na sequência, serão discutidas as aproximações matemáticas atualmente empregadas nos estudos de um reservatório, bem como as suas limitações e capacidades de representação. Novas abordagens matemáticas que procuram uma melhor representação do sistema são apresentadas na sequência. Além disso, foram propostas algumas medidas complementares de caráter interno, para uma melhor avaliação desses impactos na gestão integrada desses ecossistemas.

15.2 Tipos de modelos

Com relação ao número de dimensões espaciais consideradas, os modelos de simulação de escoamentos e qualidade da água em reservatórios podem ser classificados da seguinte forma (Wrobel et al., 1989):

A. Modelos de balanço hídrico (dimensão zero) – são modelos matemáticos que não têm o compromisso de representar os gradientes espaciais das variáveis hidrodinâmicas, químicas e biológicas (Chapra; Reckhow, 1983). Esse tipo de modelo é aplicado em estudos simplificados de balanço de massa, que servem para uma avaliação preliminar das condições de armazenamento e concentração de poluentes no reservatório.
B. Modelos unidimensionais – consideram os gradientes espaciais em uma direção, geralmente na direção vertical ou longitudinal. Os modelos longitudinais são aplicáveis para estudar variações do escoamento e concentrações ao longo do eixo do reservatório, desprezando a estratificação vertical, que é marcante em reservatórios com grandes profundidades. O modelo unidimensional na vertical

é aplicável onde a estratificação na coluna d'água de temperatura e concentração de poluentes necessita ser examinada.
C. **Modelos bidimensionais na vertical integrados lateralmente** – simulam os fluxos e as concentrações nas dimensões verticais e longitudinais do reservatório, desprezando as variações na transversal. Essa simplificação é aceitável em reservatórios bem encaixados no sentido longitudinal do rio e com grandes profundidades (Cole; Buchak, 1986).
D. **Modelos bidimensionais na horizontal integrados verticalmente** – simulam os fluxos e as concentrações nas dimensões longitudinais e transversais do reservatório. Eles permitem uma visualização das velocidades e concentrações no plano e desprezam as variações verticais no perfil. Esse modelo é incapaz de reproduzir a estratificação vertical e pode ser útil quando existe uma significativa variação longitudinal das concentrações e velocidades (Casulli, 1990).
E. **Modelos tridimensionais** – são os mais adequados conceitualmente para a simulação do escoamento e da qualidade da água em reservatórios, porém apresentam dificuldades práticas relacionadas à demanda de tempo computacional e ao número de parâmetros para controlar (Blumberg; Mellor, 1987).

15.3 Modelo de balanço hídrico

Esse tipo de modelo é aplicado em estudos de balanço de massa simplificados, que servem para uma avaliação preliminar das condições de armazenamento no corpo d'água. A equação geral do armazenamento para um corpo d'água qualquer é:

$$\frac{dS}{\partial t} = I - Q \qquad \textbf{15.1}$$

onde S é o armazenamento ou o volume (m^3); I é o somatório de todas as contribuições (m^3/s) que entram no sistema; e Q é o somatório de todas as saídas do sistema (m^3/s). Assumindo que S não é função de I e/ou Q, em um intervalo diferencial de tempo, o armazenamento no tempo n + 1 pode ser estimado pelo **balanço de volumes** no sistema, no tempo n, dado por:

$$S_{n+1} = S_n + \Delta t\,(I - Q) \qquad \textbf{15.2}$$

O modelo de balanço hídrico no reservatório avalia os fluxos de entrada e saída no reservatório para estimativa do volume armazenado, demandado para geração de energia e extravasado. A Fig. 15.1 apresenta o fluxograma de um **algoritmo** de balanço hídrico mensal para reservatórios.

Esse modelo consiste basicamente de um algoritmo sequenciado, no qual a condição final do passo de tempo atual é a condição inicial do passo de tempo seguinte. Utiliza-se um balanço hídrico mensal quando as vazões na seção do empreendimento apresentam uma sazonalidade bem definida e com baixa variabilidade diária. No entanto, quando existe uma variabilidade diária significativa, recomenda-se um modelo de balanço hídrico diário.

O algoritmo de balanço mensal apresenta os seguintes passos:

1. considera-se o volume do início do mês como condição inicial do reservatório;
2. determina-se a cota e a área do espelho d'água do reservatório no início do mês, de acordo com o volume (item 1): por interpolação, de acordo com a curva cota-volume;
3. subtrai-se a metade do volume evaporado do volume do reservatório (item 2), de acordo com o mês atual;
4. determina-se o volume parcial do reservatório após diminuir o volume evaporado (item 3);
5. determina-se o volume afluente ao reservatório, de acordo com o mês e o ano atuais: *volume afluente = vazão_afluente*dias_mês*86400*;
6. determina-se a metade restante do volume evaporado do volume parcial do reservatório (item 4), de acordo com o mês atual;
7. determina-se o volume demandado para a geração de energia (demanda desejada) do reservatório, de acordo com a demanda mensal estimada para o mês atual: *volume_demandado(i) = demanda_mensal(i)*dias_mês(i)*86400*;
8. somam-se os volumes para a estimativa do volume do reservatório no final do mês:
volume_final_mês = volume_parcial + volume afluente − volume evaporado − volume_demandado;

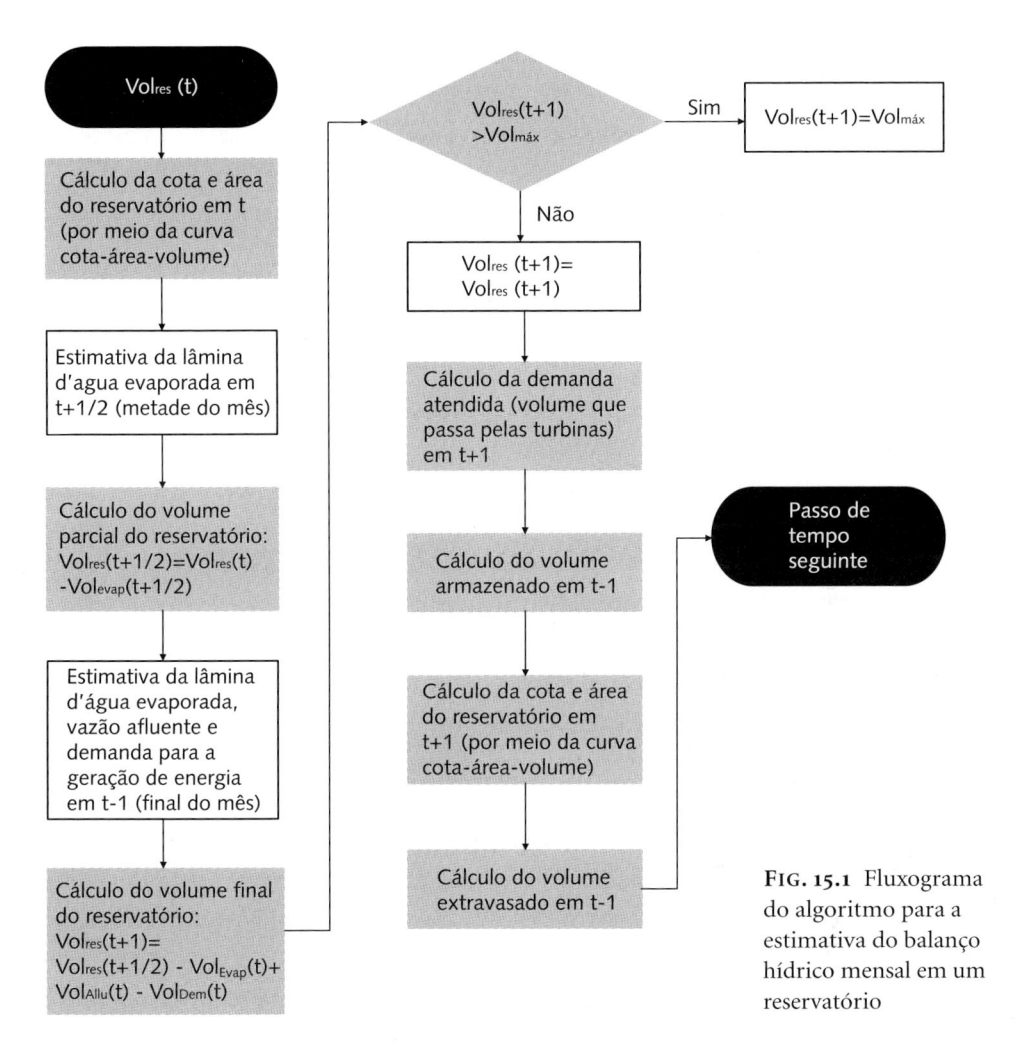

MODELOS DE RESERVATÓRIOS

Fluxograma:

- Vol$_{res}$(t)
- Cálculo da cota e área do reservatório em t (por meio da curva cota-área-volume)
- Estimativa da lâmina d'agua evaporada em t+1/2 (metade do mês)
- Cálculo do volume parcial do reservatório: Vol$_{res}$(t+1/2)=Vol$_{res}$(t) -Vol$_{evap}$(t+1/2)
- Estimativa da lâmina d'água evaporada, vazão afluente e demanda para a geração de energia em t-1 (final do mês)
- Cálculo do volume final do reservatório: Vol$_{res}$(t+1)= Vol$_{res}$(t+1/2) - Vol$_{Evap}$(t)+ Vol$_{Aflu}$(t) - Vol$_{Dem}$(t)

Decisão: Vol$_{res}$(t+1) > Vol$_{máx}$
- Sim → Vol$_{res}$(t+1)=Vol$_{máx}$
- Não → Vol$_{res}$(t+1)= Vol$_{res}$(t+1)

- Cálculo da demanda atendida (volume que passa pelas turbinas) em t+1
- Cálculo do volume armazenado em t-1
- Cálculo da cota e área do reservatório em t+1 (por meio da curva cota-área-volume)
- Cálculo do volume extravasado em t-1
- Passo de tempo seguinte

FIG. 15.1 Fluxograma do algoritmo para a estimativa do balanço hídrico mensal em um reservatório

9. determina-se a cota do reservatório no final do mês, de acordo com o volume (item 8): por interpolação, de acordo com a curva cota-volume;
10. verifica-se o volume do reservatório:
    A. se *volume* (item 8) > *capacidade_reservatório*;
    B. então volume_final_mês = capacidade_reservatório;
    C. senão:
        i. se volume (item 8) > 0;
        ii. então *volume_final_mês* = *volume* (item 8);
        iii. senão *volume_final_mês* = 0.

203

11. calcula-se a demanda atendida:
   A. se *volume_final_mês* > *volume_morto*;
   B. então *demanda_atendida* = *volume_demandado*;
   C. senão:
       i. se *volume_parcial_1* + *volume_afluente* – *volume_evaporado* > *volume_morto*;
       ii. então *demanda_atendida* = *volume_parcial_1* + *volume_afluente* - *volume evaporado* - *volume_morto*;
       iii. senão *demanda_atendida* = 0.
12. calcula-se o volume armazenado:
   A. se *demanda_atendida* = *volume_demandado*;
   B. então *volume_armazenado* = *volume_final_mes*;
   C. senão *volume_armazenado* = *volume_parcial_1* + *volume_afluente* - *volume evaporado* – *demanda_atendida*.
13. calcula-se o volume extravasado:
   A. se *volume_parcial_1* + *volume_afluente* – *volume_evaporado* – *demanda_atendida* – *volume_armazenado* > 0;
   B. então *volume_extravasado* = *volume_parcial_1* + *volume_afluente* - *volume evaporado* – *demanda_atendida* – *volume_armazenado*;
   C. senão *volume_extravasado* = 0.

O volume armazenado em um intervalo de tempo poderia ser convertido para valores de cota ou níveis, conhecendo-se a curva cota *versus* o volume do sistema (Fig. 15.3).

A demanda mensal é definida considerando-se a regra de operação para a geração de energia, abastecimento, irrigação ou outros usos. Em reservatórios projetados para trabalhar a fio d'água (*i.e.* um pequeno reservatório que opera praticamente em níveis constantes, admitindo pequenas flutuações, conforme requisitos de variação de produção de energia), a vazão demandada para a geração de energia depende da vazão afluente. As unidades geradoras de energia são gradativamente ligadas, de acordo com o volume afluente daquele mês e a vazão nominal de cada unidade geradora (Fig. 15.2). Um gerador adicional é acionado se a vazão disponível superar a demanda mínima de operação de uma turbina (uma porcentagem da sua capacidade máxima). Caso

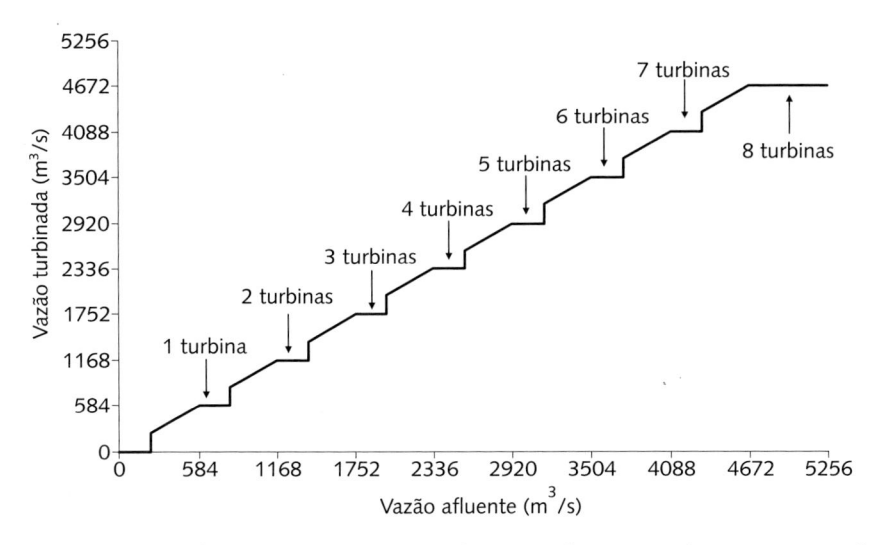

FIG. 15.2 Regra de operação para a geração de energia de reservatórios que operam a fio d'água, a qual depende da vazão afluente

contrário, o gerador adicional não é acionado e o volume excedido é vertido. Quando a vazão afluente atinge a capacidade máxima das turbinas instaladas, o volume excedente também é vertido.

Para reservatórios que não operam a fio d'água, outras funções podem ser utilizadas, as quais relacionam a cota do reservatório com a vazão turbinada e vertida. A equação do vertedor livre, para o cálculo da vazão vertida, é definida como:

$$Q_v = CL\,(Z - Z_W)^{2/3} \qquad \text{15.3}$$

onde C é o coeficiente de descarga; L é a largura do vertedor; Z é a cota do reservatório; e Z_W é a cota da crista do vertedor.

Para a simulação do balanço hídrico no reservatório, alguns dados de entrada devem ser considerados:
- vazões afluentes ao reservatório correspondentes às vazões estimadas no local do barramento;
- lâmina evaporada sobre o reservatório;
- demanda para a geração de energia, que segue uma determinada regra de operação;
- **curva cota-área-volume** (Fig. 15.3);

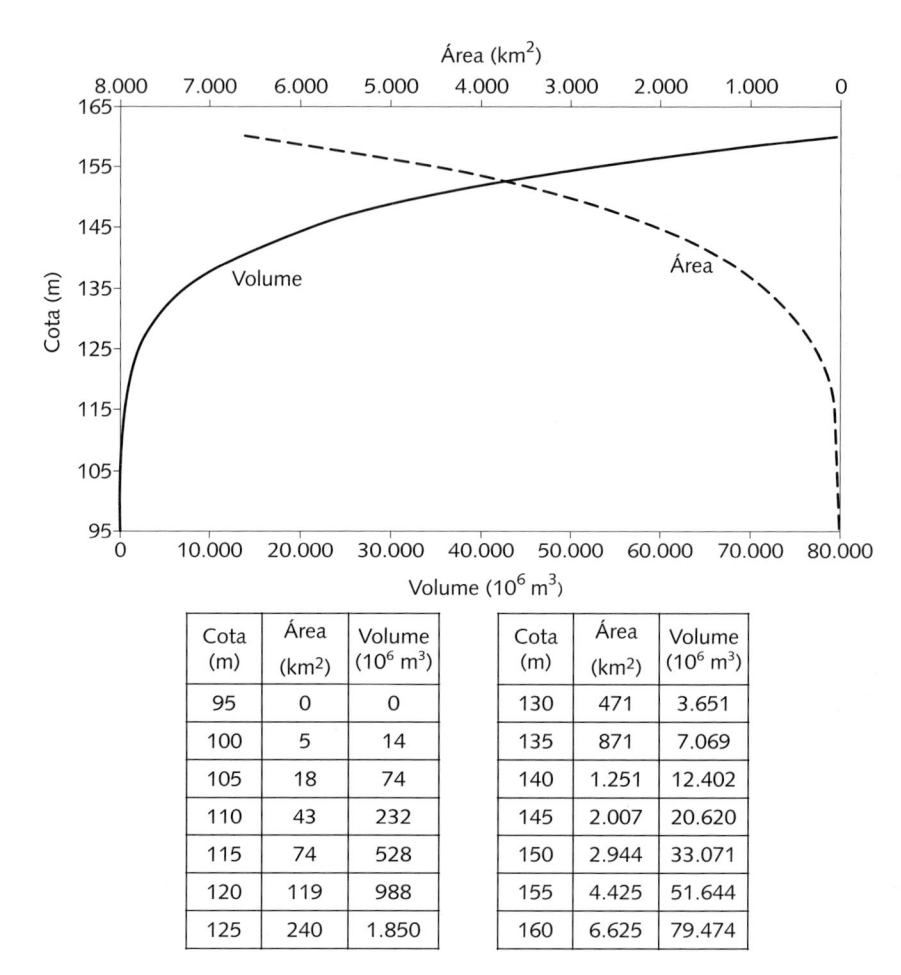

Cota (m)	Área (km²)	Volume (10⁶ m³)	Cota (m)	Área (km²)	Volume (10⁶ m³)
95	0	0	130	471	3.651
100	5	14	135	871	7.069
105	18	74	140	1.251	12.402
110	43	232	145	2.007	20.620
115	74	528	150	2.944	33.071
120	119	988	155	4.425	51.644
125	240	1.850	160	6.625	79.474

FIG. 15.3 Exemplo de uma curva cota × área × volume de um reservatório. Polinômios podem ser ajustados para obter a relação entre as variáveis

- volume morto;
- data inicial da simulação;
- duração da simulação;
- volume inicial armazenado.

Modelos unidimensionais e bidimensionais também podem ser aplicados para simular o **escoamento em reservatórios**. Esses modelos foram apresentados em capítulos anteriores. Na sequência, apresentamos uma aproximação tridimensional do escoamento em reservatórios.

15.4 Modelagem hidrodinâmica tridimensional

Equações governantes

As equações hidrodinâmicas tridimensionais são uma adaptação das equações de Navier-Stokes para um **escoamento turbulento** sob a suposição de pressão hidrostática. Essas equações são baseadas na conservação da massa e da quantidade de movimento em três dimensões. Assume-se que o fluido é incompressível e que a distribuição de pressão é hidrostática. Outra suposição é que não há estratificação de densidade ao longo da coluna d'água. Escrita na forma diferencial, as equações governantes têm a forma:

Eq. da continuidade:

$$\frac{\partial \eta}{\partial t} + \frac{\partial [(h+\eta)u]}{\partial x} + \frac{\partial [(h+\eta)v]}{\partial y} = 0 \quad \text{15.4}$$

Eq. do momento:

$$\frac{\partial u}{\partial t} + u\frac{\partial u}{\partial x} + v\frac{\partial u}{\partial y} + w\frac{\partial u}{\partial z} = -g\frac{\partial \eta}{\partial x} + \frac{\partial}{\partial z}\left(v\frac{\partial u}{\partial z}\right) \\ + A_h \nabla^2 u + fv \quad \text{15.5}$$

$$\frac{\partial v}{\partial t} + u\frac{\partial v}{\partial x} + v\frac{\partial v}{\partial y} + w\frac{\partial v}{\partial z} = -g\frac{\partial \eta}{\partial y} + \frac{\partial}{\partial z}\left(v\frac{\partial v}{\partial z}\right) + A_h \nabla^2 v - fu \quad \text{15.6}$$

$$\frac{\partial u}{\partial x} + \frac{\partial v}{\partial y} + \frac{\partial w}{\partial z} = 0 \quad \text{15.7}$$

onde $u(x,y,z,t)$, $v(x,y,z,t)$ e $w(x,y,z,t)$ são as componentes da velocidade na direção horizontal x, y e vertical z; t é o tempo; $\eta(x,y,t)$ é a elevação da superfície da água medida de um referencial conhecido; g é a aceleração da gravidade; $h(x,y)$ é a profundidade da água medida de um referencial conhecido; $\nabla = \partial/\partial x \cdot \vec{i} + \partial/\partial x \cdot \vec{j}$ é um operador vetorial no plano $x - y$; A_h e v são os coeficientes de viscosidades turbulentas horizontal e vertical, respectivamente; e f é o parâmetro de Coriolis. Conforme o tipo de modelo escolhido, os termos das equações apresentadas podem ser simplificados.

As condições de contorno na superfície livre são prescritas de acordo com as tensões de cisalhamento (τ_x^w, τ_y^w) provocadas pelo vento:

$$\upsilon \frac{\partial u}{\partial z} = \tau_x^w, \quad \upsilon \frac{\partial v}{\partial z} = \tau_y^w, \qquad 15.8$$

As condições de contorno na interface água-sedimento são prescritas de acordo com a tensão de cisalhamento no fundo por meio da fórmula de Manning-Chezy:

$$\upsilon \frac{\partial u}{\partial z} = \gamma u, \quad \upsilon \frac{\partial v}{\partial z} = \gamma v, \qquad 15.9$$

Solução numérica

A equações governantes tridimensionais são discretizadas espacialmente em uma grade retangular, que consiste em células computacionais quadradas com comprimento Δx, largura Δy e altura Δz ($\Delta x = \Delta y$). A espessura de cada camada (Δz) pode variar.

A Fig. 15.4 ilustra a malha computacional utilizada na discretização espacial. As variáveis hidrodinâmicas (u, v, w e η) são calculadas em

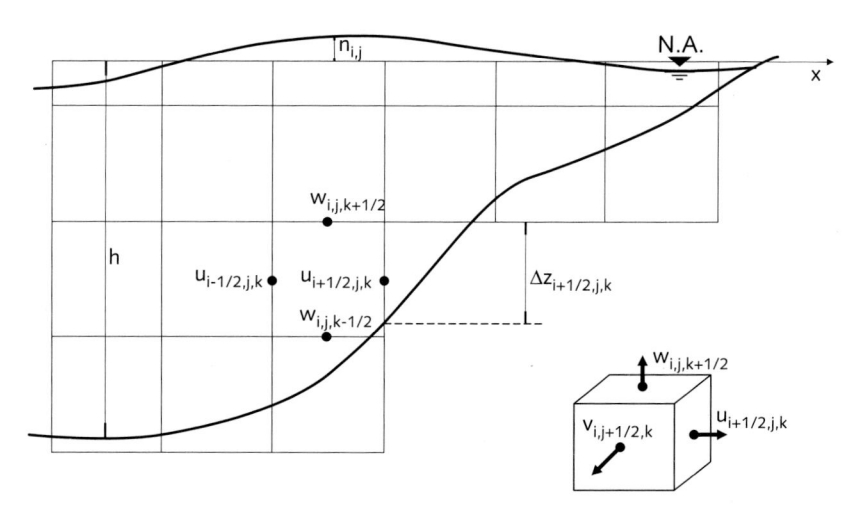

FIG. 15.4 Diagrama esquemático da grade computacional utilizada no módulo hidrodinâmico. Considere h como a profundidade a partir de um nível de referência, η como a elevação da superfície da água e u, v e w como as componentes da velocidade da água nas direções x, y e z, respectivamente

Fonte: adaptado de Casulli e Cheng, 1992.

cada uma das células. Cada célula é numerada em seu centro, com os índices i, j e k, que se referem, respectivamente, à posição da célula nos eixos x, y e z. A elevação da superfície da água, η, está definida no centro da célula com um índice (i, j), e as velocidades u, v e w são definidas nas fronteiras médias das células, com índices (i ± ½, j, k), (i, j ± ½, k) e (i, j, k ± ½), respectivamente.

Aplicando-se o mesmo esquema numérico do caso bidimensional integrado na vertical, nas equações governantes, tem-se:

$$\eta_{i,j}^{n+1} = \eta_{i,j}^{n} - \theta \frac{\Delta t}{\Delta x} \left[\sum_{k=m}^{M} \Delta z_{i+1/2,j,k} u_{i+1/2,j,k}^{n+1} - \sum_{k=m}^{M} \Delta z_{i-1/2,j,k} u_{i-1/2,j,k}^{n+1} \right]$$

$$- \theta \frac{\Delta t}{\Delta y} \left[\sum_{k=m}^{M} \Delta z_{i,j+1/2,k} v_{i,j+1/2,k}^{n+1} - \sum_{k=m}^{M} \Delta z_{i,j-1/2,k} v_{i,j-1/2,k}^{n+1} \right] +$$

$$- (1-\theta) \frac{\Delta t}{\Delta x} \left[\sum_{k=m}^{M} \Delta z_{i+1/2,j,k} u_{i+1/2,j,k}^{n} - \sum_{k=m}^{M} \Delta z_{i-1/2,j,k} u_{i-1/2,j,k}^{n} \right] +$$

$$- (1-\theta) \frac{\Delta t}{\Delta y} \left[\sum_{k=m}^{M} \Delta z_{i,j+1/2,k} v_{i,j+1/2,k}^{n} - \sum_{k=m}^{M} \Delta z_{i,j-1/2,k} v_{i,j-1/2,k}^{n} \right] \quad 15.10$$

$$u_{i+1/2,j,k}^{n+1} = Fu_{i+1/2,j,k}^{n} - g \frac{\Delta t}{\Delta x} \left[\begin{array}{c} \theta \left(\eta_{i+1,j}^{n+1} - \eta_{i,j}^{n+1} \right) \\ - (1-\theta) \left(\eta_{i+1,j}^{n} - \eta_{i,j}^{n} \right) \end{array} \right]$$

$$+ \Delta t \frac{v_{k+1/2} \frac{u_{i+1/2,j,k+1}^{n+1} - u_{i+1/2,j,k}^{n+1}}{\Delta z_{i+1/2,j,k+1/2}} - v_{k-1/2} \frac{u_{i+1/2,j,k}^{n+1} - u_{i+1/2,j,k-1}^{n+1}}{\Delta z_{i+1/2,j,k-1/2}}}{\Delta z_{i+1/2,j,k}} \quad 15.11$$

$$v_{i,j+1/2,k}^{n+1} = Fv_{i,j+1/2,k}^{n} - g \frac{\Delta t}{\Delta y} \left[\theta \left(\eta_{i,j+1}^{n+1} - \eta_{i,j}^{n+1} \right) - (1-\theta) \left(\eta_{i,j+1}^{n} - \eta_{i,j}^{n} \right) \right]$$

$$+ \Delta t \frac{v_{k+1/2} \frac{v_{i,j+1/2,k+1}^{n+1} - v_{i,j+1/2,k}^{n+1}}{\Delta z_{i,j+1/2,k+1/2}} - v_{k-1/2} \frac{v_{i,j+1/2,k}^{n+1} - v_{i,j+1/2,k-1}^{n+1}}{\Delta z_{i,j+1/2,k-1/2}}}{\Delta z_{i,j+1/2,k}} \quad 15.12$$

onde m e M referem-se ao índice k, representando as faces de fundo e de topo da grade vertical; $\Delta z_{i+1/2,j,k}$ e $\Delta z_{i,j+1/2,k}$ **são as espessuras na camada de água k.**

Os valores de u e v na superfície livre e no fundo são eliminados pelas condições de contorno, as quais são escritas na forma de diferenças finitas:

$$v_{i+1/2,j,M+1/2} \frac{u^{n+1}_{i+1/2,j,M+1} - u^{n+1}_{i+1/2,j,M}}{\Delta z_{i+1/2,j,M+1/2}} = \tau^w_x \qquad 15.13$$

e:

$$v_{i,j+1/2,M+1/2} \frac{u^{n+1}_{i,j+1/2,M+1} - u^{n+1}_{i,j+1/2,M}}{\Delta z_{i,j+1/2,M+1/2}} = \tau^w_y \qquad 15.14$$

$$v_{i+1/2,j,m-1/2} \frac{u^{n+1}_{i+1/2,j,m} - u^{n+1}_{i+1/2,j,m-1}}{\Delta z_{i+1/2,j,m-1/2}} = \gamma^{n+1/2}_{i+1/2,j,m} u^{n+1}_{i+1/2,j,m} \qquad 15.15$$

$$v_{i,j+1/2,m-1/2} \frac{u^{n+1}_{i,j+1/2,m} - u^{n+1}_{i,j+1/2,m-1}}{\Delta z_{i,j+1/2,m-1/2}} = \gamma^{n+1/2}_{i,j+1/2,m} v^{n+1}_{i,j+1/2,m} \qquad 15.16$$

onde $\gamma^{n+1/2} = g/C_Z \sqrt{\left(u^{n+1/2}\right)^2 + \left(v^{n+1/2}\right)^2}$, sendo:

$$u^{n+1/2}_{i+1/2,j,m} = u^{n+1}_{i+1/2,j,m} - g\frac{\Delta t}{2\Delta x}\left(\eta^n_{i+1,j} - \eta^n_{i,j}\right) \qquad 15.17$$

$$v^{n+1/2}_{i,j+1/2,m} = v^{n+1}_{i,j+1/2,m} - g\frac{\Delta t}{2\Delta y}\left(\eta^n_{i,j+1} - \eta^n_{i,j}\right) \qquad 15.18$$

O domínio é discretizado em $N_x \cdot N_y \cdot N_z$ células computacionais, o que resulta em um sistema linear de $N_x \cdot N_y \cdot (2N_z + 1)$ equações. Esse sistema de equações é decomposto em: (a) um conjunto de $2 \cdot N_x \cdot N_y$ sistemas triagonais independentes de N_z equações, e (b) um sistema pentagonal de $N_x \cdot N_y$ equações. Para isso, as Eqs. 15.10, 15.11 e 15.12 são escritas em forma matricial:

$$\eta^{n+1}_{i,j} = \delta^n_{i,j} - \theta\frac{\Delta t}{\Delta x}\left[\left(\Delta \vec{z}^n_{i+1/2,j}\right)^T \vec{u}^{n+1}_{i+1/2,j} - \left(\Delta \vec{z}^n_{i-1/2,j}\right)^T \vec{u}^{n+1}_{i-1/2,j}\right]$$

$$- \theta\frac{\Delta t}{\Delta y}\left[\left(\Delta \vec{z}^n_{i,j+1/2}\right)^T \vec{v}^{n+1}_{i,j+1/2} - \left(\Delta \vec{z}^n_{i,j-1/2}\right)^T \vec{v}^{n+1}_{i,j-1/2}\right] \qquad 15.19$$

Modelos de Reservatórios

$$\vec{A}^n_{i+1/2,j} \vec{u}^{n+1}_{i+1/2,j} = \vec{G}^n_{i+1/2,j}$$
$$- g \frac{\Delta t}{\Delta x} \left[\theta \left(\eta^{n+1}_{i+1,j} - \eta^{n+1}_{i,j} \right) \right] \Delta \vec{z}^n_{i+1/2,j} \qquad \textbf{15.20}$$

$$\vec{A}^n_{i,j+1/2} \vec{v}^{n+1}_{i,j+1/2} = \vec{G}^n_{i,j+1/2}$$
$$- g \frac{\Delta t}{\Delta y} \left[\theta \left(\eta^{n+1}_{i,j+1} - \eta^{n+1}_{i,j} \right) \right] \Delta \vec{z}^n_{i,j+1/2} \qquad \textbf{15.21}$$

onde $\vec{u}, \vec{v}, \delta, \Delta \vec{z}, \vec{A}$ e $\vec{G}$ são definidos como:

$$\vec{u}^{n+1}_{i+1/2,j} = \begin{pmatrix} u^{n+1}_{i+1/2,j,M} \\ u^{n+1}_{i+1/2,j,M-1} \\ \vdots \\ u^{n+1}_{i+1/2,j,m+1} \\ u^{n+1}_{i+1/2,j,m} \end{pmatrix}, \quad \vec{v}^{n+1}_{i+1/2,j} = \begin{pmatrix} v^{n+1}_{i,j+1/2,M} \\ v^{n+1}_{i,j+1/2,M-1} \\ \vdots \\ v^{n+1}_{i,j+1/2,m+1} \\ v^{n+1}_{i,j+1/2,m} \end{pmatrix}, \quad \Delta \vec{z} = \begin{pmatrix} \Delta z_M \\ \Delta z_{M-1} \\ \vdots \\ \Delta z_{m+1} \\ \Delta z_m \end{pmatrix}$$

$$\vec{G}^{n+1}_{i+1/2,j} = \begin{pmatrix} \Delta z_M \left[Fu^{n+1}_{i+1/2,j,M} - g\frac{\Delta t}{\Delta x}(1-\theta)\left(\eta^n_{i+1,j} - \eta^n_{i,j}\right) \right] + \Delta t \tau^w_x \\ \Delta z_{M-1} \left[Fu^{n+1}_{i+1/2,j,M-1} - g\frac{\Delta t}{\Delta x}(1-\theta)\left(\eta^n_{i+1,j} - \eta^n_{i,j}\right) \right] \\ \vdots \\ \Delta z_{m+1} \left[Fu^{n+1}_{i+1/2,j,m+1} - g\frac{\Delta t}{\Delta x}(1-\theta)\left(\eta^n_{i+1,j} - \eta^n_{i,j}\right) \right] \\ \Delta z_m \left[Fu^{n+1}_{i+1/2,j,m} - g\frac{\Delta t}{\Delta x}(1-\theta)\left(\eta^n_{i+1,j} - \eta^n_{i,j}\right) \right] \end{pmatrix}$$

$$\vec{G}^{n+1}_{i,j+1/2} = \begin{pmatrix} \Delta z_M \left[Fv^{n+1}_{i,j+1/2,M} - g\frac{\Delta t}{\Delta y}(1-\theta)\left(\eta^n_{i,j+1} - \eta^n_{i,j}\right) \right] + \Delta t \tau^w_y \\ \Delta z_{M-1} \left[Fv^{n+1}_{i,j+1/2,M-1} - g\frac{\Delta t}{\Delta y}(1-\theta)\left(\eta^n_{i,j+1} - \eta^n_{i,j}\right) \right] \\ \vdots \\ \Delta z_{m+1} \left[Fv^{n+1}_{i+1/2,j,m+1} - g\frac{\Delta t}{\Delta y}(1-\theta)\left(\eta^n_{i,j+1} - \eta^n_{i,j}\right) \right] \\ \Delta z_m \left[Fv^{n+1}_{i+1/2,j,m} - g\frac{\Delta t}{\Delta y}(1-\theta)\left(\eta^n_{i,j+1} - \eta^n_{i,j}\right) \right] \end{pmatrix}$$

$$\delta_{i,j}^n = \eta_{i,j}^n - \theta \frac{\Delta t}{\Delta x} \left[\left(\Delta \vec{z}_{i+1/2,j}^n \right)^T \vec{u}_{i+1/2,j}^n - \left(\Delta \vec{z}_{i-1/2,j}^n \right)^T \vec{u}_{i-1/2,j}^n \right]$$

$$- \theta \frac{\Delta t}{\Delta y} \left[\left(\Delta \vec{z}_{i,j+1/2}^n \right)^T \vec{v}_{i,j+1/2}^n - \left(\Delta \vec{z}_{i-1/2,j}^n \right)^T \vec{v}_{i,j-1/2}^n \right]$$

$$\vec{A} = \begin{pmatrix} \Delta z_M + \alpha_{M-1/2} & -\alpha_{M-1/2} & \cdots & 0 \\ -\alpha_{M-1/2} & \Delta z_M + \alpha_{M-1/2} + \alpha_{M-3/2} & -\alpha_{M-3/2} & \vdots \\ \vdots & \vdots & \ddots & -\alpha_{m+1/2} \\ 0 & \cdots & -\alpha_{m+1/2} & \Delta z_m + \alpha_{m+1/2} \end{pmatrix}$$

onde $\alpha_k = \upsilon_k \Delta t / \Delta z_k$.

Isolando as matrizes $\vec{u}_{i,j+1/2}^{k+1}$ e $\vec{v}_{i,j+1/2}^{k+1}$, e, em seguida, substituindo-as na equação da continuidade discretizada, obtém-se uma equação do tipo:

$$\eta_{i,j}^{n+1} - \theta^2 \frac{\Delta t^2}{\Delta x^2} \left\{ \begin{array}{l} \left[(\Delta \vec{z})^T \vec{A}^{-1} \Delta \vec{z} \right]_{i+1/2,j}^n \left(\eta_{i+1,j}^{n+1} - \eta_{i,j}^{n+1} \right) \\ - \left[(\Delta \vec{z})^T \vec{A}^{-1} \Delta \vec{z} \right]_{i-1/2,j}^n \left(\eta_{i,j}^{n+1} - \eta_{i-1,j}^{n+1} \right) \end{array} \right\}$$

$$- \theta^2 \frac{\Delta t^2}{\Delta y^2} \left\{ \begin{array}{l} \left[(\Delta \vec{z})^T \vec{A}^{-1} \Delta \vec{z} \right]_{i,j+1/2}^n \left(\eta_{i,j+1}^{n+1} - \eta_{i,j}^{n+1} \right) \\ - \left[(\Delta \vec{z})^T \vec{A}^{-1} \Delta \vec{z} \right]_{i,j-1/2}^n \left(\eta_{i,j}^{n+1} - \eta_{i,j-1}^{n+1} \right) \end{array} \right\}$$

$$= \delta_{i,j}^n - \theta \frac{\Delta t}{\Delta x} \left\{ \begin{array}{l} \left[(\Delta \vec{z})^T \vec{A}^{-1} \vec{G} \right]_{i+1/2,j}^n \left(\eta_{i+1,j}^n - \eta_{i,j}^n \right) \\ - \left[(\Delta \vec{z})^T \vec{A}^{-1} \vec{G} \right]_{i-1/2,j}^n \left(\eta_{i,j}^n - \eta_{i-1,j}^n \right) \end{array} \right\}$$

$$- \theta \frac{\Delta t}{\Delta y} \left\{ \begin{array}{l} \left[(\Delta \vec{z})^T \vec{A}^{-1} \vec{G} \right]_{i,j+1/2}^n \left(\eta_{i,j+1}^n - \eta_{i,j}^n \right) \\ - \left[(\Delta \vec{z})^T \vec{A}^{-1} \vec{G} \right]_{i,j-1/2}^n \left(\eta_{i,j}^n - \eta_{i,j-1}^n \right) \end{array} \right\} \quad 15.22$$

Essa equação resulta em um sistema pentagonal linear de equações que é resolvido pelo método dos gradientes conjugados pré-condicionados (Press et al., 1992) (ver Apêndice C em <www.ofitexto.com.br/modelagemecologica>). A matriz resultante

MODELOS DE RESERVATÓRIOS

é positiva definida e tem uma única solução quando $H^n_{i\pm 1/2,j} \geq 0$ e $H^n_{i,j\pm 1/2} \geq 0$.

Uma vez que as novas elevações da superfície da água foram determinadas, utilizam-se as Eqs. 15.11 e 15.12 para obter as velocidades no tempo $n + 1$. Por fim, discretizando a equação da continuidade, a componente vertical da velocidade, w, no tempo $n + 1$ é:

$$\begin{aligned}w^{n+1}_{i,j,k+1/2} = &\, w^{n+1}_{i,j,k-1/2} \\ &- \frac{\Delta z^n_{i+1/2,j,k} u^{n+1}_{i+1/2,j,k} - \Delta z^n_{i-1/2,j,k} u^{n+1}_{i-1/2,j,k}}{\Delta x} \\ &- \frac{\Delta z^n_{i,j+1/2,k} v^{n+1}_{i,j+1/2,k} - \Delta z^n_{i,j-1/2,k} v^{n+1}_{i,j-1/2,k}}{\Delta y}\end{aligned} \qquad \textbf{15.23}$$

16 Modelos de Qualidade da Água

Uma vez conhecido o campo de velocidade e pressão (ou níveis) de um sistema, é possível simular o campo de concentração de um determinado constituinte por meio de um modelo de qualidade da água. Assim como nos modelos de escoamento, os modelos de qualidade da água podem ser classificados, segundo sua dimensão, em: (a) modelos concentrados (dimensão zero); (b) modelos unidimensionais; (c) modelos bidimensionais; e (d) modelos tridimensionais. A escolha do tipo de modelo vai depender dos propósitos do estudo.

A teoria do transporte de massa de um constituinte foi apresentada no Cap. 6. Neste capítulo apresentamos alguns dos mais clássicos modelos multidimensionais de qualidade da água, considerando os mais diversos esquemas numéricos.

A escolha do esquema numérico de um modelo de qualidade da água é uma componente central, uma vez que essa escolha pode influenciar a precisão numérica dos campos de concentração. Aqui, focaremos os esquemas numéricos de advecção, a qual frequentemente domina o transporte de escalares.

16.1 Modelos unidimensionais

Nesta seção apresentam-se alguns dos esquemas numéricos de advecção mais utilizados para modelos de qualidade da água unidimensionais (1D). A equação de pura advecção, 1D, para um constituinte conservativo, é dada por:

$$\frac{\partial C}{\partial t} + \frac{\partial (uC)}{\partial x} = 0 \qquad \textbf{16.1}$$

onde $C(x,t)$ é a concentração de uma substância e $u(x,t)$ é a velocidade da água na direção x. A Eq. 16.1 pode ser escrita na forma de diferenças finitas, utilizando-se um esquema totalmente explícito dado por:

$$C_i^{n+1} = C_i^n - s_{i+1/2}^n \cdot C_r^n + s_{i-1/2}^n \cdot C_l^n \qquad 16.2$$

onde $s = u\Delta t/\Delta x$ é o número de Courant; e C_r e C_l são as concentrações nas faces direita (i+1/2) e esquerda (i-1/2), respectivamente, de um elemento computacional.

O esquema Upwind assume que

$$C_r = C_i \qquad 16.3$$

Esta simples representação produz uma solução estável e conservativa para $|s| \leqslant 1$. No entanto, esse esquema apresenta **difusão numérica** que impede que a variabilidade da solução seja atingida.

O esquema de diferença central é dado por:

$$C_r = \frac{1}{2} \cdot (C_i + C_{i+1}) \qquad 16.4$$

Apesar de esse esquema ser um dos mais utilizados, poucas pessoas atentam para o fato de que ele é instável sem a adição dos termos de difusão, ou seja, para pura advecção. Para neutralizar essa instabilidade, o **esquema *leap-frog*** pode ser utilizado:

$$C_i^{n+1} = C_i^{n-1} - s_{i+1/2}^n \cdot C_r^n + s_{i-1/2}^n \cdot C_l^n \qquad 16.5$$

O esquema *leap-frog* oferece uma solução sem dissipação numérica, mas que produz erros dispersivos, resultando em fortes oscilações na solução numérica. Para controlar essas oscilações, várias aproximações foram propostas. Uma delas, utilizada por Blumberg e Mellor (1987), é o filtro de Asselin, que consiste em substituir C_i^n por:

$$C_i^n + \frac{\alpha}{2} \left(C_i^{n+1} - 2C_i^n + C_i^{n-1} \right) \qquad 16.6$$

onde α é um coeficiente cujo valor é 0,05. Note que o uso desse filtro leva a um esquema de diferenças finitas semi-implícito que implica a adição de termos no tempo n+1. O erro de difusão numérica desse esquema, $K_{num} \partial^2 C / \partial x^2$, pode ser computado pela determinação do valor do coeficiente de difusão numérica, dado por:

$$K_{num} = \frac{\Delta x^2}{\Delta t} s^2 \frac{\alpha}{2} \qquad 16.7$$

Isso significa que, quando esse filtro é aplicado, a solução numérica não está livre de difusão numérica.

Uma alternativa para minimizar os problemas encontrados nos esquemas Upwind e diferença central é o **esquema Quick** (Leonard, 1979), que consiste em expandir a série de Taylor aos termos de segunda ordem, resultando na seguinte aproximação:

$$C_r = \frac{1}{2} \cdot (C_i + C_{i+1}) - \frac{1}{8} \cdot (C_{i-1} - 2C_i + C_{i+1}) \qquad 16.8$$

No entanto, esse esquema não é estável para pura advecção. Para solucionar esse problema, o autor desenvolveu um esquema relacionado, denominado **Quickest**, que apresenta a seguinte aproximação:

$$C_r = \frac{1}{2} \cdot (C_i + C_{i+1}) - \frac{1}{2} \cdot s_{i+1/2} (C_{i+1} - C_i)$$
$$- \frac{1}{8} \cdot \left[1 - (s_{i+1/2})^2\right] \cdot (C_{i-1} - 2C_i + C_{i+1}) \qquad 16.9$$

Esse esquema é estável para pura advecção para $|s| \leqslant 1$. Apesar de esse esquema não ser completamente livre de oscilações e difusão numérica, ele apresenta uma melhor aproximação da solução verdadeira quando comparado aos esquemas vistos anteriormente.

O esquema limitador de fluxo também é outra boa alternativa. Ele usa um limitador, chamado *Roe's superbee* (Roe, 1985), em conjunto com o esquema de Lax-Wendroff (Hirsch, 1990). A adição desse limitador elimina as oscilações não físicas do esquema de Lax-Wendroff. Esse esquema também é conservativo e estável, e apresenta a seguinte aproximação:

$$C_r = C_i + \phi_i \frac{s_{i+1/2}}{2} \cdot (1 - s_{i+1/2}) \cdot (C_{i+1} - C_i) \qquad 16.10$$

onde ϕ é o limitador *Roe's superbee*, definido por:

$$\phi_i = \max\left[0, \min\left(2r, 1\right), \min\left(r, 2\right)\right] \qquad \text{16.11}$$

e

$$r = \frac{C_i - C_{i-1}}{C_{i+1} - C_i} \qquad \text{16.12}$$

Esse esquema resulta no esquema Upwind quando $\phi = 0$ e no esquema de Lax-Wendroff quando $\phi = 1$. De todos os métodos de limitador de fluxo encontrados na literatura, esse é o mais simples e o mais utilizado.

O **esquema MPDATA**, de Smolarkiewicz (1984), é outro bom esquema que assegura a preservação de valores não físicos e apresenta baixa difusão numérica, mas não está livre de oscilações. O primeiro passo é o calculo da concentração pelo método Upwind:

$$C_i^{n+1/2} = C_i^n - s_{i+1/2}^n \cdot C_r^n + s_{i-1/2}^n \cdot C_l^n, \text{ sendo } C_r = C_i \qquad \text{16.13}$$

onde $C_i^{n+1/2}$ representa a concentração na posição i em um passo de tempo intermediário. No próximo passo, as velocidades antidifusivas, no passo de tempo intermediário, são determinadas pela expressão:

$$u_{i+1/2}^{n+1/2} = \left[\left|u_{i+1/2}^n\right|\Delta x - \Delta t \left(u_{i+1/2}^n\right)^2\right] \cdot \\ \cdot \frac{C_{i+1}^{n+1/2} - C_i^{n+1/2}}{\left(C_{i+1}^{n+1/2} + C_i^{n+1/2} + \varepsilon\right)\Delta x} \qquad \text{16.14}$$

onde ε é um pequeno valor, suficiente para não zerar o denominador (*e.g.* 10^{-15}). O passo final seria atualizar o campo de concentrações utilizando o esquema Upwind com as velocidades antidifusivas:

$$C_i^{n+1} = C_i^{n+1/2} - s_{i+1/2}^{n+1/2} \cdot C_r^{n+1/2} + s_{i-1/2}^{n+1/2} \cdot C_l^{n+1/2},$$
$$\text{sendo } C_r^{n+1/2} = C_i^{n+1/2} \qquad \text{16.15}$$

16.2 Modelos bidimensionais

Os mesmos esquemas numéricos apresentados para o caso unidimensional também podem ser aplicados para o caso bidimensional. Nesta seção apresentamos as formulações numéricas para alguns dos esquemas da seção anterior; neste caso, porém, com a adição dos termos de difusão. A equação diferencial de advecção-difusão, 2D, para um constituinte conservativo, é dada por:

$$\frac{\partial HC}{\partial t} + \frac{\partial (uHC)}{\partial x} + \frac{\partial (vHC)}{\partial x} = \frac{\partial}{\partial x}\left(K_h H \frac{\partial C}{\partial x}\right) + \frac{\partial}{\partial y}\left(K_h H \frac{\partial C}{\partial y}\right) \quad 16.16$$

onde $C(x,y,t)$ é a concentração de uma substância; $u(x,y,t)$ e $v(x,y,t)$ são as componentes de velocidade da água na direção x e y, respectivamente; $H(x,y,t)$ é a profundidade da água; e K_h é o coeficiente de difusão horizontal de uma substância.

Para ser o mais genérico possível, o equacionamento numérico será apresentado para um domínio (x,y) discretizado por grades não estruturais ortogonais. As grades estruturais ortogonais retangulares são um caso particular dessa discretização em que os polígonos são retângulos.

Uma grade não estrutural ortogonal consiste em um conjunto de polígonos convexos não sobrepostos em um determinado domínio. Cada lado de um polígono pode ser uma linha de borda ou um lado de um polígono adjacente. Além disso, assume-se que em cada polígono existe um ponto onde um segmento de reta liga os centros de dois polígonos adjacentes. Essa reta intercepta o lado comum aos dois polígonos de forma ortogonal (ver Fig. 16.1).

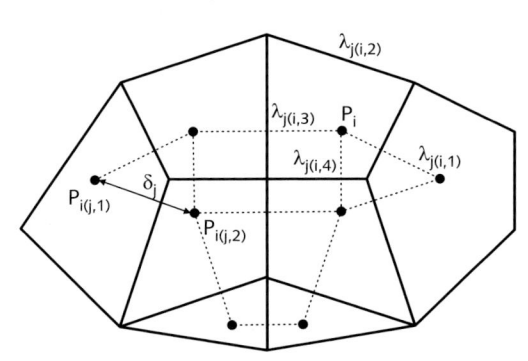

FIG. 16.1 Grade não estrutural ortogonal
Fonte: Casulli e Walters, 2000.

A discretização resulta em uma malha não estruturada de N_p polígonos e N_s faces. Cada polígono contém um número arbitrário de faces, $S_i \geqslant 3$, onde $i = 1, 2, ..., N_p$. As faces de um polígono são identificadas pelo índice $j(i,l)$, onde $l = 1, 2, ..., S_i$, tal que $1 \leqslant j(i,l) \leqslant N_s$. Dois polígonos que compartilham a mesma face são identificados pelos índices $i(j, 1)$ e $i(j, 2)$, tal que $1 \leqslant i(j, 1) \leqslant N_p$ e $1 \leqslant i(j,2) \leqslant N_p$. A área do polígono i é dada por P_i, e a distância não nula entre os centros de dois polígonos adjacentes, para uma face j de comprimento λ_j, é dada por δ_j.

Utilizando-se o esquema Upwind, a equação do transporte de massa bidimensional é escrita numericamente da seguinte forma:

$$P_i H_i^{n+1} C_i^{n+1} = P_i H_i^n C_i^n - \Delta t \left[\sum_{j \in S_i^+} |Q_j^n| C_i^n - \sum_{j \in S_i^-} |Q_j^n| C_{m(i,j)}^n \right]$$
$$+ \Delta t \sum_{j \in S_i^+ \cup S_i^-} D_j^n \left(C_{m(i,j)}^n - C_i^n \right) \quad \text{16.17}$$

onde $Q_j^n = \lambda_j H_j^n u_j^n$ e $D_j^n = \lambda_j H_j^n K_h / \delta_j$ são os coeficientes de **fluxo advectivo** e **difusivo**, respectivamente.

Considerando uma grade de elementos retangulares ortogonais, com o esquema de índices da Fig. 14.2, a Eq. 16.17 é reescrita como:

$$H_{i,j}^{n+1} C_{i,j}^{n+1} = H_{i,j}^n C_{i,j}^n$$
$$- \frac{\Delta t}{\Delta x} \left[C_{i+1/2,j}^n H_{i+1/2,j}^n u_{i+1/2,j}^n - C_{i-1/2,j}^n H_{i-1/2,j}^n u_{i-1/2,j}^n \right]$$
$$- \frac{\Delta t}{\Delta y} \left[C_{i,j+1/2}^n H_{i,j+1/2}^n v_{i,j+1/2}^n - C_{i,j-1/2}^n H_{i,j-1/2}^n v_{i,j-1/2}^n \right]$$
$$+ \frac{\Delta t K_h}{\Delta x^2} \left[H_{i+1/2,j}^n \left(C_{i+1,j}^n - C_{i,j}^n \right) + H_{i-1/2,j}^n \left(C_{i-1,j}^n - C_{i,j}^n \right) \right]$$
$$+ \frac{\Delta t K_h}{\Delta y^2} \left[H_{i,j+1/2}^n \left(C_{i,j+1}^n - C_{i,j}^n \right) + H_{i,j-1/2}^n \left(C_{i,j-1}^n - C_{i,j}^n \right) \right]$$
$$\text{16.18}$$

Conforme já visto, o esquema Upwind é conservativo, mas apresenta difusão numérica. Além disso, não garante que novos valores máximos e mínimos possam ser gerados (o que não tem significado físico). Uma aproximação de volume finito explícita que resulte em uma solução numérica conservativa e assegure a propriedade do valor máximo e mínimo precisa ser consistente com a equação da continuidade de escoamento. Essa aproximação é dada por:

$$P_i H_i^{n+1} C_i^{n+1} = P_i H_i^n C_i^n$$
$$- \Delta t \left[\sum_{j \in S_i^+} \left| Q_j^{n+\theta} \right| C_i^n - \sum_{j \in S_i^-} \left| Q_j^{n+\theta} \right| C_{m(i,j)}^n \right]$$
$$+ \Delta t \sum_{j \in S_i^+ \cup S_i^-} D_j^n \left(C_{m(i,j)}^n - C_i^n \right) \qquad 16.19$$

onde o coeficiente de advecção é definido como $Q_j^{n+\theta} = \lambda_j H_j^n u_j^{n+\theta}$, sendo $u_j^{n+\theta}$ a velocidade na face ponderada entre os intervalos de tempo n e $n+1$.

A solução numérica apresentada não exclui o problema da difusão numérica, que é intrínseco ao esquema Upwind. Para minimizar esse problema, a equação de transporte de massa pode ser discretizada utilizando-se um esquema limitador de fluxo:

$$P_i H_i^{n+1} C_i^{n+1} = P_i H_i^n C_i^n -$$
$$\Delta t \left[\sum_{j \in S_i^+} \left| Q_j^{n+\theta} \right| C_i^n - \sum_{j \in S_i^-} \left| Q_j^{n+\theta} \right| C_{m(i,j)}^n \right]$$
$$- \frac{\Delta t}{2} \sum_{j \in S_i^+ \cup S_i^-} \Phi_j^n \left| Q_j^{n+\theta} \right| \left(C_{m(i,j)}^n - C_i^n \right) +$$
$$\Delta t \sum_{j \in S_i^+ \cup S_i^-} D_j^n \left(C_{m(i,j)}^n - C_i^n \right) \qquad 16.20$$

onde Φ é o limitador *Roe's superbee*, definido por:

$$\Phi = \max \left[\phi, \min (2r, 1), \min (r, 2) \right] \qquad 16.21$$

sendo:

$$r = \frac{1}{C_{m(i,j)}^n - C_j^n} \frac{\sum_{j \in S_i^-} \left| Q_j^{n+\theta} \right| C_{m(i,j)}^n}{\sum_{j \in S_i^-} \left| Q_j^{n+\theta} \right|} \qquad 16.22$$

$$\phi = \min \left(1, \frac{2 D_j^n}{\left| Q_j^{n+\theta} \right|} \right) \qquad 16.23$$

16.3 Modelos tridimensionais

Nesta seção apresentamos apenas um esquema numérico para a equação de transporte de massa, 3D, que satisfaça as propriedades de conservação de massa, valor máximo e mínimo e baixa difusão numérica. Esse esquema tem de ser consistente com a equação da continuidade de escoamento; caso contrário, a precisão numérica será afetada.

Utilizando-se um esquema limitador de fluxo, a solução numérica para um elemento localizado na camada k, de espessura Δz, é definida como:

$$P_i \Delta z_{i,k}^{n+1} C_{i,k}^{n+1} = P_i \Delta z_{i,k}^n C_{i,k}^n$$
$$- \Delta t \left[\sum_{j \in S_i^+} \left| Q_{j,k}^{n+\theta} \right| C_{i,k}^n - \sum_{j \in S_i^-} \left| Q_{j,k}^{n+\theta} \right| C_{m(i,j),k}^n \right]$$
$$- \Delta t \left[\left| Q_{i,k+1/2}^{n+\theta} \right| C_{i,k}^n - \left| Q_{i,k-1/2}^{n+\theta} \right| C_{i,k-1}^n \right]$$
$$+ \Delta t \sum_{j \in S_i^+ \cup S_i^-} D_{j,k}^n \left(C_{m(i,j),k}^n - C_{i,k}^n \right)$$
$$+ \Delta t \left[d_{i,k+1/2}^n \left(C_{i,k+1}^n - C_{i,k}^n \right) - d_{i,k-1/2}^n \left(C_{i,k}^n - C_{i,k-1}^n \right) \right]$$
$$- \frac{\Delta t}{2} \sum_{j \in S_i^+ \cup S_i^-} \Phi_{j,k}^n \left| Q_{j,k}^{n+\theta} \right| \left(C_{m(i,j),k}^n - C_{i,k}^n \right)$$
$$- \frac{\Delta t}{2} \left[\begin{array}{l} \Phi_{j,k+1/2}^n \left| Q_{j,k+1/2}^{n+\theta} \right| \left(C_{i,k+1}^n - C_{i,k}^n \right) \\ -\Phi_{j,k-1/2}^n \left| Q_{j,k-1/2}^{n+\theta} \right| \left(C_{i,k}^n - C_{i,k-1}^n \right) \end{array} \right] \quad 16.24$$

onde $Q_{j,k}^{n+\theta} = \lambda_j \Delta z_{j,k}^n u_{j,k}^{n+\theta}$, $Q_{i,k\pm 1/2}^{n+\theta} = P_i w_{i,k\pm 1/2}$ e $D_{j,k}^n = \lambda_j \cdot \Delta z_{j,k}^n K_h / \delta_j$, $d_{i,k\pm 1/2}^n = P_i K_v / \Delta z_{i,k\pm 1/2}^n$ são os coeficientes de fluxo advectivo e difusivo, respectivamente; e Φ é o limitador de fluxo.

17 Modelos ecológicos simples

Neste capítulo apresentamos alguns dos mais clássicos modelos ecológicos simples, que representam as interações envolvendo fitoplâncton, zooplâncton e peixes, com e sem heterogeneidade espacial.

Os modelos simples são usualmente desenvolvidos com o propósito de fornecer um conhecimento geral sobre um sistema ou gerar uma determinada hipótese, que depois poderia ser testada experimentalmente ou em campo. Esses modelos têm a característica de representar um problema ecológico (fenômeno) utilizando poucas equações matemáticas e, consequentemente, um número reduzido de parâmetros. Para os iniciantes da modelagem matemática ecológica, recomendamos bastante a utilização desses modelos, por questões de simplicidade quanto ao seu manuseio e ao entendimento de seus resultados. Encorajamos o leitor, ainda, a elaborar outros modelos conceituais e, posteriormente, aplicá-los em ecossistemas aquáticos reais.

Os exemplos trabalhados neste capítulo foram solucionados com uma ferramenta computacional matemática própria para a resolução de modelos simples, com poucas equações diferenciais, denominada GRIND *for* MATLAB, desenvolvida por Egbert H. van Nes. Essa ferramenta é de domínio público e está disponível no endereço <http://www.aew.wur.nl/UK/GRIND>.

17.1 Modelo fitoplâncton × zooplâncton

Um dos mais clássicos modelos fitoplâncton × zooplâncton encontrado na literatura foi proposto inicialmente por Rosenzweig e MacArthur (1963), e, em seguida, aprimorado por Rosenzweig (1971). Esse modelo considera, simplificadamente, os processos relacionados à produção do fitoplâncton, herbivoria do zooplâncton e sua mortalidade (Fig. 17.1).

Modelos ecológicos simples

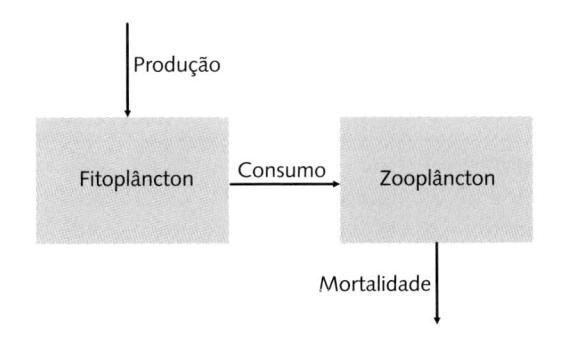

FIG. 17.1 Modelo conceitual ecológico simples entre fitoplâncton e zooplâncton, cuja variável de interesse é a biomassa algal e zooplanctônica

A partir do modelo conceitual proposto, constrói-se o modelo matemático, dado por:

$$\frac{dF}{dt} = rF\left(1 - \frac{F}{K}\right) - g_z Z\left(\frac{F}{F + h_a}\right) = \text{produção} - \text{consumo} \quad \textbf{17.1}$$

$$\frac{dZ}{dt} = e_z g_z Z\left(\frac{F}{F + h_a}\right) - m_z Z = \text{crescimento} - \text{mortalidade} \quad \textbf{17.2}$$

A biomassa de fitoplâncton (F) e zooplâncton (Z) são as variáveis de estado de interesse desse modelo e a dinâmica desses organismos é o fenômeno estudado. O primeiro termo do lado direito da Eq. 17.1 representa a quantidade de biomassa fixada por meio da fotossíntese em um intervalo de tempo, considerando uma taxa de crescimento diária constante de primeira ordem (r). Além disso, considerou-se que a taxa de produção primária é limitada pela capacidade máxima de suporte do ecossistema devido à presença do fitoplâncton na água (K).

Quando os valores de biomassa fitoplanctônica (F) se aproximam da capacidade de suporte do ecossistema (K), o termo (1 − F/K) tende a 0 e, consequentemente, a taxa de produção é limitada. Por outro lado, se as concentrações de fitoplâncton são baixas, o termo (1 − F/K) tende a 1, e a taxa de produção aproxima-se de rF.

O segundo termo da Eq. 17.1 descreve as perdas de biomassa fitoplanctônica (fluxo negativo) resultantes do consumo pelo zooplâncton, considerando que a taxa de consumo de primeira ordem é limitada por uma função de Monod, sendo h_a uma constante de meia saturação. Essa função tem como finalidade limitar a predação do zooplâncton segundo a disponibilidade de fitoplâncton na água. Quando o fitoplâncton é abundante, o termo $F/(F + h_a)$ tende a 1

TAB. 17.1 Descrição, valores e unidades dos parâmetros utilizados no modelo presa-predador fitoplâncton *versus* zooplâncton

Parâm	Descrição	Valor	Unid.
r	Taxa de crescimento do fitoplâncton	0,5	dia^{-1}
K	Capacidade máxima de biomassa algal no ecossistema	10	mg.l^{-1}
g_z	Taxa de consumo algal pelo zooplâncton	0,4	dia^{-1}
h_a	Coeficiente de meia saturação para o consumo de algas	0,6	mg.l^{-1}
e_z	Eficiência de conversão de biomassa	0,6	-
m_z	Taxa de mortalidade do zooplâncton	0,15	dia^{-1}

e, consequentemente, a taxa de predação é alta. Baixos níveis de concentração fitoplanctônica levam o termo $F/(F + h_a)$ próximo a zero, fazendo a taxa de predação atingir baixos valores.

A população de zooplâncton converte o alimento ingerido em biomassa com uma certa eficiência (e_z) e sofre perdas em razão da mortalidade por outros organismos (Eq. 17.2). Observe que o primeiro termo da equação do zooplâncton é semelhante ao segundo termo da equação do fitoplâncton. A diferença é a inclusão do parâmetro e_z no termo de crescimento do zooplâncton, que representa a eficiência do zooplâncton em converter biomassa fitoplanctônica em biomassa zooplanctônica. A taxa de mortalidade do zooplâncton é representada por uma simples taxa de decaimento de primeira ordem (m_z). Os valores iniciais considerados nesse exemplo estão apresentados na Tab. 17.1.

No equilíbrio do sistema $(\overline{F}, \overline{Z})$, as derivadas no tempo devem ser iguais a zero ($dF/dt = 0$ e $dZ/dt = 0$), ou seja, não existem variações das variáveis de estado ao longo do tempo. A partir das equações diferenciais, determina-se o conjunto de soluções de F e Z que anulam as derivadas (*nullclines*).

$$\overline{Z} = r\left(1 - \frac{\overline{F}}{K}\right)\left(\frac{\overline{F} + h_a}{g_z}\right) \quad (nullcline\ de\ F) \quad 17.3$$

$$\overline{F} = \frac{h_a m_z}{e_z g_z - m_z} \quad (nullcline\ de\ Z) \quad 17.4$$

Com os valores dos parâmetros da Tab. 17.1, obtém-se o ponto de equilíbrio do sistema:

$$\overline{Z} = 1,8 \, mg.l^{-1} \quad (nullcline \, de \, F) \quad \textbf{17.5}$$
$$\overline{F} = 1 \, mg.l^{-1} \quad (nullcline \, de \, Z) \quad \textbf{17.6}$$

Para determinar o tipo de equilíbrio, estimam-se os parâmetros β (traço) e γ (determinante) da matriz Jacobiana:

$$J(\overline{F}, \overline{Z}) = \begin{bmatrix} 0,2313 & -0,25 \\ 0,1012 & 0 \end{bmatrix}, \quad \textbf{17.7}$$

$$\beta = 0,2313 > 0 \quad \gamma = 0,0253 > 0 \quad (equilíbrio \, instável)$$

Note que o equilíbrio do sistema depende dos valores adotados para os parâmetros e que um novo conjunto de valores (nova condição do sistema) pode produzir novo equilíbrio no sistema.

Para avaliar os estados de equilíbrio com a alteração das condições do sistema, o parâmetro K, que representa a concentração máxima do fitoplâncton na água, foi mudado sobre uma certa faixa de valores (de 0 a 10 mg.l^{-1}) em um número de passos pequenos (0,01 mg.l^{-1}).

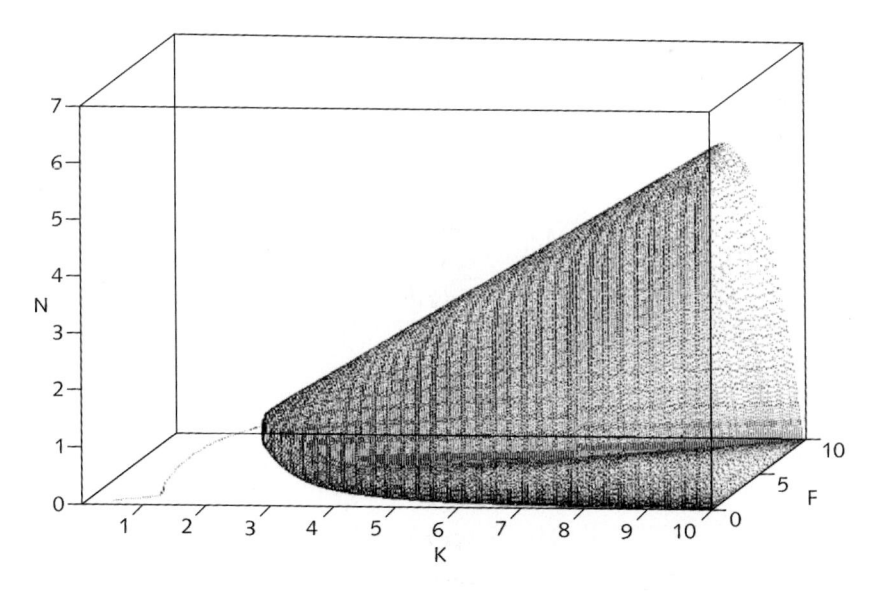

FIG. 17.2 Influência do parâmetro K no equilíbrio do sistema (fitoplâncton × zooplâncton)

O estado final da simulação anterior era utilizado como condição inicial da simulação seguinte. Em cada passo do parâmetro, o modelo simulava 1.000 dias, considerando um período de estabilização de 100 dias para representar dos ciclos sazonais.

Analisamos as variações da biomassa de fitoplâncton e zooplâncton para avaliar a mudança das condições no ecossistema (valores de K). Fora do período de estabilização (100 dias), eram gravados 300 valores das variáveis de estado no período restante de simulação. A influência da variação do parâmetro K no equilíbrio do sistema é mostrada na Fig. 17.2.

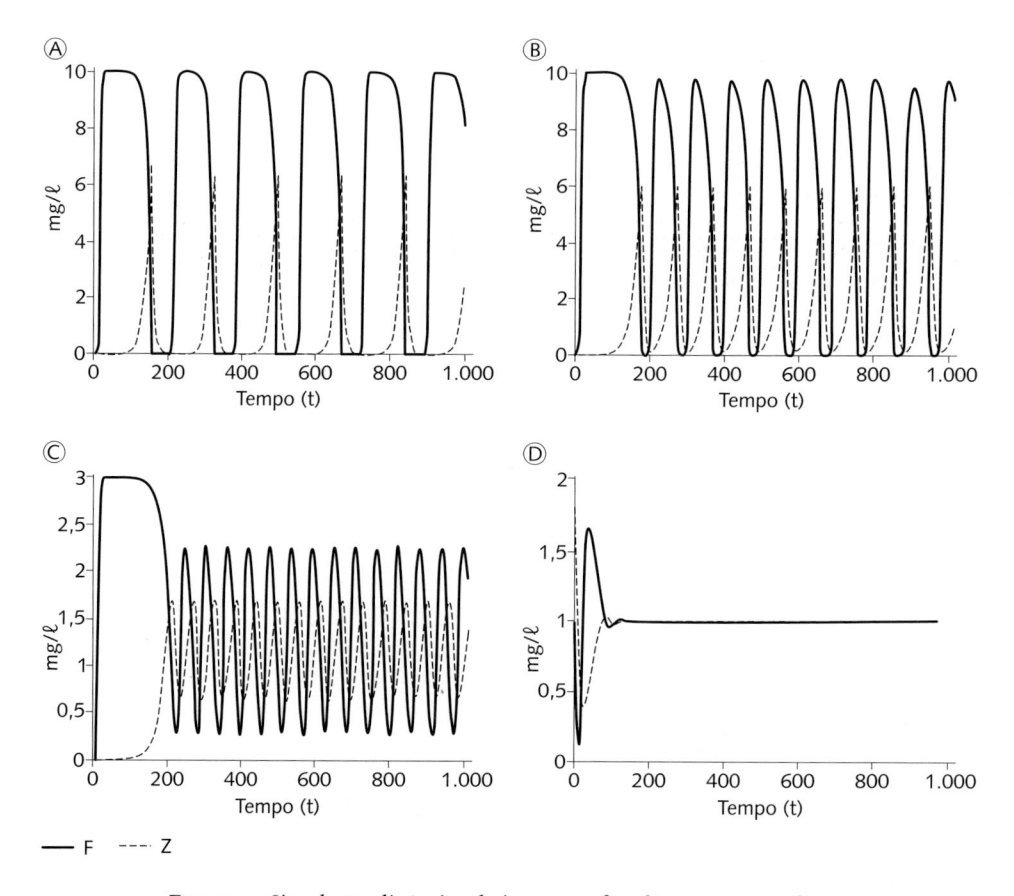

FIG. 17.3 Simulação dinâmica da interação fitoplâncton × zooplâncton para diferentes valores de K: (A) 10 mg.l^{-1}; (B) 5 mg.l^{-1}; (C) 3 mg.l^{-1}; (D) 2 mg.l^{-1}

Observe que existe uma faixa bem definida para os valores de K (0 — 3), caracterizada por apresentar um único equilíbrio (estável). Fora dessa faixa, o sistema sempre converge para um equilíbrio cíclico sazonal (instável). O equilíbrio do sistema pode ser melhor observado nas simulações dinâmicas utilizando-se diferentes valores de K (Fig. 17.3). A atenuação da capacidade máxima de crescimento do fitoplâncton produz uma redução da densidade de zooplâncton, por causa da baixa disponibilidade de presas no sistema.

A observação do comportamento das *nullclines* também proporciona ao modelador um melhor entendimento sobre o equilíbrio do sistema para diferentes valores de K (Fig. 17.4). As amplitudes dos ciclos sazonais diminuem à medida que se reduz o valor de K até um ponto em que a solução deixa de ser cíclica e passa a ser estável (K < 3).

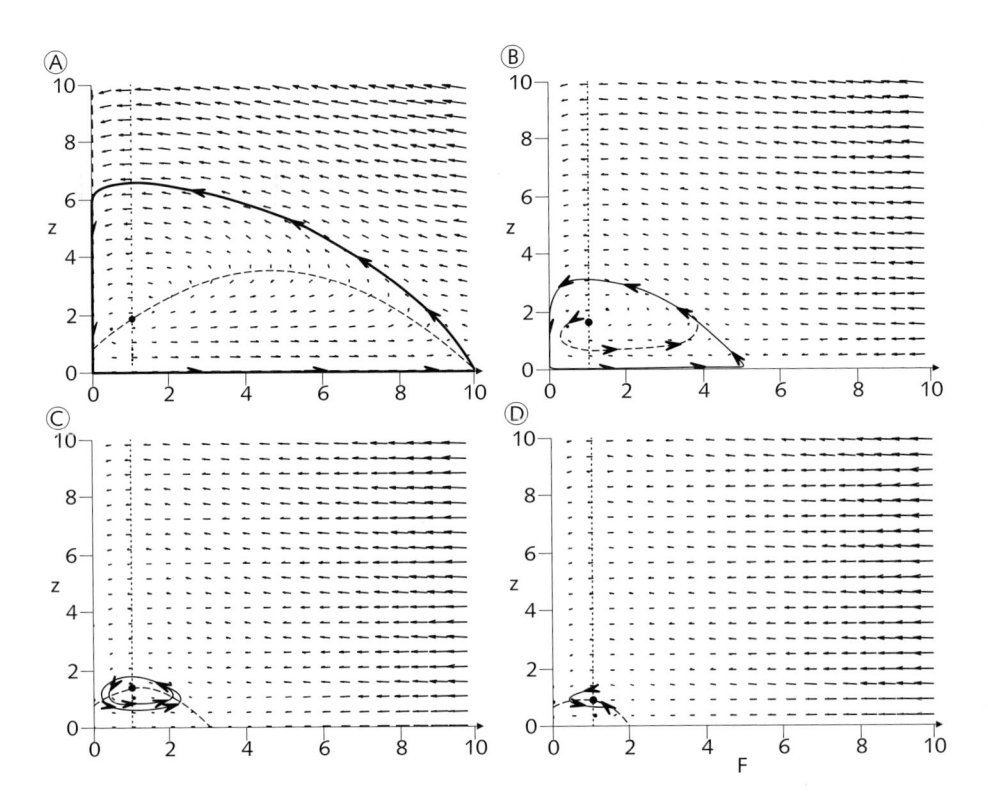

FIG. 17.4 Análise do equilíbrio do sistema por meio das *nullclines* e do gradiente das equações para diferentes valores de K: (A) 10 mg.l^{-1}; (B) 5 mg.l^{-1}; (C) 3 mg.l^{-1}; (D) 2 mg.l^{-1}. Na intersecção das *nullclines* reside o ponto de equilíbrio do sistema

17.2 Modelo fitoplâncton × zooplâncton com heterogeneidade espacial

Para aumentar a complexidade do modelo fitoplâncton *versus* zooplâncton proposto anteriormente, adicionamos o efeito da distribuição não heterogênea do zooplâncton por meio da inclusão de mais uma equação diferencial para o fitoplâncton. Assume-se que o zooplâncton está presente somente em uma fração, f, do volume total, V, do sistema (Fig. 17.5).

As equações diferenciais podem ser escritas da seguinte forma:

$$\frac{dF_1}{dt} = rF_1\left(1 - \frac{F_1}{K}\right) - g_z Z\left(\frac{F_1}{F_1 + h_a}\right) + \frac{d}{f}(F_2 - F_1) \quad \text{17.8}$$

$$\frac{dF_2}{dt} = rF_2\left(1 - \frac{F_2}{K}\right) + \frac{d}{1-f}(F_1 - F_2) \quad \text{17.9}$$

$$\frac{dZ}{dt} = e_z g_z Z\left(\frac{F_1}{F_1 + h_a}\right) - m_z Z \quad \text{17.10}$$

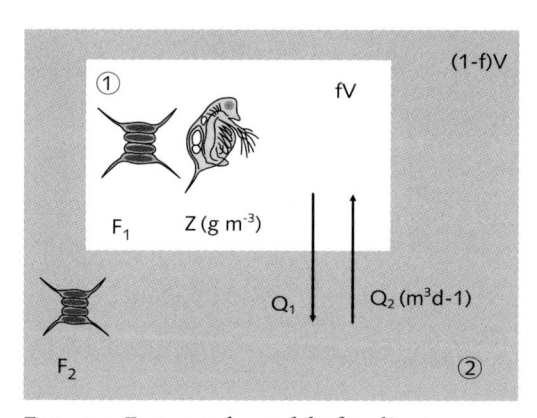

FIG. 17.5 Esquema do modelo fitoplâncton × zooplâncton com heterogeneidade espacial
Fonte: Scheffer, 1998.

onde F_1 e F_2 são as concentrações do fitoplâncton nos compartimentos 1 e 2, respectivamente; e d é um parâmetro que controla o fluxo do fitoplâncton nos dois compartimentos. Para d = 0, significa que não existe interação entre os dois volumes. Com o aumento de d, inicia-se o fluxo entre os compartimentos até que, para valores altos de d, o sistema fica completamente homogêneo (misturado), como no exercício anterior.

No equilíbrio do sistema $(\overline{F}_1, \overline{F}_2, \overline{Z})$, as derivadas no tempo devem ser iguais a zero ($dF_1/dt = 0, dF_2/dt = 0$ e $dZ/dt = 0$), ou seja, não existem variações das variáveis de estado ao longo do tempo. A partir das equações diferenciais, determina-se o conjunto de soluções de F_1, F_2 e Z que anulam as derivadas (*nullclines*).

$$\overline{Z} = \left[r\left(1 - \frac{\overline{F}_1}{K}\right) + \frac{d}{f}\left(\frac{\overline{F}_2 - \overline{F}_1}{\overline{F}_1}\right) \right] \left(\frac{\overline{F}_1 + h_a}{g_z}\right) \quad \text{17.11}$$

(nullcline de F_1)

$$\overline{F}_1 = \overline{F}_2 \left[1 - \frac{r(1-f)}{d}\left(1 - \frac{\overline{F}_2}{K}\right) \right] \quad \text{(nullcline de } F_2\text{)} \quad \text{17.12}$$

$$\overline{F}_1 = \frac{h_a m_z}{e_z g_z - m_z} \quad \text{(nullcline de Z)} \quad \text{17.13}$$

Com os valores dos parâmetros da Tab. 17.1 e assumindo que o volume nos dois compartimentos é o mesmo ($f = 0,5$), o equilíbrio do sistema ficaria apenas em função do parâmetro d, cuja influência pode ser determinada variando seu valor em uma faixa de 0 a 0,5, gravando 300 valores das variáveis de estado fora de um período de estabilização de 100 dias de simulação (Fig. 17.6). Observe uma faixa bem definida do parâmetro d onde ocorre equilíbrio estável (apenas uma única solução). Essa faixa de valores pode ser obtida matematicamente (ver Cap. 18). Fora dessa faixa, o sistema converge para um equilíbrio instável, caracterizado por ciclos sazonais.

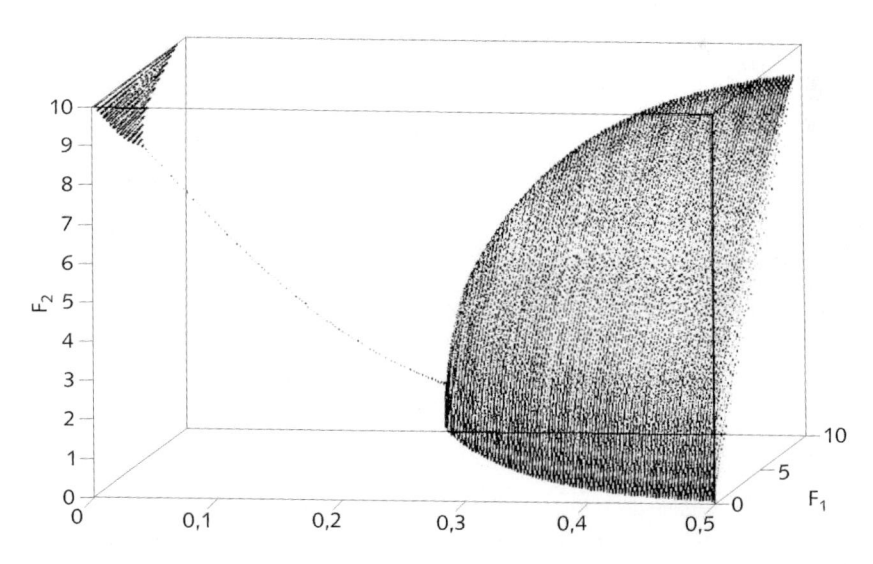

FIG. 17.6 Influência do parâmetro d no equilíbrio do modelo fitoplâncton × zooplâncton com heterogeneidade espacial

As simulações dinâmicas apresentam a resposta do sistema ao longo do tempo para diferentes valores de d (Fig. 17.7). Um baixo fluxo entre os compartimentos (baixos valores de d) faz com que o efeito da predação no fitoplâncton presente no compartimento 2 seja menor e, consequentemente, o fitoplâncton presente no compartimento 1 sofre uma pressão maior de predação, limitando seu crescimento (Fig. 17.7A).

Uma maior renovação do fitoplâncton entre os compartimentos espaciais faz o sistema passar por uma transição com equilíbrio estável (Fig. 17.7B). Ao aumentar gradativamente o fluxo entre os compartimentos, o sistema volta a apresentar um regime cíclico sazonal

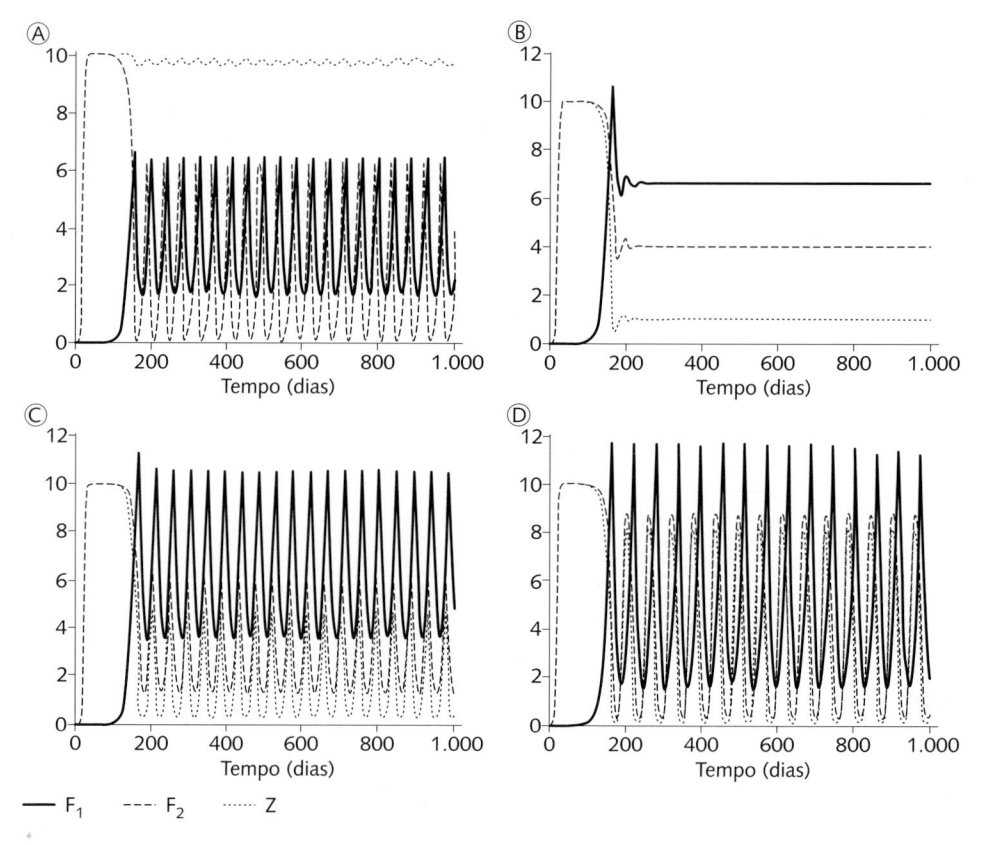

FIG. 17.7 Simulação dinâmica da interação fitoplâncton × zooplâncton com heterogeneidade espacial para diferentes valores de d: (A) 0,01 m^3.dia^{-1}; (B) 0,2 m^3.dia^{-1}; (C) 0,3 m^3.dia^{-1}; (D) 0,4 m^3.dia^{-1}

para os organismos (Fig. 17.7C). A amplitude desses ciclos aumenta com a ampliação do fluxo até um ponto em que o regime sazonal do fitoplâncton nos dois compartimentos tende a se aproximar, uma vez que o sistema é propenso a ficar completamente homogêneo, e a predação do zooplâncton é igualmente distribuída (Fig. 17.7D).

Como a *nullcline* de F_1 depende das três variáveis de estado, as *nullclines* deixam de ser curvas em duas dimensões e passam a ser superfícies em três dimensões (Fig. 17.8). Na intersecção das três superfícies (*nullclines*) estão os pontos de equilíbrio do sistema, que dependem dos valores dos parâmetros adotados. Os pontos de equilíbrio, para um determinado conjunto de parâmetros, podem ser determinados a partir das Eqs. 17.11 a 17.13.

Cortes nos planos ortogonais proporcionam uma visão bidimensional das *nullclines* e, consequentemente, uma melhor noção do equilíbrio do sistema. Considere um corte Z= 1 no plano $F_1 - F_2$ para diferentes valores de fluxo entre os compartimentos, d (Fig. 17.9). Os quadros da Fig. 17.9 confirmam os resultados das simulações dinâmicas apresentadas na Fig. 17.7.

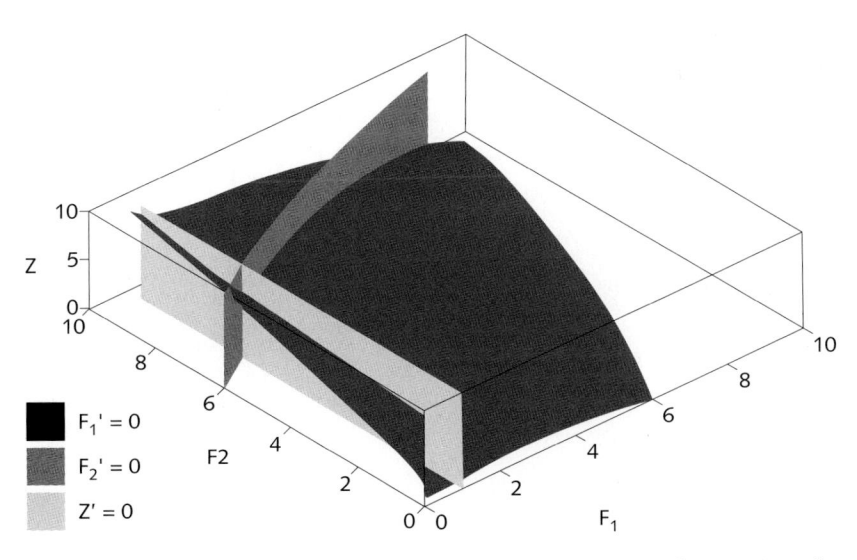

FIG. 17.8 Análise do equilíbrio do sistema através das *nullclines* ($F_1' = dF_1/dt$, $F_2' = dF_2/dt$, $Z' = dZ/dt$), considerando d = 0,3 m^3.dia^{-1}. Na intersecção das *nullclines* reside o ponto de equilíbrio do sistema

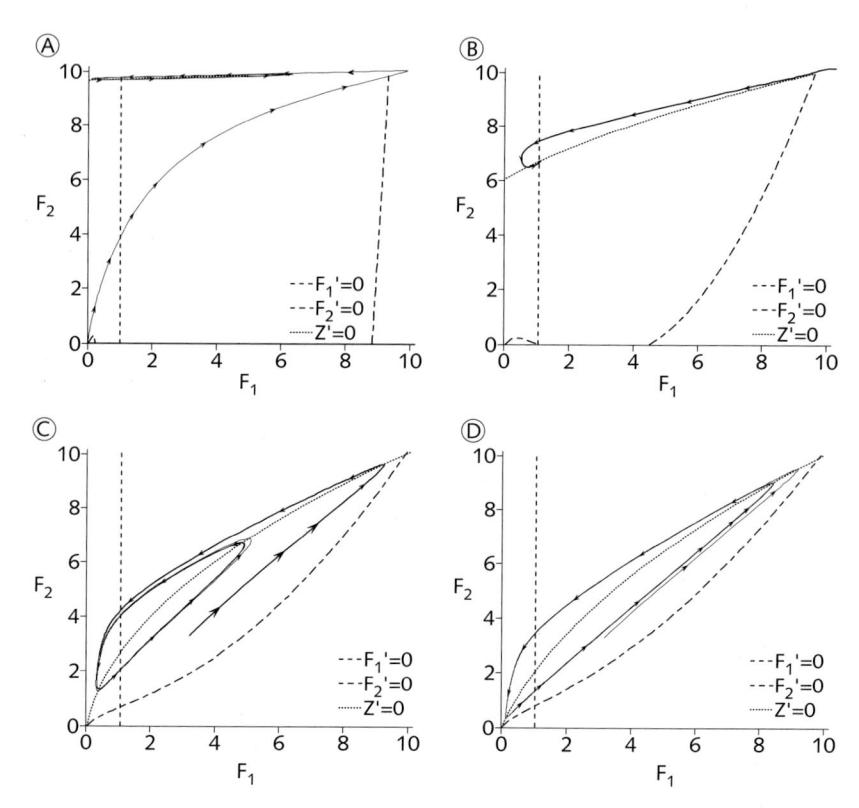

FIG. 17.9 Análise do equilíbrio do sistema por meio das *nullclines* no plano $F_1 - F_2$, válido para $Z = 1$, para diferentes valores de d: (A) 0,1 m³.dia⁻¹; (B) 0,2 m³.dia⁻¹; (C) 0,3 m³.dia⁻¹; (D) 0,4 m³.dia⁻¹

Parte IV
TÓPICOS ESPECIAIS

18 Estados alternativos

Trabalhos teóricos baseados em modelos ecológicos simples, na década de 1970, levantaram a hipótese de que ecossistemas poderiam mudar abruptamente para um estado estável alternativo diferente do original (Holling, 1973; May, 1977). De forma despretensiosa, esses modelos deram origem a uma das teorias ecológicas mais estudadas e discutidas na atualidade: a teoria dos estados alternativos estáveis de ecossistemas.

No mundo real, as condições nunca são constantes. Mudanças climáticas (*e.g.* El Niño, La Niña), queimadas ou uma forte epidemia podem causar flutuações nos fatores condicionantes que afetam diretamente o estado atual de um determinado sistema. Um dos exemplos mais discutidos na atualidade são as graves consequências do aquecimento global e do desmatamento na Amazônia. De acordo com vários artigos científicos que tratam do assunto, as mudanças climáticas poderiam transformar a maior parte da floresta amazônica em cerrado, resultando em enormes impactos sobre a biodiversidade e o clima do planeta (Streck; Scholz, 2006).

Para compreender melhor essa teoria, considere a Fig. 18.1. Se existir apenas uma base de atração, o sistema voltará ao estado original após a passagem do efeito da perturbação. Entretanto, se existirem estados alternativos de equilíbrio para uma dada condição, uma determinada perturbação poderá levar o sistema para outra base de atração, ou seja, o sistema passará para outro estado de equilíbrio. A mudança para outro estado estável de equilíbrio depende tanto da força de perturbação como do tamanho da base de atração. Em termos de estabilidade, se o vale for raso, uma pequena perturbação poderá ser suficiente para que a esfera vença um obstáculo de subida, deslocando-a para outro estado alternativo de equilíbrio. A resistência seria a capacidade do sistema de se manter inalterado após um distúrbio e

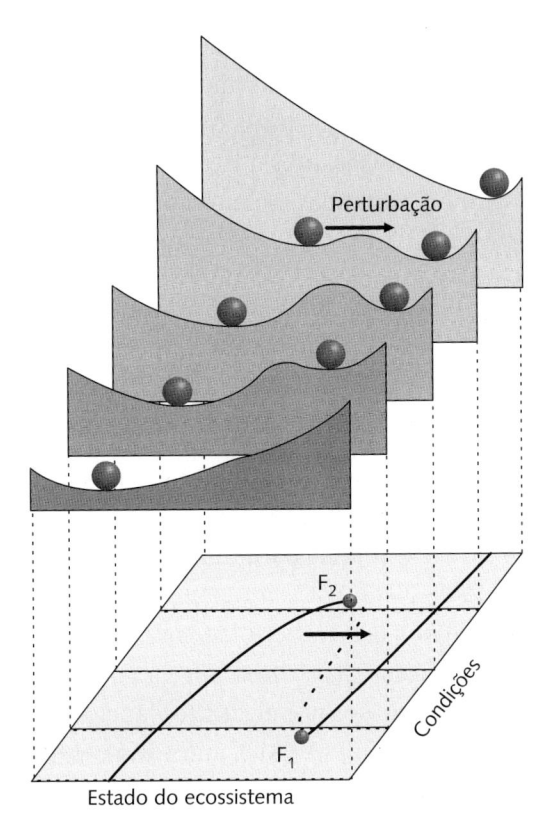

FIG. 18.1 Efeito das condições externas na resiliência de um ecossistema com múltiplos estados de equilíbrio a perturbações. O gráfico no plano indica uma curva de equilíbrio e mostra o ponto de bifurcação (F2) onde acontece uma troca abrupta para outro ponto de equilíbrio (F1). Os planos de estabilidade apresentam o(s) equilíbrio(s) e suas respectivas bases de atração em cinco diferentes condições. O equilíbrio estável situa-se no ponto mais baixo dos vales e o equilíbrio instável, no ponto mais alto dos morros. Se o tamanho da base de atração for pequeno, a resiliência será pequena, e mesmo uma moderada perturbação poderá levar o sistema a uma nova base de atração

Fonte: adaptado de Scheffer, Bakema e Wortelboer, 1993.

a resiliência seria a capacidade de recuperação do sistema após uma mudança promovida pelo distúrbio.

Desde que Connell e Sousa (1983) desafiaram os ecologistas a procurar por estados alternativos estáveis em comunidades naturais, vários exemplos foram encontrados na dinâmica de diversos sistemas, dentre eles: (a) sucessão de florestas (Frelich; Reich, 1999); (b) savanas africanas (Dublin; Sinclair; McGlade, 1990); (c) recifes de corais (Knowlton, 1992); (d) desertos (Van den Koppel; Rietkerk; Weissing, 1997; Rietkerk; Van den Bosch; Van den Koppel, 1997); (e) estoques pesqueiros no Pacífico (Hare; Mantua, 2000); e até (f) sistemas com clima regulado por correntes marinhas (Rahmstorf, 1997).

Além desses exemplos, um dos mais bem desenvolvidos sobre estados alternativos estáveis provém de lagos rasos (Scheffer; Bakema; Wortelboer, 1993). A existência dos estados alternativos em lagos está associada à transparência da água ou turbidez e, consequentemente, aos níveis de interações tróficas em cascata (Scheffer; Bakema; Wortelboer, 1993; Jeppesen et al., 1997). O estado de água túrbida é decorrente da proliferação de algas fitoplanctônicas e cria condições desfavoráveis ao estabelecimento de plantas submersas, pois a turbidez impede a penetração da luz nas camadas mais profundas, inibindo o crescimento dessas plantas (Van den Berg et al., 1997). Porém, um estado claro de transparência da água permite o desenvolvimento e a dominância da vegetação aquática submersa (Blindow et al., 1993; Scheffer; De Redelijkheid; Noppert, 1992; Scheffer; Bakema; Wortelboer, 1993), que favorece condições mesotróficas e oligotróficas no sistema. Além do mais, um estado de águas claras proporciona um maior equilíbrio entre níveis tróficos (*i.e.* equilíbrio das interações tróficas e diversidade de organismos), prevenindo a dominância de cianobactérias e, portanto, promovendo a valoração do ambiente para fins paisagísticos e recreacionais (Van Nes et al., 1999, 2002a).

Evidências de estados alternativos estáveis em lagos rasos foram obtidas tanto em experimentos laboratoriais como por uso de mesocosmos aquáticos em campos constituídos por algas fitoplanctônicas e zooplâncton herbívoros, como *Daphnia sp.* (McCauley et al., 1999; Chase, 1999). Contudo, os processos que podem direcionar lagos entre dois estados alternativos distintos operam em uma variedade de escalas temporais e frequências. Os mecanismos hipotéticos que conduzem à mudança desses estados podem ser separados em agentes internos e externos. Geralmente, quando os agentes atuantes sobre o sistema são externos de larga escala (*e.g.* clima regional ou homogeneidade regional entre bacias hidrográficas), uma grande amostra de lagos inseridos em uma mesma região resulta em um mesmo estado para todos os lagos. Alternativamente, se os agentes forem internos (*e.g.* ciclagem de nutrientes, pesca, biomanipulação etc.), poderiam existir dois estados alternativos para cada lago, mesmo estando em uma mesma região (Jackson, 2003).

Sob a mesma perspectiva, os fatores internos relacionados à geoquímica do sistema afetam as taxas de produção primária de macrófitas aquáticas e fitoplâncton, podendo conduzir um lago aos dois estados. Além disso, impactos sobre a vegetação em função da herbivoria por aves aquáticas (Van Donk; Gulati, 1995), ou flutuações no nível da água causadas tanto por estressores naturais como por estressores antrópicos (Blindow et al., 1993), ou eutrofização a partir de descargas orgânicas no corpo hídrico (Scheffer, 1998), podem causar a mudança de um estado claro das águas para um túrbido.

O exemplo mais comum encontrado na literatura é uma troca de estado provocada pelo aumento dos níveis de nutrientes, que leva o ecossistema a um processo não linear, caracterizado pela passagem de um estado de águas claras, dominadas pela vegetação de macrófitas, para um estado de águas túrbidas, dominadas pelo fitoplâncton. Uma vez que um lago tenha passado para um estado eutrofizado de águas túrbidas, para retornar à condição inicial representada pelo domínio da vegetação submersa, a concentração de nutrientes deve reduzir-se a um nível muito abaixo do limiar crítico em que a população de macrófitas colapsou (Van Nes et al., 2002a, 2003).

18.1 Determinação dos estados de equilíbrio

O conceito de estado de equilíbrio está relacionado à ausência de mudanças no sistema. Um exame cuidadoso do que acontece em um estado de equilíbrio pode ajudar a entender melhor o comportamento de um sistema. Para equações de diferenças do tipo $x_{n+1} = f(x_n)$, a solução para um estado de equilíbrio, $\bar{x}$, é definida como o valor que satisfaz a seguinte equação:

$$x_{n+1} = x_n = \bar{x} \qquad \textbf{18.1}$$

A Eq. 18.1 indica que nenhuma mudança ocorreu da geração n para a geração $n + 1$. Como visto anteriormente, a solução de equilíbrio pode ser estável (vales) ou instável (morros). Dessa forma, resta saber se alguma pequena perturbação pode deslocar a solução para outro ponto, caracterizando um equilíbrio instável. A condição de estabilidade, definida por May (1977), para uma equação de diferenças tem de satisfazer a seguinte inequação:

$$\left| \frac{df}{dx} \right|_{\bar{x}} < 1 \qquad \textbf{18.2}$$

> **Exemplo 18.1** Considere a seguinte equação:
> $N_{n+1} = rN_n(1-N_n)$, onde r é um parâmetro. Determine as propriedades de estabilidade de seus estados de equilíbrio.
> Solução:
> O estado de equilíbrio é computado quando $N_{n+1} = N_n = \overline{N}$. Assim, tem-se que:
> $\overline{N} = r\overline{N}(1-\overline{N}) \Rightarrow r\overline{N}^2 - \overline{N}(r-1) = 0$. Resolvendo a equação do 2° grau, encontram-se dois estados estáveis:
> $\overline{N}_1 = 0$ e $\overline{N}_2 = 1 - 1/r$. Avaliando a condição de estabilidade em $\overline{N}_2$, chega-se a:
>
> $$\left|\frac{df}{dN}\right|_{\overline{N}_2} < 1 \Rightarrow |r(1-2\overline{N}_2)| < 1 \Rightarrow |2-r| < 1 \Rightarrow 1 < r < 3$$
>
> Dessa forma, $\overline{N}_2$ é um equilíbrio estável apenas quando a condição de estabilidade for satisfeita.

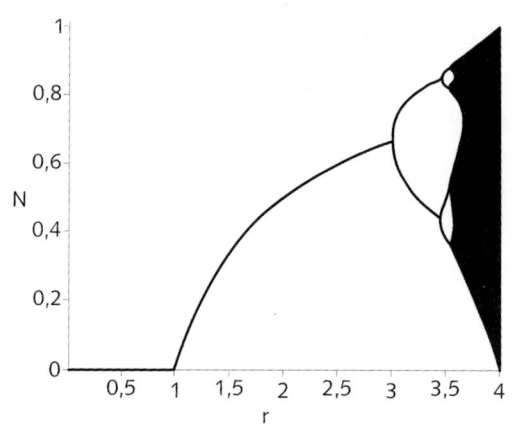

Fig. 18.2 Efeito da variação do parâmetro r do Exemplo 18.1 no equilíbrio do sistema

Para esclarecer melhor o Exemplo 18.1, traçamos o efeito da variação do parâmetro r no equilíbrio do sistema (Fig. 18.2). Variando o parâmetro r no intervalo de [0,4], com um passo de 0,01 do parâmetro, foram gravados os valores de N para cada valor do parâmetro r após 200 gerações. Note que, no intervalo $1 < r < 3$ (condição de estabilidade), existe apenas um valor de N após 200 gerações, caracterizando um equilíbrio estável. Para $r > 3$, existem múltiplas atrações, ou seja, a solução não converge para um valor único, e os valores de N oscilam em volta de um conjunto de soluções, caracterizando um equilíbrio instável.

A Fig. 18.3 mostra, com mais detalhes, o que acontece no equilíbrio instável. Nessa figura confrontamos o conjunto de soluções da equação $N_{n+1} = rN_n(1-N_n)$, para $r = 3,2$ (fora dos limites de estabilidade), com a reta identidade, onde $N_{n+1} = N_n$. Na intersecção da reta com a parábola reside o ponto de equilíbrio. Partindo de um valor inicial, após um certo número de gerações, os valores de N não convergem para um valor único. Observe que, ao final da simulação, a solução oscila entre dois valores, o que caracteriza uma solução cíclica no tempo.

No contexto de uma equação diferencial do tipo $dx/dt = f(x)$, a solução do estado de equilíbrio seria:

$$\frac{dx}{dt} = 0 \qquad \textbf{18.3}$$

Isso significa que a variação infinitesimal da variável x em t é nula. O conjunto possível de valores de x que anulam a derivada é conhecido como *nullclines*.

Modelos ecológicos são geralmente compostos por um sistema de equações diferenciais, constituído por diversas variáveis de estado. Frequentemente, esse sistema de equações é altamente não linear, em razão da presença de vários mecanismos de retroalimentação em ecossistemas aquáticos. Um sistema de equações diferenciais não linear pode ser escrito como:

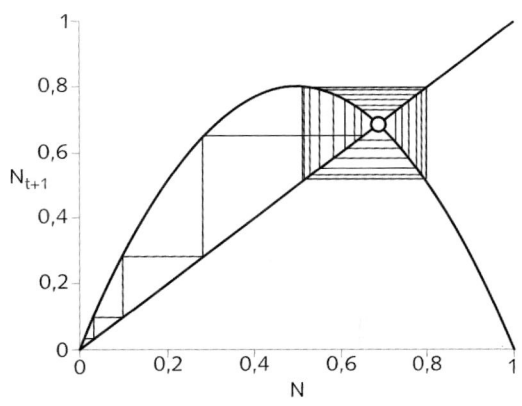

FIG. 18.3 Simulação iniciando com um valor de N não nulo, que converge para um caminho cíclico em volta de um equilíbrio instável. A parábola representa o conjunto de soluções da equação de diferenças $N_{n+1} = rN_n(1 - N_n)$, para $r = 3,2$, e a reta é o conjunto de soluções para $N_{n+1} = N_n$. Na intersecção da reta com a parábola reside o ponto de equilíbrio instável

$$\frac{dx_1}{dt} = f_1(x_1, x_2, \ldots, x_n)$$
$$\frac{dx_2}{dt} = f_2(x_1, x_2, \ldots, x_n)$$
$$\vdots$$
$$\frac{dx_n}{dt} = f_n(x_1, x_2, \ldots, x_n)$$

18.4

A determinação da matriz Jacobiana (matriz com as derivadas parciais de f) estabelece o tipo de equilíbrio do sistema. A matriz

Jacobiana é dada por:

$$J(\overline{x}_1, \overline{x}_2, \ldots, \overline{x}_n) = \begin{bmatrix} \frac{df_1}{dx_1} & \cdots & \frac{df_1}{dx_n} \\ & \ddots & \\ \frac{df_n}{dx_1} & \cdots & \frac{df_n}{dx_n} \end{bmatrix} \quad 18.5$$

onde $\overline{x}_1, \overline{x}_2, \ldots, \overline{x}_n$ é o conjunto de pontos que anulam todas as derivadas da Eq. 18.4. O traço (β), somatório dos elementos da diagonal principal) e o determinante (γ) da matriz Jacobiana são os parâmetros utilizados para determinar o tipo de equilíbrio do sistema, de acordo com as suas posições no plano de fase (Fig. 18.4). Em resumo, para sistemas de equações diferenciais, os tipos de equilíbrio podem ser classificados em seis casos:

Equilíbrio instável: quando $\beta > 0$ e $\gamma > 0$;
Ponto de sela (instável): quando $\gamma < 0$;
Equilíbrio estável: quando $\beta < 0$ e $\gamma > 0$;
Espiral instável: quando $\beta^2 < 4\gamma$ e $\beta > 0$;
Centro neutro: quando $\beta^2 < 4\gamma$ e $\beta = 0$;
Espiral estável: quando $\beta^2 < 4\gamma$ e $\beta < 0$.

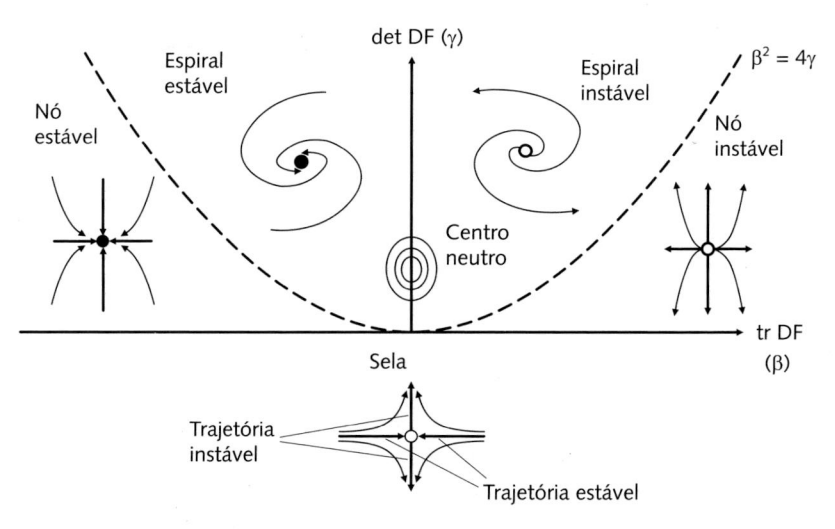

FIG. 18.4 Plano de fase para definição dos tipos de equilíbrio encontrados em sistemas diferenciais, onde β é o traço da matriz Jacobiana e γ é o determinante dessa matriz
Fonte: May, 1997.

EXEMPLO 18.2 Considere o seguinte sistema de equações diferenciais:

$$\frac{dx_1}{dt} = x_1 + x_2^2$$

$$\frac{dx_2}{dt} = x_1 + x_2$$

Determine as propriedades de estabilidade de seus estados de equilíbrio.
Solução:
O estado de equilíbrio é computado quando $dx_1/dt = 0$ e $dx_2/dt = 0$.
Assim, tem-se que:

$$\begin{cases} \overline{x}_1 + \overline{x}_2^2 = 0 \\ \overline{x}_1 + \overline{x}_2 = 0 \end{cases}$$

Resolvendo o sistema de equações, encontram-se dois estados de equilíbrio:

$$\begin{cases} \overline{X}_1 = (\overline{x}_1, \overline{x}_2) = (0, 0) \\ \overline{X}_2 = (\overline{x}_1, \overline{x}_2) = (-1, 1) \end{cases}$$

A matriz Jacobiana tem a forma:

$$J(\overline{x}_1, \overline{x}_2) = \begin{bmatrix} 1 & 2\overline{x}_2 \\ 1 & 1 \end{bmatrix}_{(\overline{x}_1, \overline{x}_2)}$$

Assim, para $\overline{X}_1 = (0,0) \Rightarrow \beta(\overline{X}_1) = 1$ e $\gamma(\overline{X}_1) = 1$ (equilíbrio instável)
para $\overline{X}_2 = (-1,1) \Rightarrow \beta(\overline{X}_2) = 1$ e $\gamma(\overline{X}_2) = -1$ (ponto de sela)

A condição de estabilidade, definida por May (1977), **para um sistema de equações diferenciais**, é dada por:

$$|\beta| < 1 + \gamma < 2 \qquad \textbf{18.6}$$

A Fig. 18.5 mostra com mais clareza o que acontece ao redor dos pontos de equilíbrio (intersecção das *nullclines* de x_1, e x_2,) para o Exemplo 18.2. O vetor gradiente $(dx_1/dt, dx_2/dt)$ proporciona um melhor entendimento dos tipos de equilíbrio encontrados. Independentemente do valor inicial utilizado, o sistema **não converge para um equilíbrio estável**.

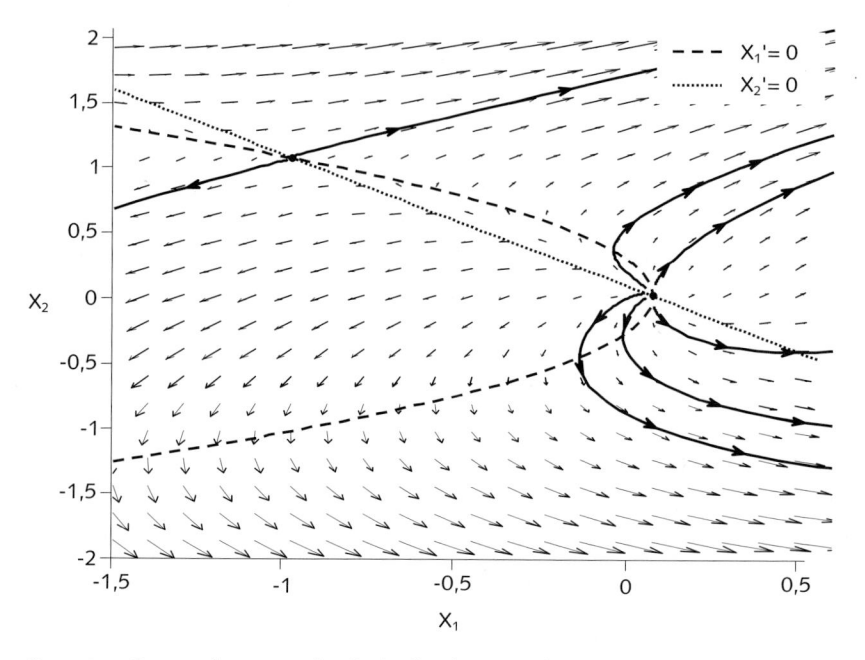

FIG. 18.5 Campo de vetores das derivadas do Exemplo 18.2 (gradientes), com suas respectivas *nullclines* (x_1' e x_2'). Dois pontos de equilíbrio instáveis foram encontrados

18.2 AVALIAÇÃO DE ESTADOS ALTERNATIVOS: UM EXEMPLO ECOLÓGICO

Como já comentado, estados alternativos de equilíbrio estão presentes em modelos ecológicos simples. Para fixar ainda mais o conceito de estados alternativos de equilíbrio, tomaremos como exemplo um modelo de vegetação simples. Esse modelo indica o estado de eutrofização de lagos rasos por: (a) um estado dominado por vegetação aquática com águas claras; e (b) um estado túrbido dominado pelo fitoplâncton. Apenas o efeito da vegetação na turbidez, e vice-versa, é modelado (Scheffer, 1998).

Sabe-se que a vegetação contribui para a transparência da água por meio de alguns mecanismos, como redução da ressuspensão de sedimentos pelas ondas, efeito alelopático sobre a comunidade algal e oferta de abrigo para o zooplâncton e os peixes. Uma função de Monod inversa é usada para descrever o efeito da vegetação sobre a turbidez (coeficiente de atenuação da luz, E_{eq}):

$$E_{eq} = E_0 \frac{h_v}{h_v + V} \qquad \text{18.7}$$

onde V é a fração de área coberta com vegetação no lago; E_0 é a turbidez na ausência de vegetação; e h_v é o coeficiente de meia saturação da cobertura de vegetação. Portanto, ao aumentar a turbidez, compromete-se o crescimento da vegetação. Além disso, o efeito da atenuação na cobertura de vegetação (V_{eq}) é descrito por uma função de Hill:

$$V_{eq} = \frac{h_E^p}{h_E^p + E^p} \qquad \text{18.8}$$

onde h_E é o coeficiente de meia saturação da turbidez e p é o expoente da função de Hill. Se assumimos que a turbidez e a cobertura de vegetação podem atingir o equilíbrio até uma capacidade máxima, de uma maneira lógica, as Eqs. 18.7 e 18.8 podem ser introduzidas nas seguintes equações diferenciais:

$$\frac{dE}{dt} = r_E E \left(1 - \frac{E}{E_{eq}}\right) \qquad \text{18.9}$$

$$\frac{dV}{dt} = r_V V \left(1 - \frac{V}{V_{eq}}\right) \qquad \text{18.10}$$

onde r_E é a taxa de aumento da turbidez e r_V é a taxa de crescimento da cobertura da vegetação.

Considere os valores assinalados para os parâmetros listados na Tab. 18.1.

TAB. 18.1 Valores e unidades dos parâmetros utilizados no exemplo ilustrativo

Parâmetro	Valor padrão	Unidade
E_0	6	m^{-1}
h_E	2	m^{-1}
h_v	0,2	-
p	4	-
r_E	0,05	dia^{-1}
r_V	0,05	dia^{-1}

O conjunto de valores utilizado para os parâmetros do modelo gera um resultado muito interessante, que possibilita discutir alguns pontos dessa teoria.

A Fig. 18.6 mostra os possíveis estados alternativos de equilíbrio gerados pelo modelo simples de vegetação e turbidez. As linhas tracejada e pontilhada são denominadas *nullclines* e representam o conjunto possível de valores que anulam as derivadas de E e V, respectivamente. Nas intersecções das *nullclines* situam-se os pontos de equilíbrio, que podem ser estáveis ou instáveis. Os pontos pretos indicam um equilíbrio estável (vales) e o ponto cinza indica um equilíbrio instável (morros). A linha com traços e pontos representa o divisor que separa dois estados alternativos estáveis de equilíbrio. Portanto, dependendo da condição inicial tomada, o sistema pode convergir para dois estados estáveis possíveis: (a) um estado dominado por vegetação aquática com baixa turbidez (águas claras) ou (b) um estado túrbido dominado pelo fitoplâncton e pela ausência de vegetação aquática.

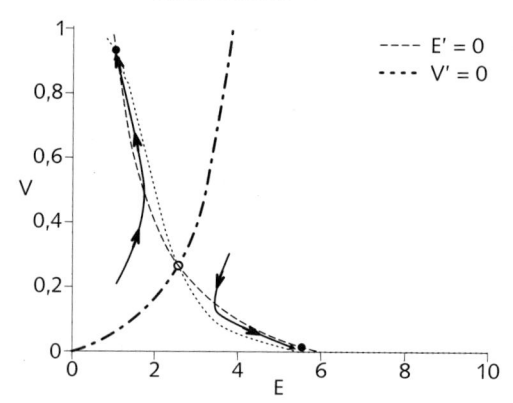

FIG. 18.6 Estados alternativos de equilíbrio produzidos por um modelo simples considerando vegetação e turbidez

Os estados alternativos podem variar de acordo com as condições estabelecidas no sistema, ou seja, dependem dos valores dos parâmetros adotados. Por exemplo, se estabelecermos uma variação dos valores do parâmetro E_0 entre 0 e 10, observamos uma faixa bem definida onde ocorrem estados alternativos de estabilidade (Fig. 18.7). Quando o ecossistema está em um estado de águas claras, ele não passa para outro estado por meio de uma transição suave. Ao contrário, quando as condições mudam suficientemente para ultrapassar um limiar (F2), ocorre uma transição brusca para outro estado. Entretanto, para induzir o ecossistema a uma troca para o estado inicial de águas claras dominado pela vegetação, não é suficiente estabelecer condições semelhantes àquelas antes do colapso (F2). Em vez disso, é necessário ir um pouco além, até um novo ponto de troca (F1), onde o sistema se recupera. Esse padrão, com comportamentos distintos para diferentes condições críticas, é conhecido como **histerese**. O grau de histerese pode variar fortemente, mesmo para ecossistemas com características semelhantes.

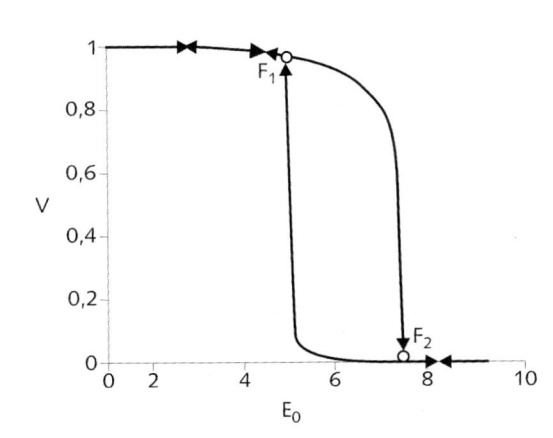

FIG. 18.7 O gráfico mostra duas trajetórias de equilíbrio para o modelo ecológico de vegetação, com o ponto de bifurcação (F1) onde acontece uma troca abrupta para outro ponto de equilíbrio (F2). Com valores do parâmetro E_0 entre 0 e 10, observa-se uma faixa bem definida onde ocorrem dois estados alternativos de estabilidade. Da esquerda para a direita, indica-se o sentido progressivo da passagem de um estado de águas claras, dominado por vegetação, para um estado de águas túrbidas. O sentido contrário indica a passagem de um estado de águas túrbidas, dominado pelo fitoplâncton, para um estado de águas claras

19 Parametrização de modelos ecológicos

Texto com participação de
Maria Betânia Gonçalves de Souza

Os modelos ecológicos são ferramentas eficientes para o rápido diagnóstico e a previsão de cenários de interesse em ecossistemas aquáticos. Entretanto, a capacidade de retratar com precisão a dinâmica de comunidades biológicas e processos abióticos no ambiente a ser modelado depende do grau de abstração considerado e dos valores assumidos para os parâmetros.

Conforme apresentado na seção 2.4.5, uma maneira de determinar os valores dos parâmetros é na fase de calibração do modelo, quando os parâmetros do modelo são ajustados de forma que a saída do modelo se aproxime dos dados observados. Porém, em razão do grande número de equações diferenciais utilizadas em modelos ecológicos, o que leva a uma elevada quantidade de parâmetros envolvidos, a determinação de um conjunto de parâmetros que melhor concorde com os dados observados pode ser uma tarefa complicada.

Para minimizar essa complexidade, alguns processos abióticos e aspectos ecofisiológicos dos organismos aquáticos do ecossistema aquático poderiam ser determinado separadamente em experimentos específicos, o que reduziria o número de parâmetros na fase de calibração. Esse tipo de calibração experimental denominamos **parametrização**, que é destinada ao ajuste experimental de coeficientes de processos globais abióticos e biológicos dos ecossistemas aquáticos. Isto é, a parametrização trata do ajuste dos parâmetros do modelo pela estimativa da variação desses processos dentro de gradientes estabelecidos. Por exemplo, para ajustar parâmetros ecofisiológicos inerentes a variáveis de estado, como algas ou plantas aquáticas (*e.g.* produção primária, respiração, excreção), é necessário avaliar a variação desses processos em função da variação controlada das variáveis ambientais (*e.g.* temperatura, luz, pH etc.).

A necessidade de parametrização se dá em função do grande número de parâmetros existentes em modelos ecológicos complexos para representar, de modo mais aproximado possível, funções e **processos ecológicos**, populacionais, ecofisiológicos etc. Por exemplo, o modelo IPH-ECO (Fragoso et al., 2007), utilizado em alguns estudos de casos apresentados no Cap. 20, possui mais de 300 parâmetros para representar taxas de processos abióticos e bióticos. Embora esse modelo se destaque de outros modelos atuais, em função de sua complexidade e, portanto, da aproximação com a realidade ecossistêmica, sua precisão não seria acurada se não houvesse uma parametrização experimental prévia dos organismos e de seus processos a serem simulados.

Geralmente, os valores encontrados na literatura para os parâmetros ecológicos implicam grandes incertezas nos resultados do modelo, uma vez que esses parâmetros foram determinados para um certo ecossistema aquático de complexidade específica (Jorgensen; Bendoricchio, 2005). É conveniente lembrar que o valor de um mesmo parâmetro poderia ser diferente em outro ecossistema aquático com uma dinâmica distinta do sistema onde o parâmetro foi concebido. Nesse caso, a parametrização de processos abióticos e bióticos é uma ferramenta que ajuda a minimizar as incertezas dos resultados de modelos ecológicos, que poderiam ser utilizados de forma mais precisa como plataforma de pensamento para (a) teste de hipóteses, (b) emergência de novos conceitos em **ecologia** (*insights*), (c) previsão de alterações ou impactos ambientais e (d) tomada de decisões e construção de planos de manejo.

Em razão do grande contingente de parâmetros biológicos existentes e disponíveis na literatura, poucos estudos têm enfocado o ajuste de parâmetros experimentalmente. Além disso, dos estudos de parametrização já realizados e amplamente aplicados para os mais diversos tipos de ecossistemas aquáticos, a maioria foi obtida a partir de experimentos com organismos nativos de clima temperado, representativos da dinâmica ecossistêmica de ambientes de alta latitude. Portanto, em geral, os coeficientes dos parâmetros embutidos na maioria dos modelos que utilizamos não refletem, de fato, a dinâmica de ecossistemas de baixa latitude (tropicais e subtropicais). Em função da variação latitudinal, médias anuais de variáveis ambientais como radiação, fotoperíodo e temperatura são diferentes; consequentemente, isso influencia as taxas de produção primária e ciclagem de nutrientes, assim como a complexidade de interações tróficas. Ademais, a variação latitudinal é responsável pela dinâmica de processos biológicos e pelo aumento natural da riqueza e diversidade de organismos aquáticos (Jeppesen et al., 1997). Isso implica que, em virtude da falta de sazonalidade pronunciada em baixas latitudes, a evolução dos organismos aquáticos propiciou a diferenciação de nichos e aspectos ecofisiológicos adaptados aos climas tropical e subtropical, o que enfatiza ainda mais a importância da parametrização de modelos ecológicos nesses ecossistemas.

19.1 A PARAMETRIZAÇÃO EXPERIMENTAL PARA MODELAGEM ECOLÓGICA

A parametrização experimental constitui-se basicamente de medições intensivas e observações *in vitro* (*i.e.* experimentos em laboratório) ou em microcosmos (*i.e.* experimentos controlados realizados em campo) para a estimativa de um parâmetro. As medições, por serem *in vitro* ou em microcosmos, possibilitam um maior controle dos fatores reguladores do processo e, consequentemente, da resposta da variável de interesse pela mudança do fator regulador. Assim, é possível o levantamento contínuo de dados da variável de estado e dos fatores reguladores, para obter um grande volume de dados e realizar um bom ajuste da equação de interesse.

A estimativa do parâmetro é dada pelo ajuste de um determinado processo (*e.g.* crescimento do fitoplâncton), de acordo com a variação dos fatores reguladores que o influenciam. Um exemplo simples de parametrização experimental é o crescimento de peixes, descrito pela seguinte equação (Jorgensen; Bendoricchio, 2005):

$$\frac{dW}{dt} = a \cdot W^b \quad \text{Taxa de crescimento } [g\, m^{-3}\, dia^{-1}] \quad \textbf{19.1}$$

onde W é o peso; a e b são os parâmetros.

Em um aquário ou em um tanque de aquacultura, é possível acompanhar o ganho de peso do peixe ao longo do tempo. Se os dados obtidos forem satisfatórios, torna-se fácil determinar os parâmetros a e b por meio de métodos estatísticos de ajuste. Para se ajustar os coeficientes a e b, a alimentação deve ser mantida constante em um nível ótimo para o crescimento contínuo do peixe, a fim de que se tenham as melhores condições de desenvolvimento do organismo sem a influência de outros fatores reguladores, como a presença de predadores e as alterações físicas e químicas na água.

Embora os valores dos parâmetros de processos biológicos sejam facilmente encontrados na literatura, nem sempre o modelador encontra os parâmetros das espécies ou parâmetros do mesmo organismo para as condições ambientais que prevalecem no ecossistema que se pretende modelar. Nesse caso, é fundamental que ele use tais experimentos para determinar esses parâmetros e, assim, alcançar o entendimento desejado para o ecossistema em questão.

Mesmo que encontre parâmetros cruciais na literatura, o modelador ainda pode conduzir experimentos de parametrização para se certificar de que os intervalos encontrados para os parâmetros são bastante razoáveis. Isso se justifica pela discrepância entre valores observados em laboratório ou em campo e os encontrados na natureza é mais significativa para parâmetros ecológicos do que físicos ou químicos, principalmente em função da diversidade de organismos nos variados tipos de ecossistemas aquáticos (*e.g.* banhados, rios, lagos rasos, reservatórios etc.) e seus respectivos hábitos e metabolismo. Os principais fatores para tais discrepâncias são:

1. A sensibilidade de parâmetros biológicos para impactos ambientais, cujo exemplo ilustrativo pode ser a influência das pequenas concentrações de substâncias tóxicas capazes de alterar bastante a taxa de crescimento de produtores primários ou consumidores.
2. A sensibilidade de produtores primários ou bactérias a fatores ambientais como, por exemplo, a concentração e a distribuição de nutrientes no sistema, que são dependentes da hidrodinâmica do corpo hídrico.
3. O efeito integrado dos fatores ambientais sobre a dinâmica de comunidades biológicas, diferentemente das condições controladas em laboratório e mantidas para parametrização, dificulta prever exatamente, por meio da simulação, o resultado na natureza. Por outro lado, parametrizações conduzidas *in situ* tornam praticamente impossível a interpretação sob quais circunstâncias as observações

são válidas, pois isso requereria a determinação simultânea de muitas variáveis ambientais.

4. Frequentemente, as determinações de parâmetros ou variáveis biológicas não podem ser conduzidas diretamente, pois dependem de quantificações de outras variáveis que tampouco podem ser relacionadas diretamente com a variável biológica a ser estimada. Por exemplo, a biomassa de fitoplâncton não é determinada por nenhum método direto, mas é possível obter uma medida indireta por meio da concentração de clorofila a.

5. Há influência dos mecanismos de retroalimentação de origem bioquímica ou ecológica sobre os parâmetros biológicos. Por exemplo, o efeito de retroalimentação positiva de macrófitas aquáticas submersas sobre a transparência da água (Moss, 1990) é responsável por estados alternativos estáveis em lagos rasos (Scheffer, 1998). Esse mecanismo consiste no clareamento da água em função de efeitos físicos diretos e bioquimicamente indiretos. Físicos, pelo fato de a presença massiva da vegetação submersa constituir uma barreira capaz de atenuar a força hidrodinâmica, causando a precipitação de partículas e a ressuspensão de sedimentos (James; Barko, 1990), e bioquímicos, pela inibição do crescimento excessivo do fitoplâncton em função da competição por nutrientes disponíveis na massa da água (Van Donk et al., 1990), e por meio de alelopatia química (Wium-Andersen, 1987; Gross; Meyer; Schilling, 1996). Como esses mecanismos são muito difíceis de mensurar em campo ou retratar de forma acurada em laboratório, a parametrização desses processos fica restrita a uma mera aproximação da realidade. Há modelos atuais que simulam esses mecanismos, como o Charisma 2.0 (Van Nes et al., 2003). Entretanto, em função dessas dificuldades, os coeficientes ajustados para representar o processo de clareamento das macrófitas submersas tornam-se bastante abstratos. Portanto, muitos experimentos devem ser realizados para se obter coeficientes mais aproximados da realidade dos processos de retroalimentação desempenhados pelos organismos aquáticos e sua influência para a dinâmica do ecossistema aquático.

19.2 A PARAMETRIZAÇÃO EXPERIMENTAL PARA TESTE DE HIPÓTESES

Atualmente, a parametrização experimental é utilizada também para testar hipóteses ecológicas. Além dos experimentos voltados ao ajuste de parâmetros, investigam-se as interações ecológicas e seus efeitos sobre o ecossistema, assim como sua resiliência. Esses experimentos envolvem o estudo de mecanismos de retroalimentação inerentes a organismos aquáticos, para promover condições favoráveis ao seu desenvolvimento. A existência desses mecanismos evoca a teoria de estados alternativos estáveis e o conceito de resiliência em ecossistemas aquáticos (Scheffer, 1998; Scheffer et al., 2001) descrita no Cap. 18.

A investigação experimental de estados alternativos estáveis pode ser conduzida por meio de microcosmos do tipo quimiostatos (ou, em inglês, *chemostats*), que são sistemas fechados de cultivo intensivo de algas com entrada contínua de nutrientes e controle total de luz e temperatura. A grande vantagem desse tipo de unidade experimental é poder ajustar mais de uma dezena de parâmetros simultaneamente, em função da sua estrutura e do fluxo contínuo/controlado de nutrientes (Souza, 2009).

Exemplo de parametrização experimental

Experimentos de competição por luz e nutrientes entre espécies fitoplanctônicas, com uso dos quimiostatos, podem servir de instrumento para a parametrização de modelos ecológicos. Considere como exemplo o modelo matemático apresentado por Passarge et al. (2006), que é uma combinação de equações baseadas na dinâmica de nutrientes (*e.g.* concentração de fósforo interno e externo às populações de algas) e na dinâmica da luz na coluna d'água. Três hipóteses podem ser testadas com o uso desse modelo e como resultado da competição interespecífica: a obtenção de cenários de competição exclusiva, estados alternativos estáveis e coexistência estável. A habilidade competitiva de cada espécie pode ser determinada por meio de parâmetros medidos em culturas contínuas de algas, com o suporte paralelo de monoculturas e experimentos em *batch* (Souza, 2009).

A estrutura geral do modelo de Passarge et al. (2006) é dada pelas seguintes equações:

$$\frac{dN_i}{dt} = \min\left[\mu_{R,i}(Q_i); \mu_{I,i}(Q_i)\right] N_i - DN_i \quad i = 1, \ldots, n$$

$$\frac{dQ_i}{dt} = v_i(R, Q_i) - \min\left[\mu_{R,i}(Q_i); \mu_{I,i}(Q_i)\right] Q_i \quad i = 1, \ldots, n$$

$$\frac{dR}{dt} = D(R_{in} - R) - \sum_{j=1}^{n} v_j(R, Q_j) N_j \quad j = 1, \ldots, n$$

$$I_{out} = I_{in} \cdot \exp\left(-k_{bg}z_m - \sum_{j=1}^{n} k_j N_j z_m\right) \qquad 19.2$$

Os parâmetros do modelo apresentado dividem-se em três grupos: (a) parâmetros do sistema, medidos diretamente; (b) parâmetros do estado estável, medidos por meio de experimentos de culturas contínuas em limitação de fósforo e em limitação de luz; e (c) parâmetros das espécies, medidos por meio de monoculturas e experimentos em *batch*.

Todos os parâmetros a ser medidos são citados a seguir, mas nem todos são explícitos nas equações apresentadas (*e.g.* os parâmetros do estado estável "volume celular" e "concentração interna de fósforo"), demonstrando que modelos matemáticos podem necessitar de um maior número de atributos para serem utilizados.

(A) Parâmetros do sistema, código (unidade):

- taxa de diluição, D (h^{-1});
- profundidade máxima da coluna d'água, z_m (m);
- intensidade da luz incidente, I_{in} (µmol fótons $m^{-2}s^{-1}$);
- turbidez "de fundo", Kbg (m^{-1});
- concentração de fósforo "de entrada" em limitação de fósforo ou em limitação de luz, R_{in} (µmol P l^{-1}).

(B) Parâmetros do estado estável em limitação de fósforo e em limitação de luz, código (unidade):

- volume celular, (fl célula^{-1});

- biovolume total, (ml l^{-1});
- densidade populacional, N$_i$ (células l^{-1});
- penetração de luz em limitação de fósforo, I$_{out}$ (μmol fótons m^{-2} s^{-1});
- intensidade de luz crítica em limitação de luz, I$_{out}$* (μmol fótons m^{-2} s^{-1});
- concentração externa de fósforo em limitação de luz, R (μmol P l^{-1});
- requerimento crítico de fósforo em limitação de fósforo, R* (μmol P l^{-1});
- concentração interna de fósforo, (μmol P l^{-1}).

(c) Parâmetros das espécies, código (unidade):

- taxa de crescimento específico máximo, μ$_{máx}$ (h^{-1});
- constante de saturação média de crescimento em limitação de luz, H$_I$ (μmol fótons m^{-2} s^{-1});
- constante de saturação média de crescimento em limitação de fósforo, H$_R$ (μmol P l^{-1});
- coeficiente específico de atenuação de luz para fitoplâncton limitado por luz, k$_I$ (m^2 célula^{-1});
- coeficiente específico de atenuação de luz para fitoplâncton limitado por fósforo, k$_R$ (m^2 célula^{-1});
- conteúdo máximo intracelular de fósforo, Q$_{máx}$ (fmol célula^{-1});
- conteúdo mínimo intracelular de fósforo, Q$_{mín}$ (fmol célula^{-1});
- taxa de assimilação máxima de fósforo, ν$_{máx}$ (fmol célula^{-1} h^{-1}).

Considerando o modelo acima como exemplo de parametrização, além de Passarge et al. (2006), o estudo de Souza (2009) apresenta experimentos em cultura contínua com monoculturas em limitação de luz da cianobactéria tóxica *Planktothrix agardhii* (M. Gomont) K. Anagnostidis & J. Komárek da Coleção de Culturas de Algas e Protozoários (CCAP), Inglaterra, cepa 1460/1 e da clorofícea *Monoraphidium minutum* (Nägeli) *Komárková-Legnerová* da Coleção de Culturas de Algas da Universidade de Göttingen, Alemanha, cepa 243-1'.

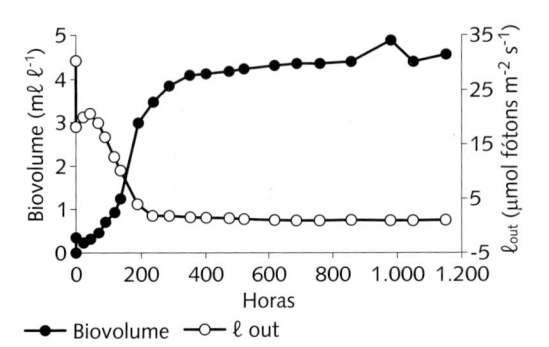

FIG. 19.1 Experimento em monocultura contínua de *Planktothrix agardhii* em limitação de luz. Círculos fechados indicam o biovolume total (ml L^{-1}) e círculos abertos indicam a intensidade de luz (μmol fótons m^{-2} s^{-1}) penetrando a cultura

Fonte: Souza, 2009.

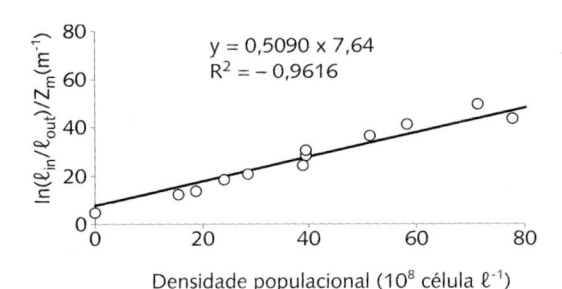

FIG. 19.2 Regressão linear do termo $ln(I_{in}/I_{out})/z_m$ (m^{-1}), proveniente da lei de Lambert-Beer, que rege o gradiente vertical de luz numa coluna d'água, e a densidade populacional (células l^{-1}) de monocultura contínua de *Monoraphidium minutum* em limitação de luz. A equação da regressão e a "qualidade do ajuste" da reta (R^2) estão indicados

Fonte: Souza, 2009.

A Fig. 19.1 apresenta a evolução do biovolume total de *p. Agardhii* em monocultura contínua em limitação de luz, até que atinja o equilíbrio e a diminuição simultânea da intensidade de luz crítica, $I_{out}*$. A média dos valores no equilíbrio de $I_{out}*$ (0,89 μmol fótons m^{-2} s^{-1}) e do biovolume total (4,61 ml L^{-1}) são exatamente os valores dos parâmetros a serem utilizados no modelo.

Outros parâmetros, como o coeficiente específico de atenuação de luz para fitoplâncton limitado por luz, k_I, e a turbidez "de fundo", k_{bg}, podem também ser estimados pelo monitoramento da densidade populacional, até o equilíbrio de uma monocultura contínua em limitação de luz e, simultaneamente, da intensidade de luz penetrando na cultura. A Fig. 19.2 apresenta a regressão linear da densidade populacional de *Monoraphidium minutum* e do termo $ln(I_{in}/I_{out})/z_m$ (m^{-1}), proveniente da lei de Lambert-Beer, que rege o gradiente vertical de luz numa coluna d'água, utilizada na quarta equação do modelo apresentado. O declive da reta estimado (0,51 10^{-11} m^2 célula^{-1}) é o valor de k_I, e o valor de k_{bg} deve ser estimado como a intercepção da reta com o eixo vertical (7,64 m^{-1}).

19.3 Como o limnólogo pode atuar e contribuir para a modelagem ecológica?

A modelagem ecológica é bastante incipiente no Brasil, porém muito promissora. Em função da escassez de estudos de parametrização experimental de processos biológicos e interações de comunidades

Tab. 19.1 Exemplos de experimentos que podem ser desenvolvidos para a parametrização de modelos ecológicos em ecossistemas aquáticos

Experimentos para a determinação de parâmetros ecofisiológicos		
Parâmetros biológicos	vs	Variáveis ambientais em clima tropical e subtropical
Taxa de crescimento de macrófitas aquáticas nativas: • Submersas • Emergentes • Flutuantes	vs	Radiação solar (PAR), temperatura, fotoperíodo e qualidade da água (nutrientes, alcalinidade, pH)
Taxa de crescimento de fitoplâncton pelágico e bentônico: • Cianobactérias • Clorofíceas • Diatomáceas • Crisofíceas	vs	Radiação solar (PAR), temperatura, fotoperíodo e qualidade da água (nutrientes, alcalinidade, pH)
Taxa de crescimento de zooplâncton • Cladóceros • Copépodes • Rotíferos	vs	Temperatura, qualidade da água e disponibilidade de alimento (detritos, fitoplâncton)
Taxa de crescimento de bentos • Raspadores • Filtradores • Detritívoros	vs	Temperatura, qualidade da água e disponibilidade de alimento (detritos, perifíton, fitoplâncton)
Taxa de crescimento de peixes • Herbívoros • Onívoros • Carnívoros	vs	Temperatura e disponibilidade de alimento (detritos, bentos, perifíton, fitoplâncton, zooplâncton e peixes)

Interações Ecológicas - Resiliência - Estados Alternativos Estáveis		
Experimentos de Alelopatia		
Macrófitas aquáticas submersas	vs	Algas (clorofíceas, diatomáceas, crisofíceas etc.)
Macrófitas aquáticas submersas	vs	Algas (cianobactérias)
Algas (clorofíceas, diatomáceas, crisofíceas etc.)	vs	Algas (cianobactérias)
Experimentos de Herbivoria e Predação		
Zooplâncton	vs	Algas (clorofíceas, diatomáceas, crisofíceas etc.)
Zooplâncton	vs	Algas (cianobactérias)
Peixes estritamente herbívoros	vs	Algas (clorofíceas, diatomáceas, crisofíceas etc.)
Peixes estritamente herbívoros	vs	Algas (cianobactérias)
Peixes onívoros	vs	Algas (clorofíceas, diatomáceas, crisofíceas etc.)
Peixes onívoros	vs	Zooplâncton
Peixes onívoros	vs	Peixes herbívoros, onívoros, carnívoros
Peixes estritamente carnívoros	vs	Peixes herbívoros, onívoros, carnívoros

aquáticas, há muito trabalho a ser desenvolvido como contribuição para a parametrização dos modelos disponíveis, principalmente pelo fato de os modelos atuais estarem voltados aos ecossistemas e organismos de clima temperado, onde foram concebidos. Portanto, existe a necessidade de enfocar e moldar os modelos existentes para a realidade dos ecossistemas aquáticos tropicais e subtropicais.

A seguir, são apresentados alguns exemplos de experimentos que podem ser desenvolvidos para a parametrização de interações ecológicas em modelos e teste de hipóteses.

Esses experimentos, além de necessários para tornar possível a modelagem acurada de comunidades biológicas e suas interações, certamente podem revelar propriedades emergentes que servirão para originar novos *insigths* e conceitos ecológicos em ecossistemas aquáticos tropicais e subtropicais. Além disso, a exploração desses temas constitui uma excelente oportunidade para a junção de disciplinas biológicas e de engenharia, pois para investigarmos um ambiente natural de modo mais aproximado, necessitamos da multidisciplinaridade. Sem a abordagem matemática como instrumento integrador, informações fundamentais da ecologia de populações e comunidades podem ficar restritas e compartimentadas. Portanto, a congregação das disciplinas facilita o descobrimento de propriedades emergentes e o gerenciamento dos ecossistemas aquáticos.

20 Estudo de casos

Este capítulo apresenta algumas aplicações da modelagem ecológica em ecossistemas aquáticos. As abordagens demonstram o potencial de aplicação de modelos para dar suporte à tomada de decisão.

20.1 Avaliação hidrodinâmica do Sistema Hidrológico do Taim

O Sistema Hidrológico do Taim (SHT) localiza-se entre o oceano Atlântico e a lagoa Mirim, nos municípios de Santa Vitória do Palmar e Rio Grande, no sul do Estado do Rio Grande do Sul, entre as coordenadas 32°20' e 33°00' S e 52°20' e 52°45' W, com uma extensão de aproximadamente 2.254 km² (Fig. 20.1). Nesse sistema está a Estação Ecológica do Taim (ESEC-Taim).

A região de inserção do SHT faz parte de uma série de áreas alagáveis que se estende dos arredores da cidade de Pelotas, passa por Rio Grande e entra no Uruguai, e caracteriza-se por seus banhados e pequenas lagoas associadas, de água doce, em uma dinâmica de baixo relevo marginal ao oceano Atlântico. Essa região do SHT é composta essencialmente de quatro unidades ecodinâmicas: a Planície Marinho--Eólica, o alinhamento dos Banhados Pós-Planícies Marinho-Eólicas, o Platô de Santa Vitória do Palmar/Formação Chuí e o Mosaico do Sudeste da Lagoa Mirim (Gomes; Tricart; Trautmann, 1987). Por sua vez, o Banhado do Taim está contido, na sua maior parte, na unidade dos Banhados Pós-Planícies Marinho-Eólica, entre a lagoa Mangueira e a BR-417, integrando o SHT (Fig. 20.1).

O objeto do estudo foi o sistema interconectado lagoa Mangueira e Banhado do Taim, o qual representa a principal parcela do SHT (aproximadamente 950 km²).

ESTUDO DE CASOS

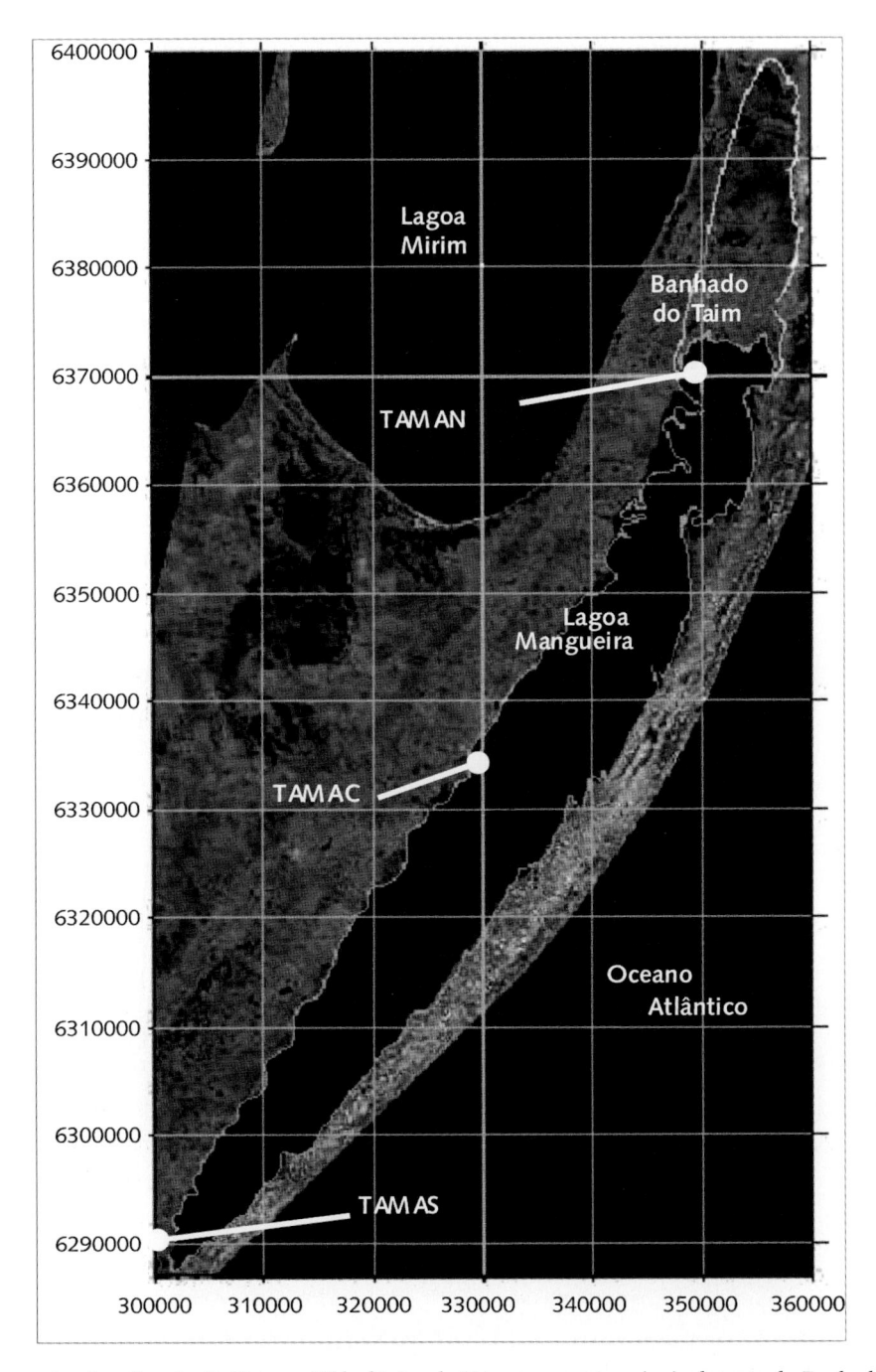

FIG. 20.1 Localização do Sistema Hidrológico do Taim, composto principalmente do Banhado do Taim, associado à lagoa Mangueira e às estações hidrometeorológicas (TAMAN, TAMAC, TAMAS)

No intuito de avaliar o campo de velocidade para todo o sistema e de realizar a previsão de níveis da água para o SHT, um modelo hidrodinâmico, de transporte de sedimentos e nutrientes, e biológico, denominado IPH-ECO, foi desenvolvido visando ao entendimento dos principais processos desses ecossistemas.

O IPH-ECO, um modelo ecológico, é um sistema computacional desenvolvido no Instituto de Pesquisas Hidráulicas (IPH), voltado especialmente para o entendimento dos processos físicos, químicos e biológicos de corpos d'água rasos e profundos, tais como lagos, reservatórios e estuários. Esse modelo possui um módulo hidrodinâmico, acoplado com módulos de qualidade da água, e biológico. Uma descrição mais detalhada do modelo pode ser vista em Fragoso Jr et al. (2007). As diferenças espaciais dentro do corpo d'água são levadas em conta (*e.g.* lago e banhado) (Fig. 20.2) e define-se uma discretização tridimensional para o módulo hidrodinâmico e uma discretização bidimensional na horizontal para os módulos de qualidade da água e biológico. Em resumo, esse modelo descreve as mais importantes interações hidrodinâmicas e abióticas, além dos principais processos

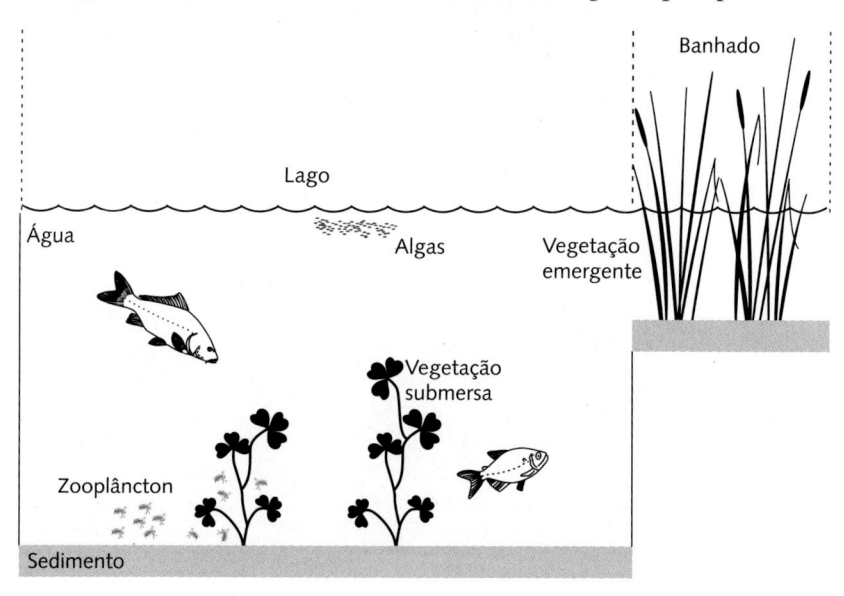

FIG. 20.2 Estrutura esquemática do modelo IPH-ECO, mostrando a diferenciação espacial que pode ser levada em conta entre lago e banhado

ESTUDO DE CASOS

bióticos, com a finalidade de auxiliar o entendimento comportamental de um determinado ecossistema aquático (Fig. 20.3).

O módulo hidrodinâmico é uma adaptação do modelo TRIM2D, desenvolvido por Casulli e Cheng (1992). O TRIM2D é um modelo bidimensional na horizontal de diferenças finitas e emprega o **esquema semi-implícito** para a solução das equações de hidrodinâmica de águas rasas. Esse modelo tem se mostrado convergente, estável e preciso, podendo ainda ser aprimorado para o emprego de grades não estruturadas no domínio (Casulli; Cattani, 1994).

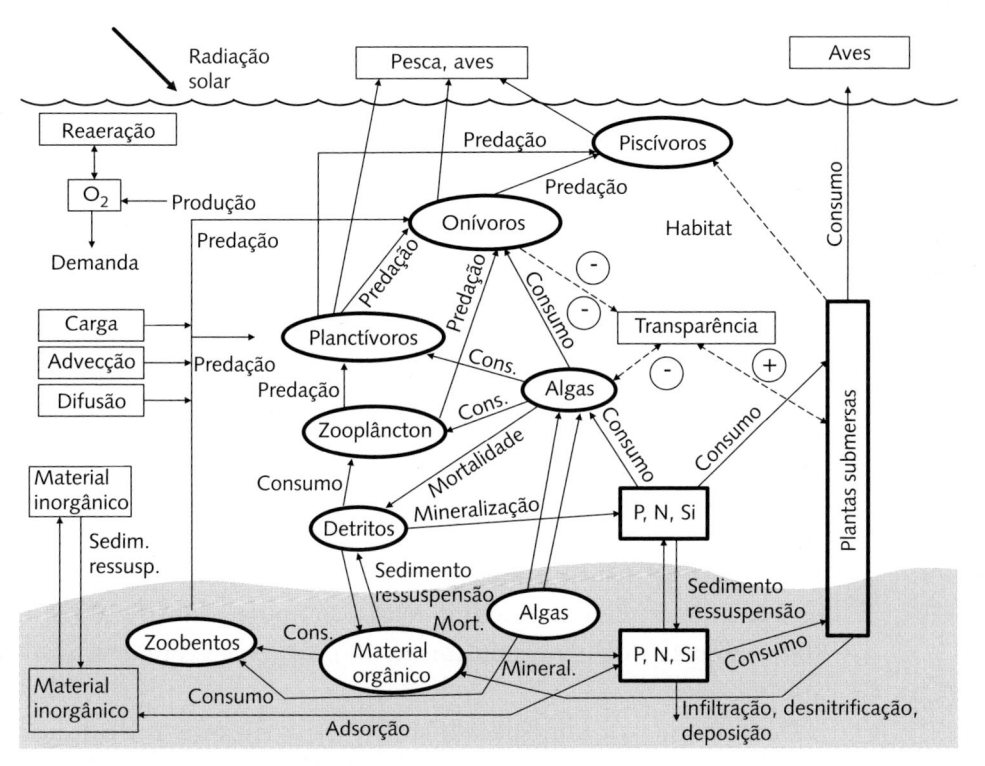

FIG. 20.3 Estrutura simplificada do modelo IPH-ECO (fração do lago). Os blocos são modelados por compartimentos compostos por peso seco e nutrientes (P, N e Si). Três grupos funcionais de fitoplâncton podem ser definidos: cianobactérias, diatomáceas e algas verdes. As macrófitas aquáticas podem ser divididas em enraizadas, não enraizadas, flutuantes e emergentes. Os peixes onívoros e planctívoros têm dois estágios de vida: juvenil e adulto. As setas sólidas representam os fluxos de massa e as setas tracejadas denotam relações empíricas (o sinal de menos indica uma influência negativa na transparência da água; caso contrário, o efeito é positivo)

Fonte: modificado de Janse, 2005.

Os ciclos de nitrogênio, fósforo e sílica são descritos como completamente fechados, desprezando fluxos externos e processos de perda como desnitrificação. Além disso, o modelo pode estimar a quantidade de matéria orgânica e inorgânica, bem como a porção de detritos na água e no sedimento. O módulo de fitoplâncton descreve o crescimento e as perdas de três grupos funcionais: cianobactérias, diatomáceas e pequenas algas verdes. As macrófitas aquáticas foram divididas em quatro grandes grupos (*e.g.* enraizadas, não enraizadas, emergentes e flutuantes), e são avaliados processos de crescimento, reprodução e perda de biomassa. Os organismos zooplanctônicos e macrobentônicos também são estimados, os quais podem se alimentar de fitoplâncton e detritos com um certo nível de preferência. O módulo de peixes inclui três principais categorias: piscívoros, onívoros e planctívoros. Um aspecto importante desse modelo é que os conteúdos de nitrogênio, fósforo e sílica podem ser calculados para cada comunidade aquática.

Utilizou-se uma grade computacional regular com as velocidades definidas nas faces médias da célula computacional e a elevação da superfície da água definida no centro da célula. As equações de águas rasas não têm solução analítica direta. O método de diferenças finitas resolve as equações governantes para um número finito de pontos no espaço e no tempo. Esse método necessita subdividir o domínio de aplicação em uma malha, com um número finito de células. As equações são discretizadas espacialmente em uma grade retangular, que consiste em células computacionais quadradas, com comprimento dx e largura dy. Utilizou-se uma malha computacional de 100 m × 100 m, a qual gerou aproximadamente 100.000 células computacionais ativas.

Dois períodos foram selecionados para o ajuste e a verificação da estimativa fornecida pelo modelo hidrodinâmico. O primeiro corresponde a um tempo total de 26 dias de simulação, iniciando às 16 h do dia 10/7/2002 e finalizando às 15 h do dia 5/8/2002. Esse período foi selecionado para a calibração do modelo. O segundo período corresponde a um tempo total de 15 dias de simulação, iniciando à 00 h do dia 1/3/2003 e finalizando à 00 h do dia 16/3/2003. Esse período foi escolhido para a verificação da estimativa. A seleção desses períodos se deu pela presença de registros contínuos de direção e intensidade de vento em três anemômetros localizados nas estações TAMAS, TAMAC e TAMAN, além de registros de dados de níveis da água em dois linígrafos, localizados nas estações TAMAS e TAMAN (Fig. 20.1).

Os parâmetros de calibração do módulo hidrodinâmico e os intervalos de variação encontrados na literatura são apresentados na Tab. 20.1. Para a lagoa Mangueira, foram adotados os valores médios da faixa observada.

Os níveis da água do SHT foram aferidos para os valores médios da faixa dos parâmetros hidrodinâmicos (Tab. 20.1). A calibração do modelo hidrodinâmico pode ser observada nas Figs. 20.4 e 20.5, nas quais as linhas pontilhadas representam os registros de níveis dos linígrafos das estações, e as linhas simples apresentam os níveis calculados pelo modelo para θ = 0,55, considerando o balanço hídrico no lago. A Fig. 20.4 mostra o ajuste de níveis no ponto localizado na estação TAMAN, enquanto a Fig. 20.5 mostra o ajuste de níveis para a estação TAMAS.

TAB. 20.1 Valores da literatura para os principais parâmetros utilizados no módulo hidrodinâmico

Parâmetro	Descrição	Faixa de Valores
A_h	Coef. de viscosidade turbulenta horizontal	5 – 15 (m²/s)
C_D	Coef. de arraste do vento	2 e -6 – 4 e -6
C_Z	Coef. de atrito de Chezy	50 – 70
Θ	Ponderador temporal	0,50 – 0,60

O ajuste do módulo hidrodinâmico, utilizando um esquema de diferenças finitas semi-implícito, com abordagem Euleriana-Lagrangiana, possibilitou uma boa aproximação dos resultados observados e simulados. Além disso, esse esquema permitiu utilizar maiores intervalos de tempo do que os utilizados em outros esquemas, mantendo a estabilidade. É importante destacar que a introdução do balanço hidrológico (precipitação e evapotranspiração), mesmo que de forma simplificada, possibilitou aproximar a variação entre os níveis calculados e observados.

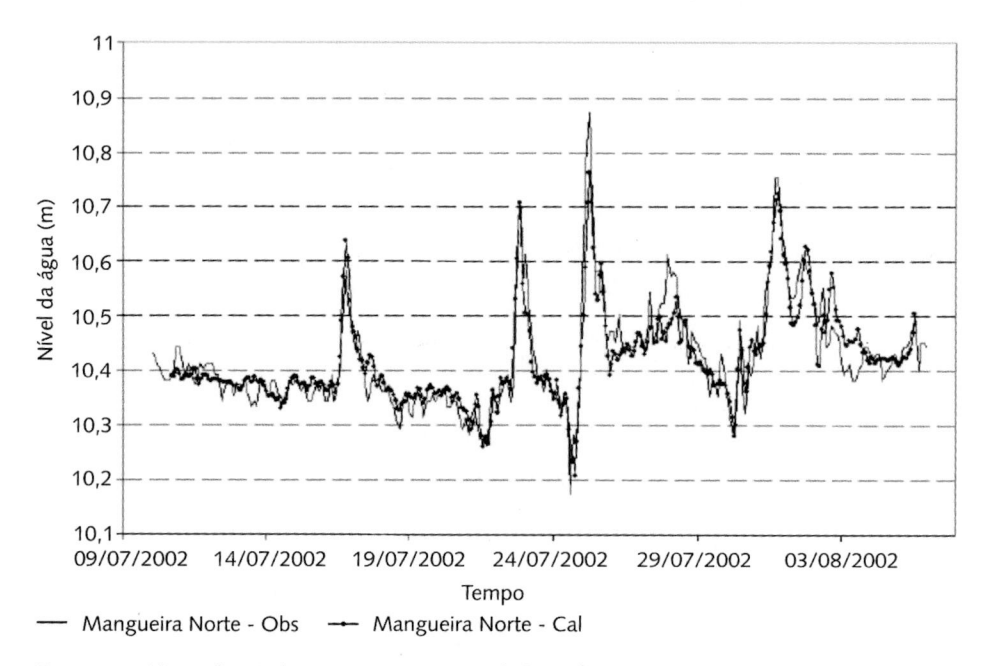

FIG. 20.4 Ajuste de níveis na estação TAMAN da lagoa Mangueira

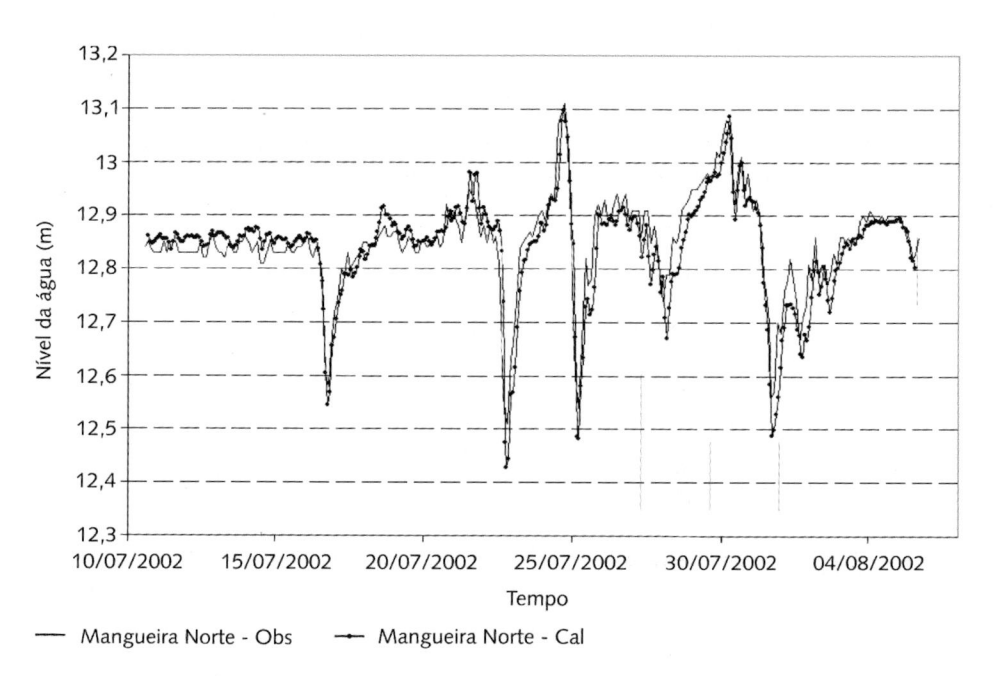

FIG. 20.5 Ajuste de níveis na estação TAMAS da lagoa Mangueira

20.2 SIMULAÇÕES DE FITOPLÂNCTON

O modelo descrito anteriormente foi aplicado no SHT (lagoa Mangueira) com o objetivo de avaliar seu potencial de eutrofização utilizando a estimativa de clorofila a como indicador biológico. Essa simulação deu ênfase aos processos de ganho e perda da população de fitoplâncton e aos efeitos do transporte devido à difusão e ao vento, agente principal de circulação das águas. Essa simulação também visou representar o efeito da vegetação do Banhado do Taim sobre a taxa efetiva de crescimento de fitoplâncton por meio de um coeficiente de redução da radiação solar na superfície da água naquela região.

As informações de temperatura da água e radiação solar incidente na superfície foram obtidas na estação meteorológica TAMAN, localizada ao norte da lagoa Mangueira (Fig. 20.1), com registros dos horários de frequência para essas variáveis. Observou-se um declínio dos valores das variáveis climáticas ao longo do período, característico do período anual. O fotoperíodo adotado foi 0,5, equivalente a 12 horas de incidência de luz diária. Considerou-se que todo o sistema estava com uma concentração inicial de 1 mg.l^{-1} de nitrogênio em forma de nitrito e de 0,025 mg.l^{-1} para o fósforo total, de acordo com o limite para corpos d'água de água doce de classe 1 estabelecido pela Resolução Conama nº 357/2005. O tempo total de simulação foi de 600 horas (25 dias), iniciando à 00 h do dia 22/12/2002. Considerou-se como condição inicial uma concentração uniforme com um valor de 1 µg.l^{-1} de clorofila a para todo o sistema.

A simulação de eutrofização mostrou um claro gradiente da taxa efetiva de crescimento (Fig. 20.6), das regiões mais rasas (litoral) para as mais profundas (pelágicas). Além disso, é possível perceber uma transferência de matéria para o canal por meio dos processos referentes à hidrodinâmica. A formação de pontais ao longo da costa da lagoa propicia zonas de recirculação que ajudam a conduzir o material da região mais rasa para a região mais profunda. Também é possível identificar as regiões mais ao sul e ao norte da lagoa Mangueira como áreas de alta produtividade.

A aplicação de um coeficiente redutor da radiação solar incidente no Banhado do Taim resulta em um comportamento diferenciado da

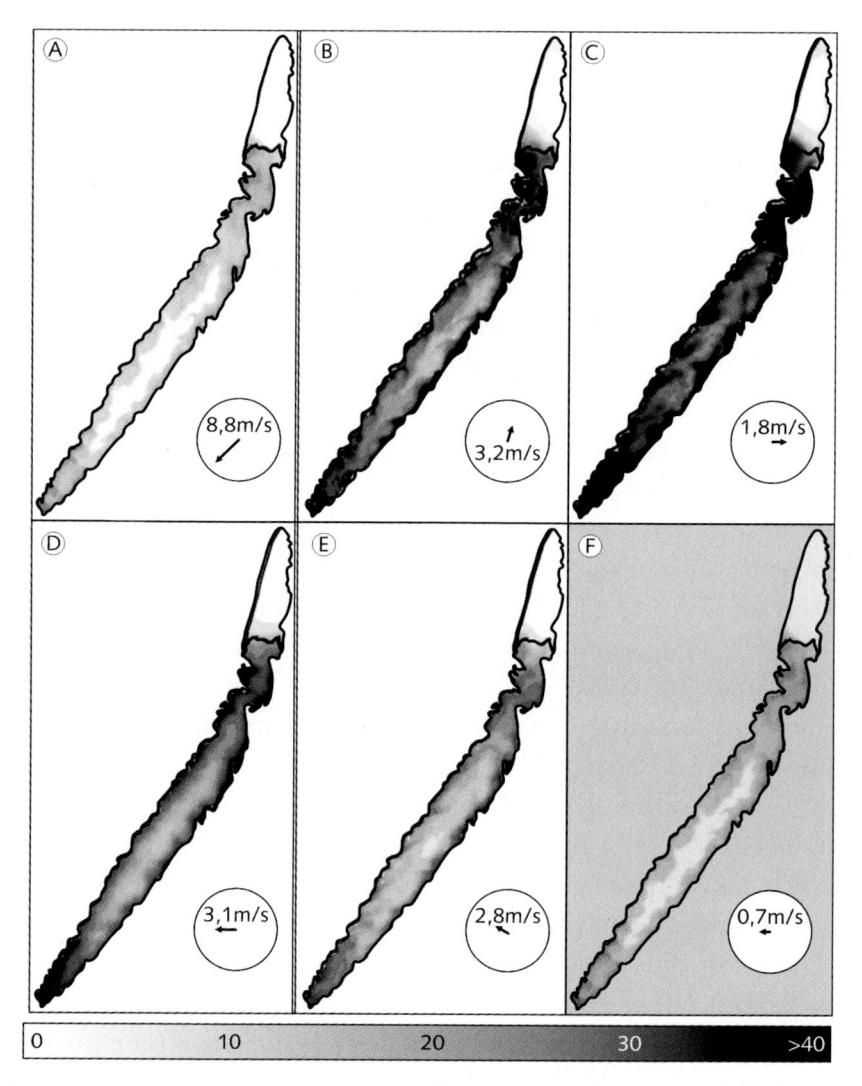

FIG. 20.6 Campos de concentração de clorofila a (μg.l[1]) para o sistema com vento e com uma redução de 80% da radiação solar incidente no Banhado do Taim, nos instantes: (A) 0 hora; (B) 400 horas; (C) 800 horas; (D) 1.200 horas; (E) 1.600 horas; (F) 2.000 horas. A escala de cores em níveis de cinza indica a variação da concentração de clorofila a de 0 a 40 μg.l^{-1}. Uma biruta, em cada quadro de simulação, indica a direção e a intensidade do vento

produtividade. Os quadros da Fig. 20.6 mostram que uma redução de 80% dos valores da radiação solar produz uma minimização da produção primária com relação à simulação sem esse coeficiente, e que, com esse valor, o campo de concentração de clorofila a no banhado tem valores bem diferentes daqueles estimados na lagoa Mangueira. A redução da passagem de luz para o meio compromete a produção primária no Banhado do Taim e a taxa efetiva de crescimento assume valores negativos, fazendo com que o campo de concentração de clorofila a no Banhado possua valores de pequena magnitude.

Esse coeficiente reproduz a realidade encontrada na região, porém falta saber o valor que melhor representa o efeito da vegetação sobre a taxa efetiva de crescimento. Isso significa que, nesse caso, o coeficiente é mais um parâmetro para calibração do módulo biológico. Somente com registros de concentração de clorofila a e de radiação solar que passa para o meio é possível estimar um valor aproximado desse coeficiente.

Próximo de 1.200 horas de simulação, o balanço entre a produção primária e as perdas em um período diário muda de sinal, ou seja, a partir desse ponto, as perdas por respiração, consumo e excreção no período noturno superam os ganhos de biomassa no período de incidência solar (Fig. 20.6E).

Os resultados obtidos nas simulações podem ser verificados espacialmente, por meio dos mapas de clorofila a oferecidos gratuitamente pela Nasa (Fig. 20.7), ou pontualmente, a partir de um conjunto de amostras observado no sistema (Fig. 20.8).

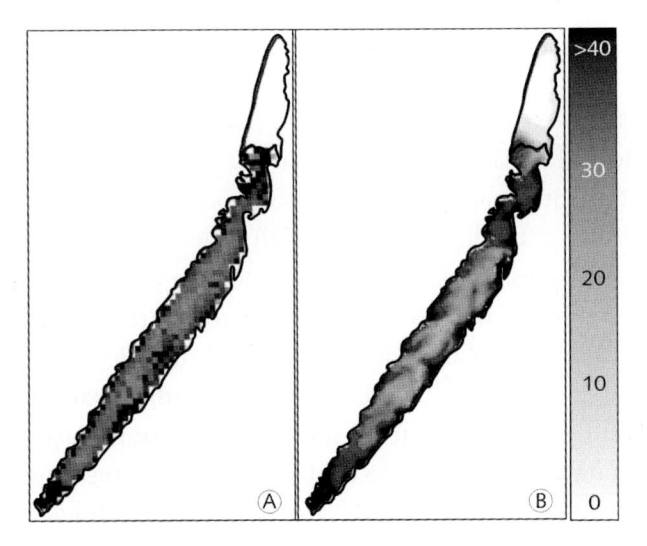

FIG. 20.7 (A) Imagem de clorofila a derivada do satélite Modis com 1 km de resolução para o dia 8/2/2003; (B) campo de concentração de clorofila a simulado para o dia 8/2/2003

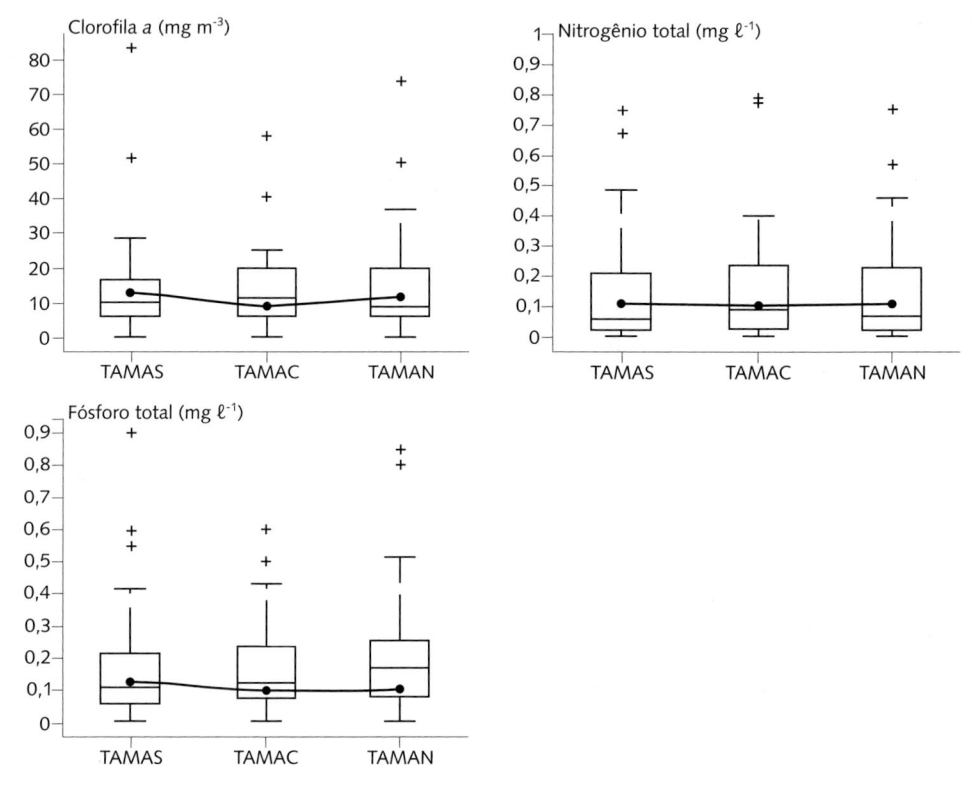

FIG. 20.8 Comparação entre os diagramas "box-plot" correspondente a 37 amostras e a mediana dos valores de clorofila a, nitrogênio e fósforo total simulados em três pontos da lagoa Mangueira (TAMAS = sul, TAMAC = centro e TAMAN = norte)

20.3 DERIVA DE ESTADOS ALTERNATIVOS

20.3.1 Processo de histerese e a variação no K_d

A simulação de ciclos sazonais para uma faixa de valores do parâmetro K_d (coeficiente de atenuação da luz na água) permite avaliar estados alternativos de estabilidade – os caminhos de degradação e restauração do ecossistema aquático com a mudança de nível de nutrientes. Dessa forma, o modelo IPH-ECO foi configurado para trabalhar de forma concentrada, considerando todos os módulos ativos (*i.e.* hidrodinâmico, de qualidade da água e biológico). Impuseram-se condições climatológicas subtropicais de temperatura, luz, radiação solar, vento, precipitação e evaporação (latitude 33S) para um lago raso com 4 m de profundidade média e 18 km² de dimensão.

Estudo de Casos

O parâmetro K_d foi mudado sobre uma certa faixa de valores (de 0 a 1,5 m^{-1}) em um número de passos pequenos (0,02 m^{-1}) no sentido ascendente e, em seguida, descendente. O estado final da simulação anterior foi usado como condição inicial da simulação seguinte. Em cada passo do parâmetro, o modelo simulava 15 anos, considerando um período de estabilização de 5 anos para representação dos ciclos sazonais. Em cada ano, fora do período de estabilização, era gravado um dado de biomassa de vegetação aquática submersa e de algas totais em um dia no verão (15 de janeiro).

Como um exemplo para compreender os mecanismos e processos que levam um ecossistema aquático à degradação e/ou restauração, essa análise avaliou o efeito da variação da turbidez na água (parâmetro K_d) sobre o estabelecimento das comunidades de algas e vegetação aquática submersa e, consequentemente, no estado trófico do ecossistema. Assim, procurou-se determinar se o ecossistema aquático tinha estados alternativos de estabilidade, que refletem diferentes caminhos para mudanças dos valores do parâmetro no sentido ascendente e descendente. Com a metodologia descrita anteriormente, verificaram-se claramente dois estados alternativos para diferentes caminhos na biomassa de macrófitas aquáticas submersas e de fitoplâncton (Figs. 20.9 e 20.10). O primeiro, de águas claras, caracteriza-se por baixos valores de K_d

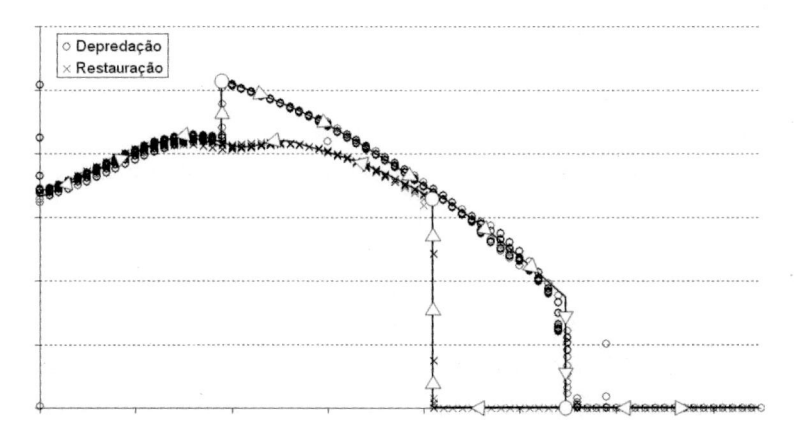

FIG. 20.9 Efeito da mudança do coeficiente de extinção da luz devido a substâncias dissolvidas na água sobre vegetação aquática submersa (em 15 de janeiro). Um esforço maior é necessário para revitalizar o sistema. Os pontos F_1, F_2 e F_3 representam pontos de troca de estados alternativos

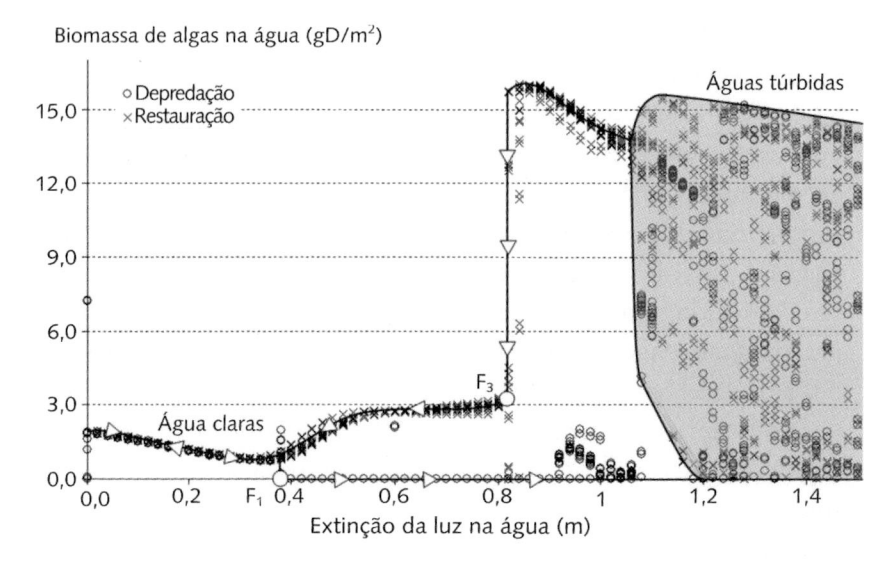

FIG. 20.10 Efeito da mudança do coeficiente de extinção da luz devido a substâncias dissolvidas na água sobre fitoplâncton (em 15 de janeiro). Os pontos F_1, F_2 e F_3 representam pontos de troca de estados alternativos

(*i.e.* baixos níveis de nutrientes e alta transparência da água), com uma elevada concentração de vegetação submersa e pouco fitoplâncton. No segundo estado alternativo, encontram-se altos valores de turbidez, dominância de algas e pouca vegetação aquática submersa.

Nota-se que os estados alternativos podem variar de acordo com as condições estabelecidas no sistema, ou seja, dependem dos valores dos parâmetros utilizados. Por exemplo, se estabelecermos uma variação dos valores do parâmetro K_d entre aproximadamente 0,4 e 1,1 m^{-1}, observa-se uma faixa bem definida onde ocorrem estados alternativos de estabilidade (Figs. 20.9 e 20.10). Quando o ecossistema está em um estado de águas claras, ele não passa para outro estado por meio de uma transição suave. Ao contrário, quando as condições mudam suficientemente para ultrapassar um limiar (F_2), ocorre uma transição brusca para outro estado. Entretanto, para induzir o ecossistema a uma troca para o estado inicial de águas claras dominado pela vegetação (sentido da restauração), não basta estabelecer condições semelhantes àquelas anteriores ao colapso (F_2), mas é necessário ir um pouco além, até um novo ponto de troca (F_3), onde o sistema se recupera e retorna ao seu estado inicial de águas claras.

No sentido ascendente, o modelo representou duas mudanças bruscas da concentração de macrófitas aquáticas (F_1 e F_2). A primeira quebra (ponto F_1 da Fig. 20.9), para $K_d \approx 0,4$, ocorreu devido às interações entre as comunidades aquáticas com uma combinação de efeitos negativos sobre a comunidade de algas (*e.g.* consumo pelo zooplâncton, peixes onívoros e planctívoros e limitação de luz). Sem a presença do fitoplâncton na água, o coeficiente de atenuação da luz é reduzido bruscamente, propiciando mais luz nas camadas mais profundas para o crescimento da vegetação aquática submersa (ponto F_1 da Fig. 20.10). A segunda quebra (F_2) acontece pelo efeito físico da alta turbidez, gerando falta de luz na profundidade onde se encontra a vegetação submersa (fundo). Com o colapso da vegetação submersa, o sistema passa a ser dominado pela comunidade fitoplanctônica, porém sem a presença de ciclos sazonais (equilíbrio sazonal instável).

Identificaram-se quatro faixas de valores de transparência bem definidas nas quais o ecossistema pode assumir diferentes características ambientais. Na primeira faixa (K_d abaixo de aproximadamente $0,4 \text{ m}^{-1}$), existe apenas uma base de atração, e qualquer perturbação é absorvida pelo sistema, que voltará ao seu estado original após a passagem do efeito da perturbação. Na segunda faixa (K_d entre aproximadamente 0,4 e $0,8 \text{ m}^{-1}$), o sistema possui estados alternativos de estabilidade e uma determinada perturbação poderá levar o sistema para outra base de atração, porém sem mudanças de estados de transparência (*e.g.* o sistema poderá trocar de estado, mas sem o risco da passagem para um estado de águas túrbidas. Na terceira faixa (K_d entre aproximadamente 0,8 e $1,1 \text{ m}^{-1}$), o sistema está sujeito a grandes mudanças de estado. Conforme a força de perturbação, o sistema poderá partir para outro estado alternativo de equilíbrio (*i.e.* uma mudança de um estado de águas claras para um estado de águas túrbidas, ou vice-versa). Observa-se que o sistema vai perdendo resistência de mudança do seu estado atual com o aumento de K_d. A última faixa (K_d acima de $1,1 \text{ m}^{-1}$) caracteriza-se por um estado de águas túrbidas com múltiplas bases de atração (com exceção da vegetação submersa). Nessa faixa, uma determinada perturbação poderá levar o sistema a outra base de atração, porém sempre caracterizado por um estado de águas túrbidas. Para K_d acima de

$1,1\,m^{-1}$, o ecossistema aquático responde caoticamente, ou seja, observam-se padrões irregulares para a biomassa das comunidades aquáticas dentro do ciclo sazonal, com exceção da vegetação submersa, que tem sua concentração nula (Fig. 20.9). Isso implica que, para essa faixa de valores de K_d, não seria possível prever a resposta das comunidades aquáticas sazonalmente durante, por exemplo, um processo de restauração no ecossistema (estado alternativo instável).

Os pontos F_1, F_2 e F_3 representam pontos de troca de estados alternativos, ou seja, o limiar da passagem de estados distintos. Em particular, F_3 representa o nível de transparência e qualidade da água a ser atingido pelo ecossistema para sua revitalização e retorno para um estado de referência. O conhecimento desse ponto é fundamental para a aplicação e escolha da medida de restauração mais apropriada para um determinado ecossistema.

Ao se conhecer o ponto de troca responsável pela revitalização, o modelo ecológico poderia ser utilizado para prever o tempo necessário e os níveis de qualidade atingidos pelo ecossistema após a aplicação de um conjunto de medidas corretivas de caráter interno, nas bacias de contribuição e no ecossistema aquático, que maximize os benefícios socioambientais e econômicos. Cada medida corretiva poderia ser previamente testada pelo modelo e, assim, verificada sua eficiência para a troca de um estado de águas túrbidas para um estado de águas claras.

20.3.2 Efeitos da flutuação no regime hídrico sobre a vegetação submersa

Flutuações no regime hídrico de lagos rasos tendem a gerar distúrbios na qualidade da água (Ferreira et al., 2007). O rebaixamento do nível da água pode afetar funções ecológicas de compartimentos biológicos, como plantas aquáticas e fitoplâncton. Isso causa alterações na ciclagem interna de nutrientes, podendo induzir um lago de águas oligotróficas (dominado por vegetação aquática submersa) a eutróficas dominadas por cianobactérias. (Moss, 1990; Scheffer, 1998). Tal alteração na qualidade da água decorre da mortalidade da vegetação submersa, que, ao se decompõe em função do estresse hídrico, libera grandes quantidades de compostos orgânicos e inorgânicos prontamente disponíveis (Ferreira; Motta Marques; Villanueva, 2003).

Para compreender essa alteração na dinâmica de nutrientes e seus potenciais impactos, promovidos pela variação no regime hídrico sobre estados alternativos de qualidade da água, foi utilizado o modelo IPH-ECO (Fragoso Jr. et al., 2007). A simulação do efeito da lixiviação de nutrientes oriunda da decomposição de biomassa vegetal foi baseada experimentalmente na decomposição inicial das principais espécies de macrófitas aquáticas submersas que ocorrem na lagoa Mangueira e estão preferencialmente estabelecidas na região sul, apresentando altos índices de ocupação (Fig. 20.11).

A partir de dados da biomassa média por m^2 levantados em campo, estimou-se a lixiviação de orto-P referente 1 g de biomassa (peso seco). Em função da variação de biomassa na área amostrada, estimou-se uma variação na lixiviação de 0,02 a 0,06 $mg.l^{-1}$. Essa variação foi implementada nas simulações e, com isso, verificou-se o efeito de diferentes concentrações desse nutriente sobre a cadeia trófica.

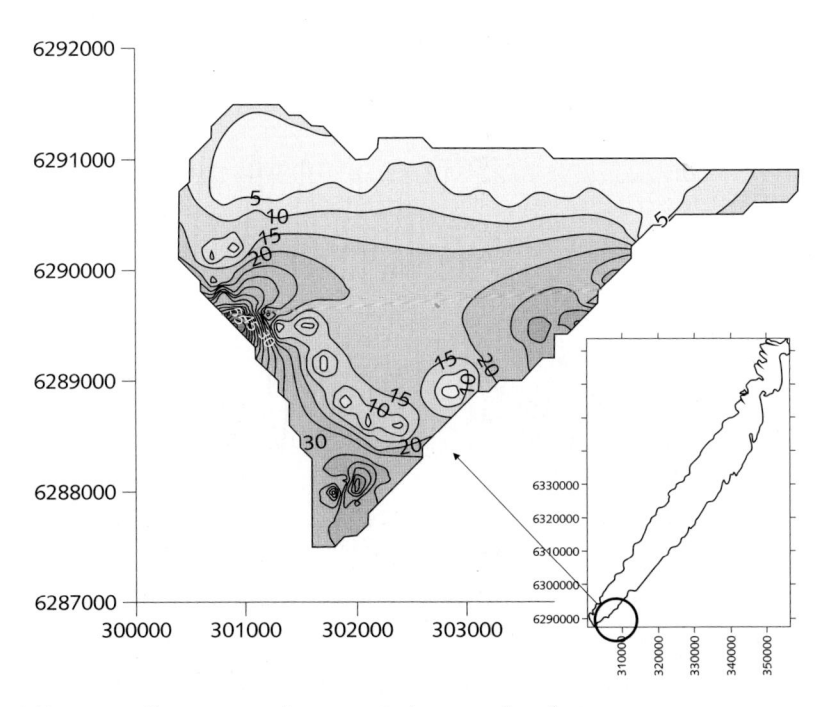

FIG. 20.11 Porcentagem de ocupação da vegetação submersa expressa como porcentagem de volume infestado (PVI)

As simulações ecológicas para estados alternativos foram realizadas considerando-se a possibilidade de dois cenários. O primeiro leva em conta o efeito do aporte crescente de orto-P e sua assimilação por meio da produção primária pelo fitoplâncton. Portanto, nesse cenário, o sistema não teria mais a presença de vegetação submersa nem a possibilidade de assimilação desses nutrientes por outros grupos de macrófitas, sendo determinado o florescimento do fitoplâncton sem competição pelo recurso. Com o incremento de orto-P da ordem de 0,01 a 0,5 mg/L no sistema, evidenciaram-se alterações na estrutura da comunidade fitoplanctônica representada por três classes principais: diatomáceas, clorofíceas e cianobactérias (Fig. 20.12).

No início da simulação, já é possível observar o decaimento da biomassa e o desaparecimento da classe de clorofíceas, seguida por diatomáceas no decorrer da simulação. Com o contínuo incremento de orto-P e a mortalidade dessas classes de algas, ocorre o aumento substancial de cianobactérias, as quais dominam a coluna d'água, aumentando, consequentemente, o coeficiente de atenuação da luz (K_d). Esse coeficiente representa a penetração de luz na coluna d'água,

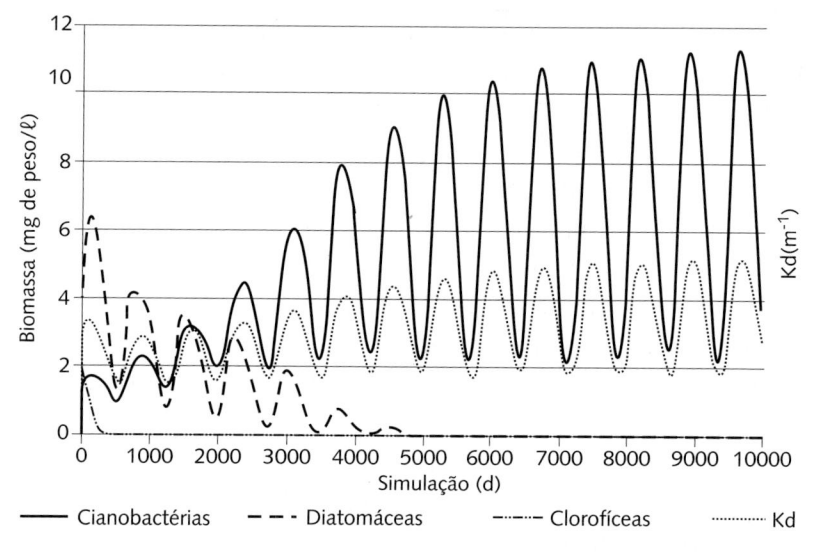

FIG. 20.12 (a) Simulação do crescimento do fitoplâncton e seu efeito sobre o K_d em função do incremento de orto-P oriundo da biomassa vegetal submersa: evidência de estado alternativo eutrofizado-túrbido dominado por cianobactérias; (b) espectro dos possíveis valores de biomassa do fitoplâncton ao longo do gradiente de orto-P

e valores acima da ordem de 4 já são considerados altos e, portanto, representativos de águas túrbidas (Scheffer, 1998). A dominância de cianobactérias e o aumento do K_d em função da biomassa dessas algas constituiriam um estado alternativo túrbido (eutrofizado) para o sistema, no qual uma série de interações tróficas sucumbiriam, uma vez que a diversidade de produtores primários seria alterada. Isso levaria, presumivelmente, a uma diminuição da produção pesqueira.

O espectro de possíveis valores de produção do fitoplâncton em função do aporte de orto-P no sistema mostra que incrementos acima de 0,025 mg.l^{-1} já são suficientes para prejudicar a classe de diatomáceas, sendo que a classe de clorofíceas é ainda mais suscetível, decaindo com valores acima de 0,01 mg.l^{-1}. Na variação de 0,01 a 0,05 mg.l^{-1}, diferentes valores de biomassa podem ser encontrados para as classes de diatomáceas e cianobactérias; entretanto, acima desse valor, há somente a proliferação de cianobactérias. Isso sugere que o limiar crítico para a inversão do sistema a um estado túrbido esteja acima desse intervalo.

No segundo cenário, considerando as mesmas condições de contorno do primeiro, foram incluídos os grupos de macrófitas aquáticas. A resultante da simulação, nesse caso, em função do aumento da concentração de fósforo reativo (orto-P), foi a dominância de macrófitas aquáticas flutuantes, alcançando aproximadamente 500 g/m^2 (Fig. 20.13).

Esse tipo de planta, por criar uma densa cobertura na superfície da coluna d'água, impede a passagem total de luz e, portanto, os valores de K_d são ainda mais altos. O estado alternativo dominado por essa vegetação também não é adequado ao sistema, causando o comprometimento dos usos múltiplos da água. Isso sugere que, no caso de um sistema fechado, pequenos incrementos de fósforo reativo (orto-P) são capazes de alterar a estruturação do sistema e, com isso, a dinâmica de interações tróficas. Uma vez que essa camada de plantas flutuantes inibe a passagem da luz, a produção primária na coluna d'água decai acentuadamente, prejudicando a respiração dos organismos aquáticos.

Ao se avaliar a biomassa de flutuantes e fitoplâncton ao longo do gradiente de concentrações de fósforo reativo (orto-P) (Fig. 20.13), é visível o predomínio da biomassa das plantas diante do decaimento

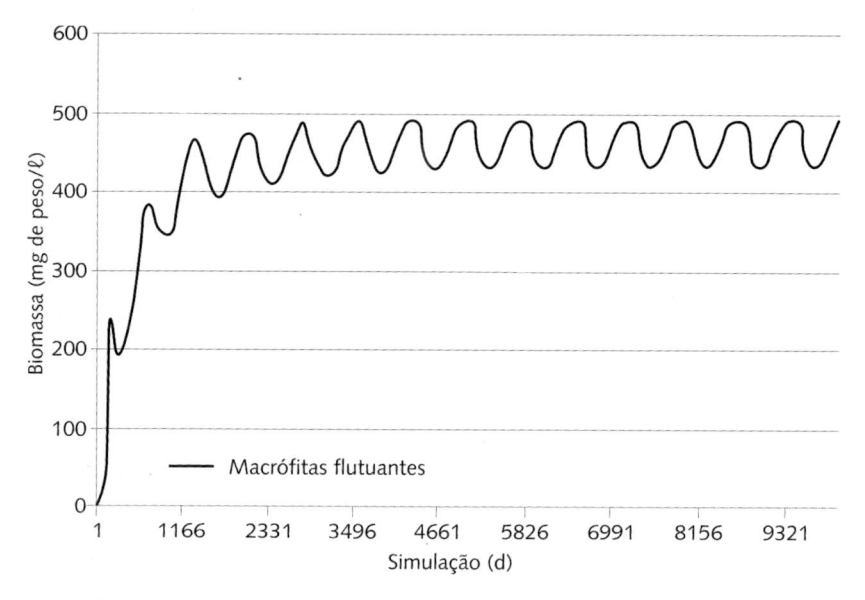

FIG. 20.13 (a) Simulação da biomassa de macrófitas aquáticas com o incremento de orto-P no sistema: estado alternativo eutrofizado por macrófitas flutuantes; (b) espectro dos possíveis valores de biomassa de macrófitas flutuantes e fitoplâncton ao longo do gradiente crescente de orto-P: evidência de competição e dominância de macrófitas

abrupto do fitoplâncton. Nesse sentido, assume-se a forte competição por recursos entre esses compartimentos, impossibilitando a ocorrência de ambos no mesmo hábitat.

Dessa forma, admite-se que a decomposição da vegetação submersa ocasionada por um rebaixamento drástico no nível do sistema pode induzir o sistema a dois estados alternativos distintos. Um deles seria a eutrofização resultante da proliferação do fitoplâncton, tendo como estágio final o domínio total por cianobactérias e, consequentemente, um estado de turbidez. O outro estado seria a dominância exercida por macrófitas flutuantes, que afetariam a estrutura trófica e a qualidade da água do sistema, uma vez que são capazes de impedir qualquer penetração de luz, podendo causar grandes mortalidades de peixes. Portanto, ambos os estados induzidos pelo aumento de orto-P implicariam o comprometimento das funções ecológicas. Entretanto, a dominância de determinados compartimentos biológicos é, via de regra, dependente de variáveis abióticas de contorno no sistema, as quais devem ser consideradas no intuito de prever reais alterações no ambiente.

No caso da lagoa Mangueira, as condições de vento devem ser consideradas em próximas simulações, pois são essenciais para a hidrodinâmica e determinantes para a estruturação das comunidades de produtores primários (Fragoso Jr., 2005). Como visto anteriormente, a discretização espacial associada ao conhecimento da dinâmica de fatores abióticos condicionantes do sistema é importante para a avaliação do transporte da biomassa, seja de fitoplâncton ou de plantas flutuantes. Por causa do regime severo de ventos dessa lagoa, existe uma grande restrição ao estabelecimento de plantas flutuantes, as quais, no início da proliferação, certamente seriam arrastadas para uma das extremidades da lagoa, em função da orientação SO-NE dos ventos predominantes. O estado alternativo representado pela presença de macrófitas flutuantes seria apenas passível de ocorrência sob a ausência de ventos em ambientes lênticos relativamente estagnados. Portanto, a hipótese de ocorrência de florações de cianobactérias seria mais plausível, embora os ventos também sejam prejudiciais à estabilização de suas populações (Moss, 1990).

Dadas as limitações das simulações preliminares, busca-se à incorporação dos condicionantes de larga escala, tais como regime de ventos e hidrodinâmica, para o melhor entendimento da distribuição das comunidades biológicas no sistema e suas possíveis alterações pela atuação desses agentes. Além disso, a ciclagem interna de nutrientes também é regida pelo fator vento, capaz de ressuspender partículas e, com elas, o fósforo reativo ao sistema. Porém, no caso do estabelecimento de plantas aquáticas submersas ou emergentes, há uma redução potencial das taxas de ressuspensão de partículas (James; Barko, 1990). Essas comunidades atuam como tampões, aumentando a resiliência do sistema contra inversões drásticas pela ação de ventos e eutrofização (Scheffer et al., 1994b). Porém, uma vez que esses compartimentos são atingidos, como pela depleção no nível da água, o ambiente torna-se mais suscetível a alterações na qualidade da água (Van Nes et al., 1999, 2002a). Assim, o conhecimento global das funções e a distribuição espacial de produtores primários no corpo aquático são importantes para a previsão dos efeitos de forças externas e internas atuantes.

Apesar de preliminares, as simulações sugerem um limiar crítico para a inversão de estados em torno de 0,05 (mg.l^{-1}) de fósforo reativo (orto-P), geralmente o principal limitante para florações de cianobactérias e o responsável por processos acelerados de eutrofização (Sondergaard et al., 2000). No entanto, assume-se que o nível crítico de resiliência em lagos rasos subtropicais tende a ser maior do que em lagos temperados, uma vez que a complexidade de interações tróficas é maior (Jeppesen et al., 2005) e o crescimento e efeito positivo da vegetação aquática é contínuo durante todo o ano, diferentemente de ambientes temperados (Ferreira et al., 2007). Como os valores críticos de mudança do sistema foram obtidos por meio de uma simulação computacional, são ainda necessários experimentos sob condições controladas para a parametrização do modelo e a confirmação dos limiares de resiliência estimados para lagos subtropicais.

20.4 BIOMANIPULAÇÃO EM LAGOS

A biomanipulação é uma técnica que visa à restauração da qualidade da água em ecossistemas aquáticos. Essa técnica consiste em reduzir a população de peixes planctívoros e bentívoros, aliviando a predação no zooplâncton e no zoobentos. O aumento da biomassa zooplanctônica

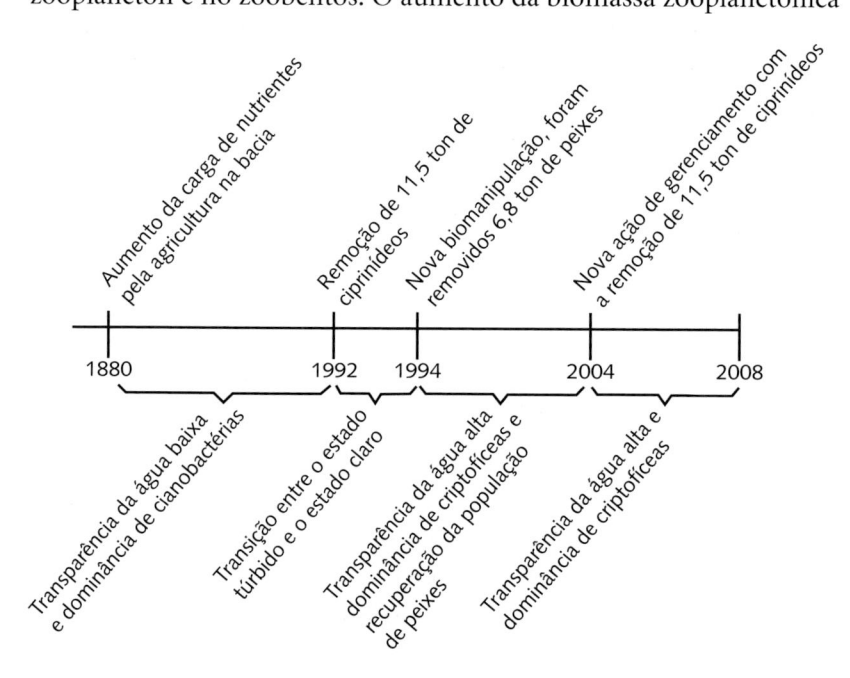

FIG. 20.14 Cronologia de eventos e condições no lago Engelsholm (Dinamarca)

ESTUDO DE CASOS

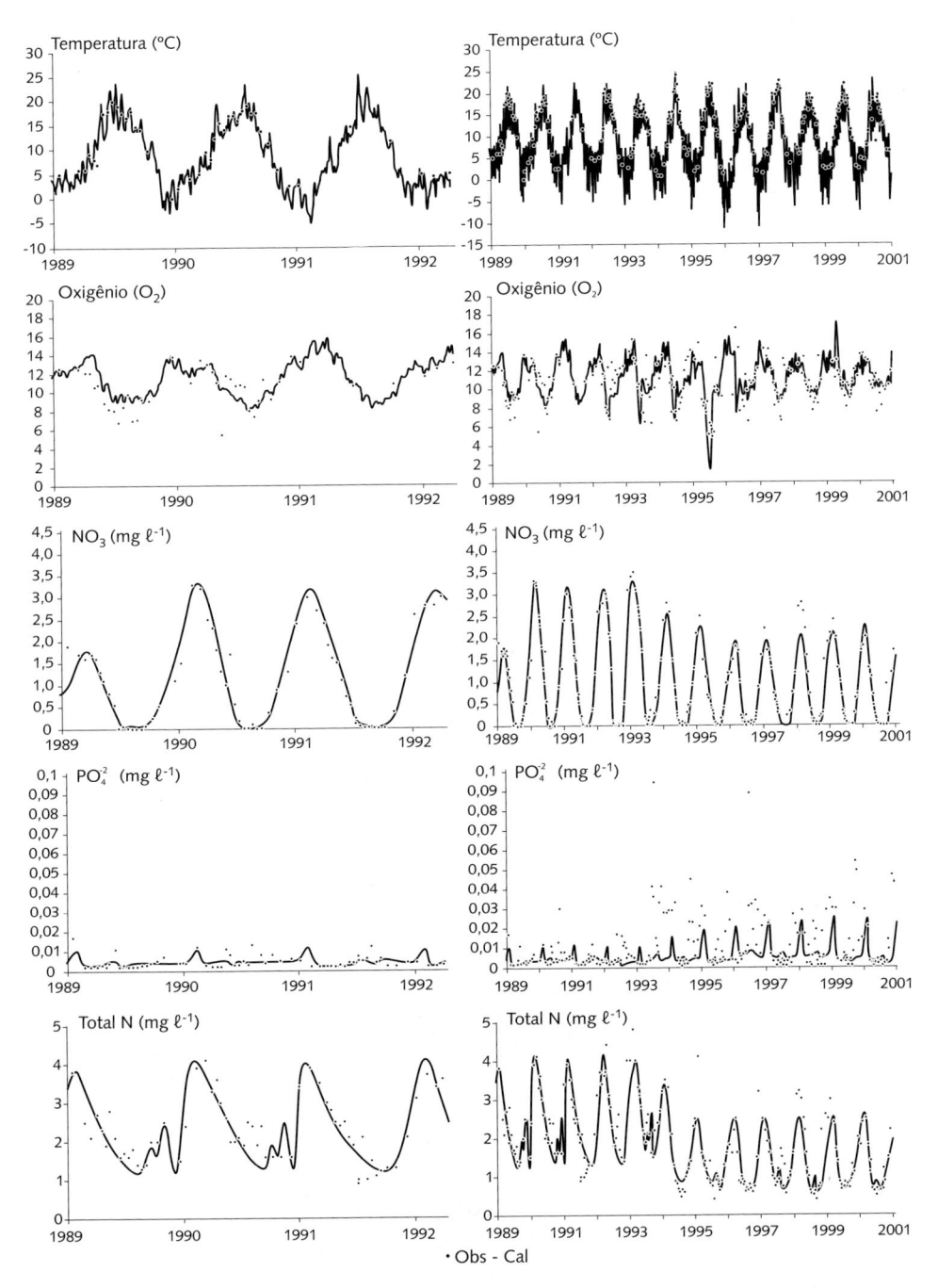

FIG. 20.15 Calibração e validação do modelo para temperatura da água, O_2, NO_3, PO_4 e nitrogênio total

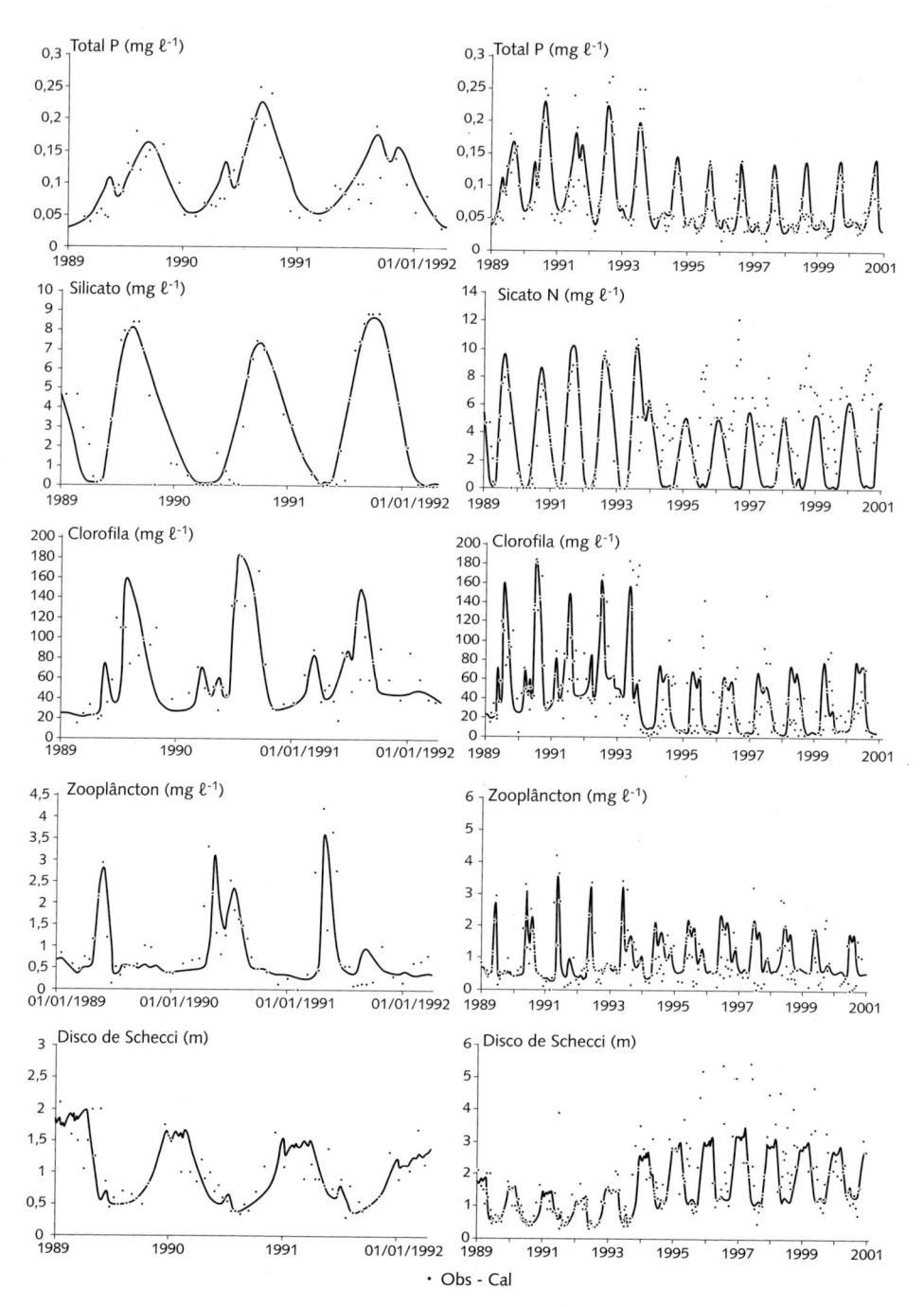

FIG. 20.16 Calibração e validação do modelo para fósforo total, sílica, clorofila a, zooplâncton e disco de Secchi

eleva a pressão de predação no fitoplâncton e reduz os níveis de biomassa fitoplanctônica.

O modelo IPH-ECO foi aplicado com a finalidade de representar a dinâmica do ecossistema antes e após a biomanipulação (remoção da população de ciprinídeos – um peixe planctívoro) no **lago Engelsholm**, um lago raso eutrófico de uma região agrícola da Dinamarca (Fig. 20.14). O modelo foi calibrado para um período de 3 anos antes da biomanipulação e validado para um período de 10 anos depois da biomanipulação.

Embora o modelo tenha previsto razoavelmente bem uma clara mudança de estado da água, a mudança da composição dos grupos funcionais de fitoplâncton não foi bem representada (Figs. 20.15 e 20.16).

As simulações mostraram uma dominância de diatomáceas, com uma concentração relativamente elevada de clorofila a após a biomanipulação, ao contrário da dominância de criptofíceas observada. As demais variáveis foram bem representadas pelo modelo, com exceção da sílica após a biomanipulação. Esses resultados indicam que a estrutura de modelo poderia ser melhorada de forma a reproduzir os padrões tróficos observados após a biomanipulação. No entanto, as alterações ecológicas após a biomanipulação são tão grandes que é praticamente impossível prever com exatidão o cenário após a biomanipulação.

20.5 INTERAÇÕES TRÓFICAS EM CASCATA

Nas últimas décadas, o comportamento da estrutura trófica e suas interações em ecossistemas aquáticos foram assunto de intensivos debates e pesquisas. Até o final da década de 1960, prevalecia a visão de que a cadeia alimentar era primariamente regularizada pelos recursos disponíveis, isto é, a partir da base da teia alimentar aquática (Hrbacek et al., 1961; Brooks; Dodson, 1965; Brooks, 1969). Por exemplo, o fitoplâncton, regularizado por nutrientes e luz; o zooplâncton pelo fitoplâncton, e assim por diante. Isso foi chamado de controle ascendente, ou controle por recurso (em inglês, *bottom-up control*) (McQueen; Post; Mills, 1986), um conceito que perdurou por bastante tempo. A partir de meados da década de 1980, tornou-se evidente que a cadeia alimentar poderia ser também fortemente regularizada pelo topo (chamado de controle descendente ou predatório; em inglês, *top-down control*), ou seja, o zooplâncton regularizado pelos peixes, o fitoplâncton pelo zooplâncton etc. (Carpenter; Kitchell; Hodgson, 1985; Gulati et al., 1990; Carpenter; Kitchell, 1993; Mortensen et al., 1994).

Na verdade, porém, estudos comprovam que o sentido do controle das interações tróficas depende de diversas variáveis, tais como o número de *links* da cadeia alimentar (Persson et al., 1988), ou a força e a posição da perturbação imposta sobre a cadeia (McQueen; Post; Mills, 1986; McQueen et al., 1989). Diversos exemplos sustentam as hipóteses de Persson et al. (1988), como se verifica em Persson et al. (1992), Wurtsbaugh (1992) e Hansson (1992), em que um controle ascendente é caracterizado por um número ímpar de comunidades aquáticas presentes (*i.e.* 1, 3 etc.) e um controle descendente, por um número par de *links* (*i.e.* 2, 4 etc.). Em contraste, diversos estudos em lagos mostraram que outras variáveis podem definir o tipo de controle e que simples cadeias alimentares, como as suportadas por Persson, são raras (Leibold, 1990; Flecker; Townsend, 1994; Mazumder, 1994). Baseado em análises experimentais, McQueen, Post e Mills (1986) e McQueen et al. (1989) mostraram que o controle ascendente é mais forte na base da cadeia e decresce em níveis tróficos mais altos, e que, de modo inverso, o controle descendente é mais forte no topo da cadeia e decresce progressivamente para níveis mais baixos (Fig. 20.17). Entretanto, essa afirmação nem sempre é válida, pois, dependendo da disponibilidade de nutrientes, a força entre dois níveis tróficos consecutivos pode ser menor do que em níveis intercalados (Sarnelle, 1992). Dessa forma, evidencia-se o grau de complexidade das interações

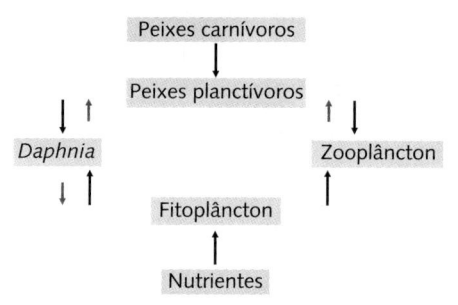

FIG. 20.17 Esquema dos controles ascendentes e descendentes por meio das interações tróficas. O tamanho das setas indica a força de relação entre dois níveis tróficos. O fitoplâncton é regularizado pelos nutrientes e controlado pelo zooplâncton na presença de *Daphnia*. A capacidade de crescimento do zooplâncton é influenciada pelo fitoplâncton, mas sua biomassa é afetada pelos peixes planctívoros que, por sua vez, são fortemente influenciados pelos peixes carnívoros

Fonte: adaptado de McQueen, Post e Mills, 1986.

tróficas entre as comunidades aquáticas, devendo cada ecossistema ser analisado conforme suas particularidades.

Os casos mais clássicos de efeitos em cascata ascendentes, encontrados na literatura, são de lagos sujeitos à mudança de níveis de nutrientes. O lago Veluwemeer, um extenso corpo d'água no centro da Holanda, é um típico exemplo (Scheffer; De Redelijkheid; Noppert, 1992). Na década de 1960, esse lago possuía um estado de águas claras, dominado por uma extensiva vegetação aquática submersa (Leentvaar, 1961, 1966). Porém, na década de 1970, com o aumento da carga de nutrientes, a qualidade da água foi deteriorando, e o lago Veluwemeer passou a um estado de águas túrbidas dominado por fitoplâncton (Hosper, 1984). Em 1979, implementam-se medidas de mitigação de cargas de nutrientes, no intuito de restaurar a qualidade da água do lago. Na década subsequente, a transparência da água aumentou e a vegetação aquática submersa finalmente ganhou seu espaço.

Outros estudos procuraram entender a resposta da cadeia alimentar a partir de uma redução dos níveis de nutrientes em lagos (Jeppesen et al., 1998a, 1999, 2000a, 2000b, 2002; Jeppesen; Jensen; Sondergaard, 2002; Jakobsen et al., 2003, 2004; Van Den Berg et al., 1997; Moss, 1990; Moss et al., 1996; Perrow; Moss; Stansfield, 1994). Um dos mais expressivos foi realizado recentemente, em 35 lagos com características variadas de profundidade, altitude, clima e estado trófico (Jeppesen et al., 2005). Os autores concluíram que, em lagos rasos, a população de fitoplâncton é reduzida, acompanhada por mudanças em sua estrutura, ou seja, uma dominância de diatomáceas, criptófitas e crisófitas no lugar das cianobactérias, o que está de acordo com levantamentos passados (Jeppesen et al., 1990, 1991, 2003; Jeppesen; Jensen; Sondergaard, 2002).

O declínio da biomassa algal foi atribuído ao aumento da taxa de consumo do zooplâncton, o qual contribuiu para uma observável mudança na estrutura das comunidades de peixes. Nesses lagos, a porcentagem de peixes piscívoros aumentou, em média, 80%, com uma forte redução da população de peixes planctívoros, aliviando a pressão sobre o zooplâncton. Em alguns lagos, a distribuição de macrófitas submersas aumentou durante a reoligotroficação, mas, em outros, nenhuma mudança foi observada, apesar de uma maior transparência da água.

Por outro lado, existem inúmeros casos que relatam os efeitos em cascata descendentes, provocados por alterações no topo da cadeia alimentar. Em sua maioria, esses estudos descrevem os efeitos da biomanipulação, técnica introduzida por Shapiro, Lamarra e Lynch (1975) que, na década de 1990, tornou-se mais comum no gerenciamento e na restauração de lagos (Carpenter; Kitchell, 1993; Hansson et al., 1999; Meijer et al., 1994, 1999). Existem vários exemplos bem sucedidos da aplicação dessa técnica (Shapiro; Wright, 1984; Van Donk et al., 1990; Meijer et al., 1994). Os efeitos da pesca predatória na abundância e composição das comunidades aquáticas também foram vastamente documentados (Lazzaro, 1987; Magnuson, 1991, Lévêque, 1995; Reid et al., 2000). A pesca predatória de uma comunidade específica de peixes pode levar à dominância de outras comunidades. Por exemplo, uma forte redução da população de peixes planctívoros geralmente leva a um notável aumento da comunidade de zooplâncton, resultando em baixos níveis de biomassa fitoplanctônica no sistema (Shapiro; Wright, 1984; Van Donk et al., 1990; Meijer et al., 1994).

Os peixes planctívoros têm preferência seletiva por zooplânctons de grande porte, tal como a *Daphnia*, um eficiente consumidor de fitoplâncton (Shapiro; Wright, 1984; Hambright, 1994). Lagos com grandes populações de peixes planctívoros são frequentemente dominados por cianobactérias filamentosas, que inibem o crescimento corpóreo da *Daphnia* (Hawkins; Lampert, 1989; Gliwicz, 1990; Gliwicz; Lampert, 1990). Além dos peixes planctívoros, os peixes bentívoros geralmente são dominantes sobre as demais comunidades de peixes de lagos cuja turbidez é alta (Lammens, 1991). Na procura por animais bentônicos, esses peixes podem aumentar a turbidez por meio da ressuspensão de sedimentos. Eles também estimulam florações de algas por meio do transporte de nutrientes do fundo para a coluna d'água e pelo consumo de zooplâncton que, por sua vez, poderia consumir fitoplâncton (Carpenter; Kitchell; Hodgson, 1985). Por outro lado, a pesca de peixes piscívoros pode aliviar a pressão sobre os planctívoros, bentívoros e onívoros, levando a uma redução da população de zooplâncton, deixando o sistema vulnerável a florações de fitoplâncton (Benndorf et al., 1988; Hambright, 1994; Mittelbach et al., 1995; Sondergaard; Jeppesen; Berg, 1997). Todavia, pouco se sabe ainda sobre o papel dos peixes onívoros na estrutura trófica aquática. Modelos ecológicos demonstram que essa categoria pode atuar como regularizadora das interações tróficas do ecossistema, e é uma das comunidades aquáticas com menor efeito sobre a estrutura trófica, uma vez que peixes onívoros não têm uma preferência seletiva por suas presas (Bruno; O'Connor, 2005; Vadeboncoeur et al., 2005).

Vale a pena ressaltar a posição especial que o zooplâncton ocupa na cadeia alimentar, como a mais importante comunidade no controle *top-down* de algas em muitos lagos (Scheffer, 1998). Além disso, pela sua heterogeneidade, grupos de tamanhos diferentes podem servir de alimento em diferentes estágios de vida para peixes e alguns zooplânctons carnívoros (Jeppesen et al., 1990). A *Daphnia* é um zooplâncton de grande porte, responsável por uma alta pressão de predação do fitoplâncton de tamanho médio. Entretanto, o fitoplâncton de grande porte (*e.g.* cianobactérias) pode crescer livremente, levando o lago a um estado túrbido (Arnold, 1971; Schindler, 1971; Gliwicz, 1990; Gliwicz; Lampert, 1990). Florações de cianobactérias representam um grande problema para a qualidade da água de lagos e reservatórios, uma vez que elas podem ser tóxicas aos seres humanos e aos animais, além de contribuírem para a perda do valor estético da água e aumentarem os custos de tratamento da água para abastecimento público (Azevedo; Brandão, 2003; De Bernardi; Giussani, 1990; Gliwicz, 1990; Hosper; Meijer, 1993; Sommer et al., 1986; Sarnelle, 1993).

A presença de grandes densidades de invertebrados bentônicos é outro fator que pode complicar ainda mais as interações tróficas (Scheffer, 1998). Eles se alimentam de detritos e algas do sedimento, e caçam na água algumas espécies de zooplâncton de pequeno porte (Pastorok, 1980; Luecke; O'Brien, 1983). O tamanho da maioria dos invertebrados bentônicos, porém, torna-os uma atrativa comida para peixes planctívoros, bentívoros e onívoros. Portanto, sua presença pode suavizar a pressão de predação dos peixes sobre o zooplâncton, regularizando as interações entre as comunidades aquáticas (Jeppesen, 1998). A alta disponibilidade de bentos em lagos rasos está refletida na estrutura da comunidade de peixes. Por exemplo, em lagos eutróficos, túrbidos, não vegetados, é comum a presença de peixes bentívoros (Lammens, 1985; Lammens; Denie; Vijverberg, 1985).

O modelo IPH-ECO também poderia ser aplicado para avaliar as interações tróficas em cascata e identificar o importante papel das comunidades biológicas na manutenção do ecossistema.

Tendo por base as condições da simulação anterior, as comunidades aquáticas foram simuladas em um horizonte de 10 anos (Fig. 20.18). Verificou-se um ciclo sazonal bem definido após o efeito das condições iniciais (aproximadamente 2 anos). A produção primária acompanha as condições climáticas subtropicais, com dois picos por ano: um na primavera e outro no verão, nas condições de contorno impostas. O fitoplâncton é regularizado pelo zooplâncton, impedindo uma mudança para um estado túrbido irreversível, além de controlar o fluxo de energia para níveis tróficos mais elevados.

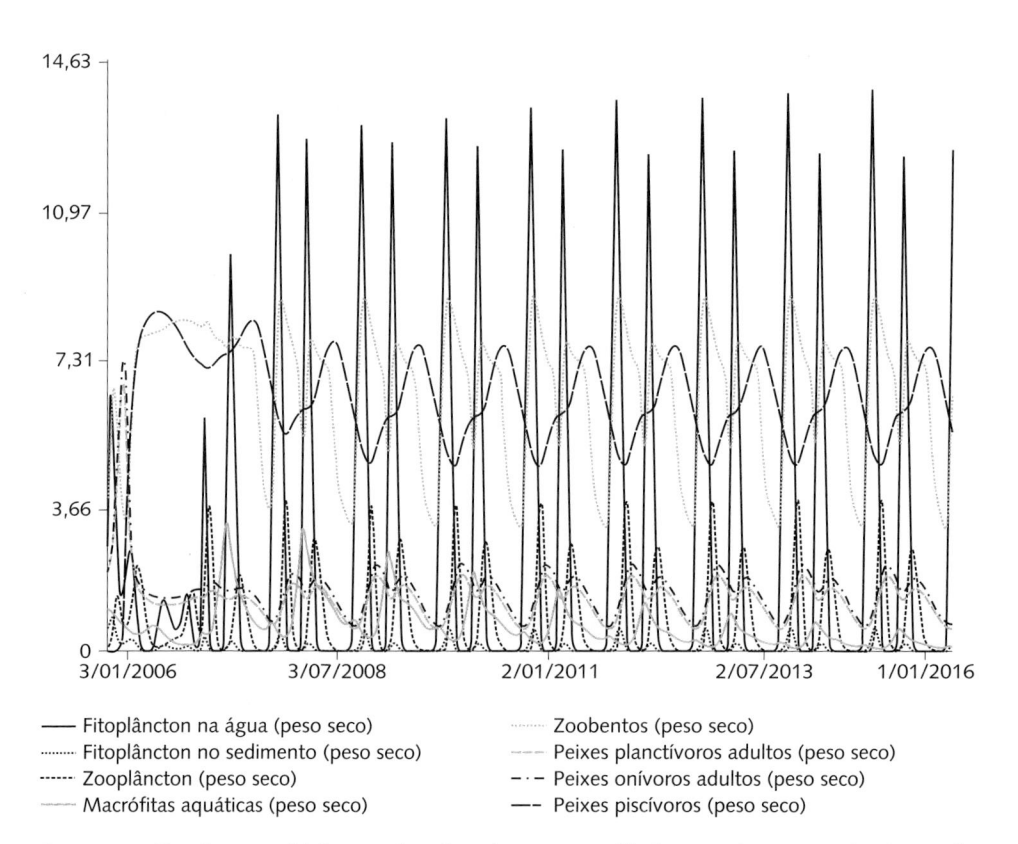

—— Fitoplâncton na água (peso seco)
······· Fitoplâncton no sedimento (peso seco)
----- Zooplâncton (peso seco)
—— Macrófitas aquáticas (peso seco)
······· Zoobentos (peso seco)
---- Peixes planctívoros adultos (peso seco)
-·- Peixes onívoros adultos (peso seco)
—— Peixes piscívoros (peso seco)

FIG. 20.18 Simulação ecológica envolvendo todas as comunidades aquáticas em um horizonte de 10 anos

O papel dos peixes onívoros é ainda mais enigmático, uma vez que essa comunidade pode regularizar grande parte dos recursos disponíveis, aumentando assim a complexidade de entendimento das interações tróficas. Os resultados do modelo mostram que a presença dessa comunidade pode interferir em uma troca de estados alternativos de estabilidade.

Apêndice A – Nomenclatura

As variáveis e os parâmetros dos Caps. 9 a 12 foram nomeados por meio de um didático sistema de nomenclatura, de tal forma que o tipo, a unidade e seu significado podem ser identificados diretamente a partir do seu nome. O sistema básico segue a estrutura a seguir:

Tipo + elemento (+ processo) + componente + compartimento (+ sufixo)

As abreviações estão listadas a seguir:

Tipo
s = variável de estado
t = fluxo por área [g/m^2/d]
w = fluxo por volume [g/m^3/d]
d = derivada
r = razão (dinâmica) [gA/gB]
o = concentração [mg/l]
a = variável auxiliar
c = constante (geral)
k = taxa constante [d^{-1}]
h = constante de meia saturação
f = fração [-]
b = constante (calculada)
u = variável de entrada (calculada)
m = variável medida

Elementos
D = peso seco
P = fósforo
N = nitrogênio
Si = sílica
O2 = oxigênio

L = luz
T = temperatura
Chla, Ch = clorofila a

Componentes
IM = matéria inorgânica
Det = detritos
Hum = húmus
PO4 = fosfato
NH4 = amônio
NO3 = nitrato
Diss = dissolvido (total)

Processos
Load = carga externa
Inf = infiltração
Eros = erosão
Set = sedimentação
Resus = ressuspensão
Bur = deposição
Dif = difusão
Nitr = nitrificação

Deit = desnitrificação
Sorp = adsorção
Min = mineralização
Upt = absorção de nutrientes
Ass = assimilação
Prod = produção
Cons = consumo
Eges = evacuação
Resp = respiração
Excr = excreção (nutrientes)
Graz = consumo
Pred = predação
Mort = mortalidade
AIM = adsorção em matéria inorgânica
Phyt = fitoplâncton (total)
Diat = diatomáceas
Blue = cianobactérias
Gren = clorofíceas
OM = matéria orgânica
Zoo = zooplâncton
Omni = peixe onívoro
OmniJv = peixe onívoro juvenil
OmniAd = peixe onívoro adulto
Plank = peixe planctívoro
PlankJv = peixe planctívoro juvenil
PlankAd = peixe planctívoro adulto
Pisc = peixe piscívoro
Bent = zoobentos
Tot = total
Man = ações de gerenciamento

Compartimentos
W = coluna d'água
S = sedimento
T = total

Sufixos
Máx = máximo
Mín = mínimo
In = entrada
Bot = leito do lago
mg = em miligramas
Sp = específica (por unidade de biomassa)

Outras abreviações
Fun = função
Cor = corrigido
Iso = isoterma de adsorção
Ext = extinção
V = velocidade [m d^{-1}]
Mu = taxa de crescimento [d^{-1}]
Carr = capacidade de suporte
Secchi = profundidade de Secchi
Fish = peixes

Apêndice B – Funções de Hill e de Monod

Modelos ecológicos utilizam extensivamente as funções de Hill e de Monod para representar um determinado processo biológico, tais como produção, respiração e mortalidade. A função de Monod, também chamada de Michaelis-Menten, é comumente utilizada na ecologia para descrever a limitação de um determinado recurso. Essa função possui apenas um parâmetro, o coeficiente de meia saturação, o qual indica o valor da concentração do recurso que reduz o crescimento em 50%.

Função de Monod:

$$y(x) = \frac{x}{x + h_{1/2}}$$

onde $h_{1/2}$ é o coeficiente de meia saturação.

A função de Hill é uma extensão lógica da função de Monod, porém menos disseminada. Ela tem um parâmetro extra, a potência p, e proporciona uma eficiente maneira para descrever um limiar ou uma transição de um estado para outro.

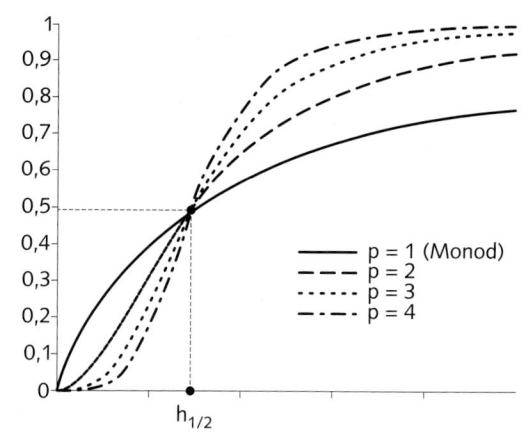

FIG. A.1 Comportamento da função de Hill, variando o parâmetro p. A função de Monod é um caso particular da função de Hill, para p = 1

Função de Hill:

$$y(x) = \frac{x^p}{x^p + h_{1/2}^p}$$

A Fig. A.1 mostra o comportamento da função de Hill para diferentes valores de p. Observe que a função de Monod é um caso particular da função de Hill, com a potência p igual a 1.

ÍNDICE REMISSIVO

Adsorção, 99, 100, 106, 122, 123, 289
Advecção, 86, 87, 126, 132, 214–216, 220
Algoritmo, 202, 203
Ambientes
    Lênticos, 88, 277
    Lóticos, 88
Amônio, 101, 107, 114, 119, 124, 131, 141, 142, 149, 288
Assimilação, 24, 91, 96, 98–100, 133, 140, 141, 147–149, 154–159, 253, 274, 289
Autovalores, 53, 55
Autovetores, 53
Avaliação ambiental
    Estratégica, 20
    Integrada, 20

Bacia hidrográfica, 67, 166, 169
Balanço
    de força, 79
    de massa, 77, 78, 87, 156, 178, 200, 201
    de volumes, 201
    hídrico, 70, 73, 198, 201–203, 205, 263
Bentos, 25, 130, 132, 255, 285
Biomanipulação, 17, 18, 48, 236, 278, 281, 284
Biomassa, 17, 24, 39–41, 85, 90, 97, 100, 101, 113, 114, 132, 133, 141, 147, 149–151, 154–156, 159, 162, 163, 199, 223, 224, 226, 250, 262, 267, 269, 272–278, 282–284, 289
Bottom-up effects, 17

Calibração, 43, 46, 85, 86, 143, 246, 262, 263, 267, 279, 280
Canais, 175, 176, 178, 197
Carbono
    Inorgânico, 83, 89, 92
    Orgânico, 83, 89, 121
Chezy, 181, 189, 263
Ciclo
    Carbono, 89
    Fósforo, 98

    Nitrogênio, 95
    Oxigênio, 100
Competição, 24, 45, 250, 251, 274, 276
Complexidade, 19, 32, 35, 40, 42, 47, 48, 83, 93, 228, 246–248, 278, 282, 287
Compressibilidade da água, 81
Condições
    de contorno, 184, 185, 197, 208, 210, 275, 286
    iniciais, 36, 197, 286
Condução, 126, 128
Conservação ambiental, 15
Consistência, 49, 62, 63
Consumo, 16, 32, 41, 85, 86, 92, 96, 98–101, 103, 119, 121, 132, 133, 140–141, 143, 146–149, 154, 156, 158–160, 162, 163, 223, 224, 267, 271, 284, 289
Convecção, 88, 192
Convergência, 49, 62, 63, 191
Curva cota-área-volume, 205

Decomposição, 24, 91, 92, 96, 98–102, 119, 155, 199, 273, 276
Decompositores, 89, 90, 97, 99
Densidade da água, 78, 80, 107, 111, 126, 179
Desenvolvimento sustentável, 15, 19
Desnitrificação, 96, 97, 119, 121, 262, 289
Detrito, 106, 108
Difusão
    Numérica, 215–217, 219–221
Dióxido de carbono, 89, 91, 93, 100, 101
Discretização, 34, 56–58, 63, 166, 172, 173, 183, 184, 187, 190, 193, 197, 208, 218, 260, 277
Diversidade, 16, 21, 24, 28, 131, 199, 236, 248, 249, 275

Ecologia, 247, 257, 290
Ecossistemas aquáticos
    Estuários, 16, 21, 38, 77, 187, 198, 260

Lagos, 16, 17, 39, 67, 70, 77, 83, 85, 130, 187, 198, 235, 236, 242, 249, 250, 260, 272, 278, 282–285
Reservatórios, 16, 38, 67, 70, 77, 82, 175, 198–202, 204, 205, 249, 260, 285
Rios, 30, 34, 67, 69, 175–178, 180, 184, 185, 197, 199
Elemento infinitesimal, 78, 79, 179
Entendimento dos processos, 29, 38, 166, 260
Equação
  da continuidade, 41, 177–179, 183, 184, 188, 191, 212, 213, 219, 221
  da quantidade de movimento, 81, 181, 183, 184, 188
  Diferencial, 49, 51, 60, 62, 63, 218, 228, 239
Erros numéricos, 63
Escala, 77, 83, 85, 106, 110, 118, 169, 187, 188, 236, 266, 277
Escoamento
  de base, subterrâneo, 67–69
  em canais, 175
  em lagos, 77
  em reservatórios, 206
  em rios, 175
  não uniforme, 176
  subsuperficial, 67, 68
  superficial, 49, 67–69, 126, 166–170, 172
  turbulento, 207
  uniforme, 81, 175
Esquema
  Leap-flog, 61, 215
  MPDATA, 217
  QUICK, 216
  QUICKEST, 216
  Central, 58, 60, 61
  de Lax, 60
  Euleriano-Lagrangiano, 191, 192
  Explícito, 59
  Implícito, 59
  Numérico, 59, 62–64, 183, 190, 209, 214, 221
  Progressivo, 58
  Regressivo, 58
  Semi-implícito, 261
Estabilidade, 49, 58, 59, 63, 146, 234, 235, 237, 238, 241, 244, 245, 263, 268–271, 287
Estados alternativos, 83, 234–236, 242, 244, 245, 250, 251, 256, 268–274, 276, 287
Estratificação, 39, 82, 175, 188, 200, 201, 207
Estrutura trófica, 17, 18, 30, 83, 276, 281, 285

Etapas da modelagem, 37
Eutrofização, 17, 22, 30, 31, 131, 198–200, 237, 242, 265, 276–278
Evaporação, 31, 70–76, 126, 129, 198, 268
Evapotranspiração, 69, 70, 72–75, 263
Excreção, 24, 85, 86, 89, 91, 92, 96–100, 132, 133, 142, 144, 147, 152, 153, 155–157, 163, 246, 267, 289

Fauna, 17, 87, 156
Fenômeno, 16, 29–31, 34, 38, 40, 44, 45, 49, 56, 85, 86, 104, 130, 198, 222, 223
Fitoplâncton
  Algas verdes, 17, 158–160, 261, 262
  Cianobactérias, 17, 24, 131, 132, 144, 158–160, 199, 236, 255, 256, 261, 262, 272, 274–278, 283–285, 289
  Diatomáceas, 17, 24, 132, 144, 158–160, 255, 256, 261, 262, 274, 275, 281, 283, 289
Flora, 17
Floração, 130, 132, 198
Fluxos
  Água/sedimento, 91, 98, 100, 102, 208
  Advectivo, 219, 221
  Atmosféricos, 90
  Difusivo, 219, 221
Força
  Cisalhamento, 80, 111, 112, 181, 193, 208
  Coriolis, 79, 193
  Gravitacionais, 79, 179
  Pressão, 80, 179
Fotossíntese, 41, 89, 90, 96, 97, 99–101, 103, 131, 223

Gestão, 15, 16, 18, 19, 200
Grade, 56, 57, 189, 193, 208, 209, 218, 219, 262

Heterogeneidade, 34, 35, 77, 85, 155, 161, 187, 222, 228–230, 285
Hidrodinâmica, 38, 77, 130, 207, 249, 250, 258, 261, 265, 277
Hidrologia, 166, 302, 303
Hill, 120, 134, 243, 290
Histerese, 245, 268

Imobilização, 123
Incertezas, 29, 247
Infiltração, 68, 69, 75, 76, 169–171, 288

ÍNDICE REMISSIVO

Interações tróficas, 17, 48, 77, 83, 236, 248, 275, 278, 281, 282, 285–287
Interceptação, 76, 149
Intervalo de tempo, 40, 41, 76, 94, 95, 126, 169, 172, 173, 178, 192, 193, 204, 223

Lago Engelsholm, 278, 281
Lençol freático, 69
Limnologia, 22, 28, 38, 47

Macrófitas aquáticas
    Emergentes, 24, 149, 150, 255, 256, 261, 262, 277
    Flutuantes, 145, 275
    Submersas, 113, 137, 145, 250, 256, 269, 273
Macroinvertebrados, 90, 97, 100, 101, 103, 155, 161
Malha, 183, 187, 189, 190, 192, 208, 218, 262
Manning, 175, 176, 178, 186
Matéria
    Inorgânica, 84, 104, 106, 107, 109, 110, 114–116, 122–124, 155, 288, 289
    Orgânica, 17, 67, 97, 101, 102, 104, 106, 107, 114, 118, 121, 122, 131, 136, 137, 262, 289
Meio ambiente, 15, 18–20, 23, 72
Métodos
    Analíticos, 49
    Diferenças finitas, 56
    Elementos finitos, 56
    Numéricos, 49, 56, 197, 302, 304
Mineralização, 84, 89, 91, 92, 96, 97, 99, 100, 117, 119, 121, 289
Modelagem, 7, 21, 23, 27–31, 37, 38, 44–48, 77, 83, 85, 89, 94, 95, 104, 109, 122, 132, 142, 143, 147, 155, 156, 158, 161, 166, 167, 187, 199, 207, 222, 248, 255, 256, 258, 302
Modelos
    Adaptativos, 48
    Bidimensionais, 2D, 82, 201, 214, 217
    Biogeoquímicos, 77
    Conceitual, 36, 39, 223
    Concentrados, 34, 87, 214
    Contínuo, 33
    de qualidade, 46, 87, 214
    Determinístico, 35, 188
    Dinâmico, 34
    Discreto, 33, 34
    Distribuídos, 34, 166
    Ecológicos, 23, 24, 32, 47–49, 56, 77, 107, 155, 222, 234, 239, 242, 246–248, 251, 255, 285, 290
    Empírico, 36
    Estático, 34
    Linear, 33
    Não linear, 33
    Tridimensionais, 3D, 201, 214, 221
    Unidimensionais, 1D, 34, 200, 206, 214
Monitoramento, 29, 46, 47, 199, 254
Monod, 134, 135, 137, 140, 141, 148, 150, 151, 154, 160, 223, 242, 290
Mortalidade, 24, 31, 41, 89, 91, 92, 96–100, 132, 133, 142–144, 147, 152–154, 156, 159, 160, 163, 222–224, 272, 274, 289, 290

Navier-Stokes, 49, 78, 81, 187, 207
Nitrato, 101, 107, 114, 119, 121, 124, 141, 149, 288
Nitrificação, 31, 96, 101, 102, 119–121, 288
Nitrito, 101, 265
Nullclines, 224, 227, 229, 231, 232, 239, 241, 242, 244
Nutrientes
    Fósforo, 24, 83, 98–100, 104–107, 109, 114, 116, 117, 119, 122–124, 133, 134, 139–142, 146, 148, 149, 153, 156, 157, 251–253, 262, 265, 268, 275, 277, 280, 288
    Nitrogênio, 25, 83, 84, 95–98, 101, 105–107, 109, 116–119, 121, 133, 134, 140–142, 146, 149, 151, 153, 156, 157, 262, 265, 268, 279, 288
    Sílica, 25, 83, 109, 114, 116, 117, 124, 140, 151, 262, 280, 281, 288

Oxigênio, 21, 22, 84, 97, 100–103, 117–121, 124, 130, 131, 133, 288

Parametrização, 246–251, 253, 255, 256, 278
Parâmetros, 30, 32, 38–40, 43, 48, 77, 107, 112, 134, 143, 144, 177, 201, 222, 224, 225, 229, 231, 240, 243, 244, 246–255, 263, 270, 288
Peixes
    Onívoros, 161, 162, 256, 261, 271, 285, 287
    Piscívoros, 90, 97, 162, 163, 283, 284
    Planctívoros, 17, 18, 85, 86, 90, 97, 100, 155, 161, 278, 282–285

pH, 83, 92–96, 99, 100, 122, 131, 246, 255
Planejamento integrado, 15
Planície de inundação, 181, 182
Precisão, 59, 63, 64, 87, 191, 214, 221, 246, 247
Pressão parcial, 91, 93
Previsão, 29, 38, 47, 199, 246, 247, 260, 277
Processos
    Abióticos, 104, 246, 247
    Biológicos, 24, 248, 249, 255
    Bióticos, 104, 261
    Ecológicos, 247
    Físicos, 20, 28, 31, 36, 100
    Hidrológicos, 66, 67, 166, 167
    Químicos, 77, 83
Produção primária, 18, 23, 31, 41, 83, 104, 122, 223, 236, 246, 248, 266, 267, 274, 275, 286

Radiação
    de onda curta, 127
    de onda longa, 126–128
Reações cinéticas, 22, 93
Reaeração, 85, 102, 124, 125
Regime
    Não permanente, 81, 178
    Permanente, 81, 175, 178
Respiração, 24, 41, 89, 90, 92, 97, 101, 103, 132, 133, 142, 144, 147, 152, 153, 156, 157, 159, 160, 163, 246, 267, 275, 289, 290
Ressuspensão, 18, 84, 99, 109–114, 116, 132, 142, 145, 147, 155, 161, 242, 250, 277, 284, 288

Salinidade, 80, 81, 91, 104
Sazonal, 17, 85, 153, 227, 230, 271, 272, 286
Sedimentação, 84, 92, 96, 99, 104, 109, 112, 115–117, 131, 132, 142, 144, 147, 198, 199, 288
Sedimento, 44, 84, 89, 90, 92, 95–102, 104, 106–109, 112–115, 117–124, 132, 142, 143, 145, 146, 149, 153, 155, 160, 161, 262, 285, 289
Série de Taylor, 58, 63, 64, 216
Solubilidade, 91
Solução
    Analítica, 49, 62, 63, 189, 262
    Numérica, 58, 60, 62, 63, 177, 183, 189, 208, 215, 216, 219–221

Taim, 258, 259, 265, 266, 297
Temperatura, 17, 31, 39, 41, 70–74, 80, 81, 85, 91, 104, 113, 115, 117–121, 124–130, 132, 134, 135, 141, 146–148, 151, 153, 158, 160, 201, 246, 247, 251, 255, 265, 268, 279, 288
Tempo de concentração, 171–173, 303
Tempo de pico, 171, 172
Top-down effects, 18
Topografia, 68, 69
Toxinas, 131, 198
Transporte
    de massa, 83, 86, 214, 219–221
    de poluentes, 38, 86, 198
Truncamento, 63

Uso do solo, 46, 47, 166, 167, 170, 171

Validação, 43, 85, 279, 280
Variáveis de estado, 31, 32, 34, 35, 38–41, 44, 52, 89, 92, 94–96, 98, 99, 108, 223, 224, 226, 228, 229, 231, 239, 246
Variáveis externas, 30–32, 39
Vazões, 167, 177, 202, 205
Velocidade
    da água, 88, 110, 112, 208, 214, 218
    do vento, 71, 91, 110, 111, 124, 128, 189
Viscosidade da água, 80, 115, 189, 193, 263
Vórtices, 187

Zooplâncton, 17, 18, 31, 32, 39, 41, 44, 45, 85, 86, 90, 92, 96–103, 132, 145, 155, 157–162, 222–231, 236, 242, 255, 256, 271, 278, 280–286, 289

Referências Bibliográficas

ABBOTT, M. B. et al. An introduction to the European hydrological system – Système Hydrologique Européen, "SHE", 2: Structure of a physically-based, distributed modelling system. *J. Hydrology*, v. 87, p. 61-77, 1986.

ALLAN, J. D. Life history patterns in zooplankton. *American Naturalist*, v. 110, p. 165-180, 1976.

AMBROSE, R. B. et al. *WASP4, a hydrodynamic and water quality model*: model theory, user's manual and programmer's guide. US EPA, Report n. EPA/600/3-87/039, 1988.

ARNOLD, D. E. Ingestion, assimilation, survival, and reproduction by daphnia-pulex fed 7 species of blue-green-algae. *Limnology and Oceanography*, v. 16, n. 6, p. 906-920, 1971.

ASCE – AMERICAN SOCIETY OF CIVIL ENGINEERS. Design and construction of sanitary and storm sewers. *Manuals and Reports of Engineering Practice*, n. 37, New York, 1969.

AZEVEDO, S. M. F. O.; BRANDÃO, C. C. S. *Cianobactérias tóxicas na água para consumo humano na saúde pública e processos de remoção em água para consumo humano*. Brasília: Ministério da Saúde: Fundação Nacional de Saúde, 2003.

BANKS, R. B.; HERRERA, F. F. Release and ecological impact of algicidal hydrolysable polyphenols in *Myriophyllum spicatum*. *J. Env. Engin. Div.*, v. 103, p. 489-504, 1977.

BARTRAM, J.; BALANCE, R. *Water quality monitoring*. London (UK): E&FN Spon, 1996.

BENNDORF, J. et al. Food-web manipulation by enhancement of piscivorous fish stocks: long-term effects in the hypertrophic Bautzen reservoir. *Limnologica* (Berlin), v. 19, p. 97-110, 1988.

BEVEN, K. J.; KIRKBY, M. A physically-based variable contributing area model of basin hydrology. *Hydrology Science Bulletin*, v. 24, p. 43-69, 1979.

BLINDOW, I. et al. Long term pattern for alternative stable states in two shallow eutrophic lakes. *Freshwater Biol.*, v. 30, p. 159-167, 1993.

BLOESCH, J. Mechanisms, measurements and importance of sediment resuspension in lakes. *Mar. Freshwat. Res.*, v. 46, p. 295-304, 1995.

BLUMBERG, A.; MELLOR, G. A description of the three-dimensional coastal ocean circulation model. In: HEAPS, N. (Ed.). *Three dimensional coastal ocean model*. Washington (DC): AGU, 1987.

BREUKELAAR, A. W. et al. Effects of benthivorous bream (Abramis brama) and carp (Cyprinus carpio) on sediment resuspension and concentrations of nutrients and chlorophyll a. *Freshwater Biol.*, v. 32, p. 113-121, 1994.

BROOKS, J. L. Eutrophication and changes in the composition of zooplankton. In: *Eutrophication, causes, consequences, correctives*. Proceedings of a symposium held at the University of Wisconsin, Madison. June, 11-15, 1967. National Academy of Sciences, Washington DC, p. 236-255, 1969.

BROOKS, J. L.; DODSON, S. L. Predation, body size and composition of plankton. *Science*, v. 150, p. 28-35, 1965.

BROWN, J. H. *Macroecology*. Chicago (IL): The University of Chicago Press, 1995.

BRUNO, J. F.; O'CONNOR, M. I. Cascading effects of predator diversity and omnivory in a marine food web. *Ecology Letters*, v. 8, n. 10, p. 1048-1056, 2005.

BURNASH, R. J. C.; FERRAL, R. L.; MCGUIRE, R. A. A General Streamflow Simulation System – Conceptual Modeling for Digital Computers. Joint Federal State River Forecasts Center, *Technical Report*, 1973.

BURNS, N. M.; ROSA, F. In situ measurement of the settling velocity of organic carbon particles and 10 species of phytoplankton. *Limnol. Oceanogr.*, v. 25, p. 855-864, 1980.

BUTLER, J. N. *Carbon dioxide equilibria and their applications*. Massachusetts: Addison-Wesley, 1982.

CARDOSO, L. S.; MOTTA MARQUES, D. Hydrodynamics-driven plankton community in a shallow lake. *Aquat. Ecol.*, v. 43, p. 73-84, 2009.

CARPENTER, S. R.; KITCHELL, J. E. *The trophic cascade in lakes*. Cambridge Univ. Press, 1993.

CARPENTER, S. R.; KITCHELL, J. F.; HODGSON, J. R. Cascading trophic interations and lake productivity. *Bioscience*, v. 35, p. 634-639, 1985.

CARPER, G. L.; BACHMANN, R. W. Wind resuspension of sediments in a prairie lake. *Can. J. Fish. Aquat. Sci.*, v. 41, p. 1763-1767, 1984.

CASULLI, V. Semi-implicit finite-difference methods for the 2-dimensional shallow-water equations. *J. Comput. Phys.*, v. 86, p. 56-74, 1990.

CASULLI, V.; WALTERS, R. A. An unstructured grid, three-dimensional model based on the shallow water equations. *International Journal for Numerical Methods in Fluids*, v. 32, p. 331-348, 2000.

CASULLI, V.; CATTANI, E. Stability, accuracy and efficiency of a semi-implicity method for three-dimensional shallow water flow. *Computers Math. Applic.*, v. 27, n. 4, p. 99-112, 1994.

CASULLI, V.; CHENG, R. T. Semi-implicit finite difference methods for three-dimensional shallow water flow. *International Journal for Numerical Methods in Fluids*, v. 15, p. 629-648, 1992.

CCN PLANEJAMENTO E ENGENHARIA S/C LTDA. Metodologia de cálculo regional de vazões máximas para córregos urbanos. In: *Plano Diretor de drenagem: Campo Grande - MS*. Campo Grande, 1991.

CERC - COASTAL ENGINEERING RESEARCH CENTER. *Shore protection manual*. U.S. Army Corps of Engineers, Fort Belvoir, VA, 1977.

CHAPRA, S. C. Surface water-quality modeling. *McGraw-Hill series in water resources and environmental engineering*. New York: McGraw-Hill, 1997.

CHAPRA, S. C.; RECKHOW, K. H. *Engineering approaches for lake management*. Boston: Buttreworth Publishes, 1983.

CHASE, J. M. To grow or to reproduce? The role of life-history plasticity in food web dynamics. *American Naturalist*. v. 154, p. 571-860, 1999.

CHEN, C. W.; ORLOB, G. T. Ecologic simulation of aquatic environments. In : PATTEN, B. C. (Ed.). *System analysis and simulation in ecology*, v. 3, p. 476-588. New York: Academic Press, 1975.

CHEN, C. W. Concepts and utilities of ecological models. *Journal Sanitary Eng. Div.* ASCE 96 (SA5), p. 1085-1086, 1970.

CHENG, D. K. *Analysis of linear systems*. New York: Addison Welsen, 1959.

CHENG, R. T.; CASULLI, V.; GARTNER, J. W. Tidal, Residual, Intertidal Mudflat (TRIM) model and its applications to San Francisco Bay, California. *Estuarine, Coastal and Shelf Science*, v. 36, p. 235-280, 1993.

CHOW, V. T. *Open channel hydraulics*. New York: McGraw-Hill, 1959.

CHOW, V. T.; MAIDMENT, D. R.; MAYS, L.W. *Applied Hydrology*. New York: McGraw-Hill, 1988.

COLE, T. M.; BUCHAK, E. M. CE-QUAL-W2: A two-dimensional, laterally averaged, hydrodynamic and water quality model, Version 2.0, User manual, Instruction Report EL, *Waterways Experiment Station*, Vicksburg, MS, 1986.

COLLISCHONN, W. *Simulação hidrológica de grandes bacias*. 2001. Tese (Doutorado) - Instituto de Pesquisas Hidráulicas, Univ. Federal do Rio Grande do Sul, Porto Alegre, 2001.

CONNELL, J. H.; SOUSA, W. P. On the evidence needed to judge ecological stability or persistence. *American Naturalist*, v. 121, p. 789-824, 1983.

COUCLELIS, H. From cellular automata to urban models: new principles for model development and implementation. *Environment and Planning B*: Planning and Design, v. 24, p. 165-174, 1997.

COUTINHO, P. N. Sugestões para gerenciamento de estuários. *Arq. Ciên. Mar*. Fortaleza, p. 77-86, 1986.

CÓZARA, A. et al. Sediment resuspension by wind in a shallow lake of Esteros del Iberá (Argentina): a model based on turbidimetry. *Ecological Modelling*, v. 186, n. 1, p. 63-76, 2005.

DE BERNARDI, R.; GIUSSANI, G. Are blue-green algae a suitable food for zooplankton? an overview. *Hydrobiologia*, v. 200/201, p. 29-41, 1990.

DI TORO, D. M. ; THOMANN, R. V. ; O'CONNOR, D. J. A dynamic model of phytoplankton population in the Sacramento-San Joaquin Delta. In: GOULD, R. F. (Ed.). *Advances in Chemistry Series 106*: Nonequilibrium Systems in Natural Water Chemistry, American Chemical Society, Washington, DC, p. 131-180, 1971.

DOMITROVIC, Y. Z.; ASSELBORN, v. M.; CASCO, S. L. Variaciones espaciales y temporales del fitoplancton en un lago subtropical de Argentina. *Rev. Bras. Biol.*, v. 58, n. 3, p. 359-382, 1998.

DOWNING, A. L.; TRUESDALE, G. A. Some factors affecting the rate of solution of oxygen in water. *J. Appl. Chem.*, v. 5, p. 570-581, 1955.

DUBLIN, H. T.; SINCLAIR, A. R. E.; MCGLADE, J. Elephants and fire as causes of multiple stable states in Serengeti-Mara woodplants. *J. Animal Ecol.*, v. 59, p. 1147-1164, 1990.

ELDER, J. W. The dispersion of marked fluid in turbulent shear flow. *J. Fluid Mech.*, v. 5, n. 4, p. 544-560, 1959.

EPA - ENVIRONMENTAL PROTECTION AGENCY. *Stream corridor restoration: principles, processes, and practices*. Federal Interagency Stream Restoration Working Group, GPO Item No. 0120-A; SuDocs No. A 57.6/2:EN3/PT.653, 1998.

EPPLEY, R. W. Temperature and phytoplankton growth in sea. *Fish. Bull.*, Washington DC, v. 70, p. 1063-1085, 1972.

ESTEVES, F. A. *Fundamentos de limnologia*. 2.ed. Rio de Janeiro: Interciência, 1998.

FERREIRA, T. F; MOTTA MARQUES, D. M. L.; VILLANUEVA, A. O hidroperíodo de banhado e a carga de matéria orgânica dissolvida de *Scirpus Californicus* (C. A. May) Steud. In: CONGRESSO BRASILEIRO DE LIMNOLOGIA, 2003, Juiz de Fora-MG. Anais... Juiz de Fora-MG, 2003, p. 154-155.

FERREIRA, T. F. et al. Ecological modeling of submerged macrophytes in subtropical systems: evidences of resilience enhancement against eutrophication. In: 11TH INTERNATIONAL CONFERENCE ON DIFFUSE POLLUTION AND THE 1ST JOINT MEETING OF THE IWA DIFFUSE POLLUTION AND URBAN DRAINAGE SPECIALIST GROUPS, 2007, Belo Horizonte-MG. *Proceedings...* Belo Horizonte-MG, 2007. v. 11.

FLECKER, A. S.; TOWNSEND, C. R. Community-wide consequences of trout introduction in New Zealand streams. *Ecol. Appl.*, v. 4, p. 798-807, 1994.

FRAGOSO Jr., C. R. *Simulações da dinâmica de fitoplâncton no Sistema Hidrológico do Taim*. 2005. 151 f. Dissertação (Mestrado em Recursos Hídricos e Saneamento Ambiental) - Instituto de Pesquisas Hidráulicas, Universidade Federal do Rio Grande do Sul, Porto Alegre, 2005.

FRAGOSO Jr., C. R.; SOUZA, C. F. *Análise de uma proposta de dragagem no Complexo Estuarino Lagunar Mundaú-Manguaba através de um modelo hidrodinâmico bidimensional*. 2003. 152 f. Trabalho de Conclusão de

Curso de Graduação em Engenharia Civil - Universidade Federal de Alagoas, Maceió, 2003.

FRAGOSO Jr., C. R. et al. Complex computational system to cascading trophic interactions evaluation and alternative steady states in subtropical and tropical ecosystems. In: 11TH INTERNATIONAL CONFERENCE ON DIFFUSE POLLUTION AND THE 1ST JOINT MEETING OF THE IWA DIFFUSE POLLUTION AND URBAN DRAINAGE SPECIALIST GROUPS, 2007, Belo Horizonte-MG. *Proceedings...* Belo Horizonte-MG, 2007. v. 11.

FRAGOSO Jr., C. R. et al. Desenvolvimento de um modelo matemático de circulação de águas usando o MATLAB. In: V SIMPÓSIO DE RECURSOS HÍDRICOS DO NORDESTE, 2000, Natal-RN. *Anais...* Natal-RN: ABRH, 2000. v. 2. p. 737-744.

FRELICH, L. E.; REICH, P. B. Neighborhood effects, disturbance severity and community stability in forests. *Ecosystems*, v. 2, p. 151-66, 1999.

FULFORD, J. M. Computacional technique and performance of transient inundation model for rivers – 2 dimensional (TRIM2RD): a depth-averaged two-dimensional flow model. U.S. Geological Survey. *Open-file Report*, 03-371, 2003.

GAUDY, R.; GAUDY, E. *Microbiology for environmental scientists and engineers.* New York: McGraw-Hill, 1980.

GLIWICZ, Z. M. Why do cladocerans fail to control algal blooms? *Hydrobiologia*, v. 200/201, p. 83-98, 1990.

GLIWICZ, Z. M.; LAMPERT, W. 1990. Food thresholds in daphnia species in the absence and presence of blue-green filaments. *Ecology*, v. 71, n. 2, p. 691-702, 1990.

GOMES, A.; TTRICART, J. L. F.; TRAUTMANN, J. 1987. Estudo ecodinâmico da Estação Ecológica do Taim e seus arredores. Porto Alegre: Editora da Universidade - UFRGS, 1987.

GROSS, E. M.; MEYER, H.; SCHILLING, G. Release and ecological impact of algicidal hydrolysable polyphenols in *Myriophyllum spicatum*. *Phytochemistry*, v. 41, p. 133-138, 1996.

GULATI, R. D.; SIEWERTSEN, K.; POSTEMA, G. Zooplankton structure and grazing activities in relation to food quality and concentration in Dutch Lakes. *Arch. Hydrobiol. Beih. Ergebn. Limnol.*, v. 21, p. 91-102, 1985.

GULATI, R. D.; SIEWERTSEN, K.; POSTEMA, G. The zooplankton: its community structure, food and feeding and role in the ecosystem of Lake Vechten. *Hydrobiologia*, v. 95, p. 127-163, 1982.

GULATI, R. D. et al. *Biomanipulation-tool for water management.* Dordrecht, The Netherlands: Kluwer Academic, 1990.

HAMBRIGHT, K. D. Can zooplanktivorous fish really affect lake thermal dynamics? *Archiv Fur Hydrobiologie*, v. 130, n. 4, p. 429-438, 1994.

HANSSON, L.-A. The role of food chain composition and nutrient availability in shaping algal biomass development. *Ecology*, v. 73, p. 241-247, 1992.

HANSSON, L.-A. et al. Biomanipulation as an application of food chain theory: constraints, synthesis and recommendations for temperate lakes. *Ecosystems*, v. 1, p. 558-574, 1998.

HARE, S. R.; MANTUA, n. J. Empirical evidence of North Pacific regime shifts in 1977 and 1989. *Prog. Oceanogr.*, v. 47, p. 103-145, 2000.

HAWKINS, P.; LAMPERT, W. The effect of daphnia body size on filtering rate inhibition in the presence of a filamentous cyanobacterium. *Limnology and Oceanography*, v. 34, n. 6, p. 1084-1088, 1989.

HEC - HYDROLOGIC ENGINEERING CENTER. *HEC-1, Flood Hydrograph Package*: User's manual. Davis, California: US Army Corps of Engineers, 1981.

HIRSCH, C. *Numerical computation of internal and external flows*: Computational methods for inviscid and viscous flows. 1.ed. Chichester, England: J. Wiley & Sons, 1990. v.2.

HOLLING, C. S. Resilience and stability of ecological systems. *Annual Review of Ecology & Systematics*, v. 4, p. 1-23, 1973.

HOSPER, S. H. Restoration of Lake Veluwe, The Netherlands, by reduction of phosphorus loading and flushing. *Wat. Sci. Tech.*, v. 17, p. 757-768, 1984.

HOSPER, S. H.; MEIJER, M. L. Biomanipulation, will it work for your lake? A simple test for the assessment of chances for clear water, following drastic fish-stock reduction in shallow, eutrophic lakes. *Ecological Engineering*, v. 2, p. 63-72, 1993.

HRBACEK, J. et al. Demonstration of the effect of the fish stock on the species composition of zooplankton and the intensity of metabolism of the whole plankton association. *Verh. Internat.*, v. 14, p. 192-195, 1961.

HYNES, H. B. n. The stream and its valley. *Verhandlungen der Internationalen Vereinigung für theoretische andangewandte Limnologie*, v. 19, p. 1-15, 1975.

IJIMA, T.; TANG, F. L. W. 1966. Numerical calculations of wind waves in shallow water. In: *Proceedings 10th Conference on Coastal Engineering*. Tokyo: ASCE, 1966. v. 2. p. 38–45.

JACKSON, L. J. Macrophyte dominated and turbid states of shallow lakes: evidence from Alberta Lakes. *Ecosystems*, v. 6. p. 213-223, 2003.

JAKOBSEN, T. S. et al. Cascading effect of three-spined stickleback *Gasterosteus aculeatus* on community composition size, biomass and diversity of phytoplankton in shallow, eutrophic brackish lagoons. *Marine Ecology Progress Series*, v. 279, p. 305-309, 2004.

JAKOBSEN, T. S. et al. Impact of three-spined stickleback *Gasterosteus aculeatus* on zooplankton and chlorophyll a in shallow, brackish lagoons. *Marine Ecology Progress Series*, v. 262, p. 277-284, 2003.

JAMES, W. F.; BARKO, J. W. Macrophyte influences on the zonation of sediment accretion and composition in a north-temperate reservoir. *Archiv fur Hydrobiologie*, v. 120, n. 2, p. 129-142, 1990.

JANSE, J. H. *Model studies on the eutrophication of shallow lakes and ditches*. Tese (Doutorado) - Universidade de Wageningen, Holanda, 2005.

JEPPESEN, E. *The ecology of shallow lakes – Trophic interactions in the pelagical*. 1998. Tese (Doutorado) - National Environmental Research Institute, Denmark, Technical Report n. 247, 1998.

JEPPESEN, E.; JENSEN, J. P.; SONDERGAARD, M. Response of phytoplankton, zooplankton and fish to re-oligotrophication: an 11-year study of 23 Danish lakes. *Aquatic Ecosystem Health and Management*, v. 5, p. 31-43, 2002.

JEPPESEN, E. et al. Lake restoration and biomanipulation in temperate lakes: relevance for subtropical and tropical lakes. In: REDDY, M. v. (Ed.). *Tropical eutrophic lakes: their restoration and management*, Cap. 11, p. 331-359, 2005.

JEPPESEN, E. et al. The impact of nutrient state and lake depth on top-down control in the pelagic zone of lakes: study of 466 lakes from the temperate zone to the Arctic. *Ecosystems*, v. 6, p. 313-325, 2003.

JEPPESEN, E. et al. Cascading trophic interactions in the littoral zone: an enclosure experiment in shallow Lake Stigsholm, Denmark. *Arch. Hydrobiol.*, v. 153, p. 533-555, 2002.

JEPPESEN, E. et al. Trophic structure, species richness and biodiversity in Danish lakes: changes along a phosphorus gradient. *Freshwat Biol.*, v. 45, p. 201-213, 2000a.

JEPPESEN, E. et al. Trophic structure in the pelagial of 25 shallow New Zealand lakes: changes along nutrient and fish gradients. *J. Plankton Res.*, v. 22, p. 951-968, 2000b.

JEPPESEN, E. et al. Trophic structure in turbid and clearwater lakes with special emphasis on the role of zooplankton for water clarity. *Hydrobiologia*, v. 408/409, p. 217–231, 1999.

JEPPESEN, E. et al. Cascading trophic interactions from fish to bacteria and nutrients after reduced sewage loading: an 18-year study of a shallow hypertrophic lake. *Ecosystems*, v. 1, p. 250-267, 1998a.

JEPPESEN, E. et al. *Structuring role of submerged macrophytes in lakes*. New York: Springer-Verlag, 1998b.

JEPPESEN, E. et al. Impact of submerged macrophytes on fish-zooplankton interactions in lakes. In: JEPPESEN, E. (Ed.). *The structuring role of submerged macrophytes in lakes*. New York: Springer-Verlag, 1997. p. 91-114.

JEPPESEN E. et al. Recovery resilience following a reduction in external phosphorus loading of shallow, eutrophic Danish lakes: duration, regulating factors and methods for overcoming resilience. *Memorie dell'Istituto Italiano di Idrobiologia*, v. 48, 127-148, 1991.

JEPPESEN, E. et al. Fish manipulation as a lake restoration tool in shallow, eutrophic, temperate lakes 2: threshold levels, long-term stability and conclusions. *Hydrobiologia*, v. 200/201, p. 219-227, 1990.

JORGENSEN, S. E. State-of-the-art of ecological modelling with emphasis on development of structural dynamic models. *Ecological Modelling*, v. 120, p. 75-96, 1999.

JORGENSEN, S. E. *Fundamentals of ecological modelling*. New York: Elsevier, 1986.

JORGENSEN, S. E. Lake management. In: *Water development, supply and management*, v. 14. Oxford (UK): Pergamon Press, 1980.

JORGENSEN, S. E.; BENDORICCHIO, G. *Fundamentals of ecological modelling*. 3.ed. Oxford (UK): Elsevier Science, 2005.

KNOWLTON, N. Threshold and multiple states in coral reefs community dynamics. *Amer. Zoologist*, v. 32, p. 674-82, 1992.

KRONE, R. B. Flume study of the transport of sediment in estuarial processes, *Final Report*, Hydraulic Eng. Lab. and Sanitary Eng. Res. Lab., Univ. Calif., Berkeley (California, USA), 1962.

LAM, D. C. L.; JACQUET, J. M. Computations of physical transport and regeneration of phosphorus in Lake Erie, fall 1970. *J. Fish. Res. Bd. Can.*, v. 33, p. 550-563, 1976.

LAMMENS, E. H. R. R. Diets and feeding behaviour. In: WINFIELD, I. J.; NELSON, J. S. (Eds.). *Cyprinid fishes*: systematics, biology and exploitation. London: Chapman and Hall, 1991. p. 353-376.

LAMMENS, E. H. R. R. A test of a model for planktivorous filter feeding by bream abramis-brama. *Environmental Biology of Fishes*, v. 13, n. 4, p. 289-296, 1985.

LAMMENS, E. H. R. R.; DENIE, H. W.; VIJVERBERG, J. Resource partitioning and niche shifts of bream (abramis-brama) and eel (anguilla-anguilla) mediated by predation of smelt (osmerus-eperlanus) on daphnia-hyalina. *Environmental Biology of Fishes*, v. 13, n. 4, p. 289-296, 1985.

LANNA, A. E.; SCHWARZBACH, M. *Modelo Hidrológico Auto-calibrável - MODHAC*. Porto Alegre: Instituto de Pesquisas Hidráulicas da UFRGS, 1989.

LAZZARO, X. A review of planktivorous fishes - their evolution, feeding behaviors, selectivities, and impacts. *Hydrobiologia*, v. 146, n. 2, p. 97-167, 1987.

LEENTVAAR, P. Plant en dier in het Veluwemeer. *Waterkampioen*, v. 38, p. 18-20, (in Dutch), 1966.

LEENTVAAR, P. Hydrobiologische waarnemingen in het Veluwemeer. *De Levende Natuur*, v. 64, p. 273-279, (in Dutch) [*Nitellopsis obtusa* (as *Chara* sp.)], 1961.

LEIBOLD, M. A. Resource edibility and the effects of predators and productivity on the outcome of trophic interactions. *American Naturalist*, v. 134, p. 922-949, 1990.

LEONARD, B. P. A stable and accurate convective modeling procedure based on quadratic upstream interpolation. *Comput. Methods Appl. Mech. Engrg.*, v. 19, p. 59–98, 1979.

LÉVÊQUE, C. Role and consequences of fish diversity in the functioning of African freshwater ecosystems: a review. *Aquat. Living Resour.*, v. 8, p. 59-78, 1995.

LIJKLEMA, L. Considerations in modeling the sediment water exchange of phosphorus. *Hydrobiologia*, v. 253, n. 1-3, p. 219-231, 1993.

LIKENS, G. E. Beyond the shoreline: a watershed-ecosystem approach, *Verhandlungen der Internationalen Vereinigung für theoretische and angewandte Limnologie*, v. 22, p. 1-22, 1984.

LOPES, J. E. G.; BRAGA, B. F. P.; CONEJO, J. G. L. *SMAP - A Simplified Hydrological Model*. In: INTERNATIONAL SYMPOSIUM ON RAINFALL-RUNOFF MODELING. Missisipi State University, Mississipi, 1981.

LUCAS, L. V. et al. Processes governing phytoplankton blooms in estuaries. I: The production-loss balance. *Marine Ecology Progress Series*, v. 187, p. 1-15, 1999a.

LUCAS, L. V. et al. Processes governing phytoplankton blooms in estuaries. II: The role of horizontal transport. *Marine Ecology Progress Series*, v. 187, p. 17-30, 1999b.

LUECKE, C.; O'Brien, W. J. The effect of heterocope predation on zooplankton communities in arctic ponds. *Limnology and Oceanography*, v. 28, n. 2, p. 367-377, 1983.

LUETTICH, R. A. *Sediment resuspension in a shallow lake*. D.S. thesis, Mass. Inst. Technol., Cambridge, 1987.

MAGNUSON, J. J. Fish and fisheries Ecology. *Ecological Applications*, v. 1, p. 13-26, 1991.

MAY, R. M. Threshold and breaking points in ecosystems with a multiplicity of stable states. *Nature*, v. 269, p. 471-477, 1977.

MAZUMDER, A. Patterns of algal biomass in dominant odd – vs. – even – link lake ecosystems. *Ecology*, v. 75, p. 1141-1149, 1994.

McCARTHY, G. T. *The unit hydrograph and flood routing*. Providence: U.S. Corps of Engineers, 1939.

McCAULEY, E. et al. Large-amplitude cycles of Daphnia and its algal prey in enriched environments. *Nature*, v. 402, p. 653-656, 1999.

McNAUGHT, D. C. Considerations of scale in modeling large aquatic ecosystems. In: SCAVIA, D.; ROBERTSON, A. (Eds.). *Perspectives on lake ecosystem modeling*. Ann Arbor (MI): Ann Arbor Science, 1979. p. 3-24.

McQUEEN, D. J. et al. Bottom-up and top-down impacts on freshwater pelagic community structure. *Ecological Monographs*, v. 59, p. 289-309, 1989.

McQUEEN, D. J.; POST, J. R.; MILLS, E. L. Trophic relationships in freshwater pelagic ecosystems. *Canadian Journal of Fisheries and Aquatic Sciences*, v. 43, p. 1571-1581, 1986.

MEIJER, M. L. et al. Long-term responses to fish – stock reduction in small shallow lakes – Interpretation of five-year results of four biomanipulation cases in the Netherlands and Denmark. *Hydrobiologia*, v. 276, p. 457-466, 1994.

MEIJER, M. L. et al. Is reduction of the benthivorous fish an important cause of high transparency following biomanipulation in shallow lakes? *Hydrobiologia*, v. 200/201, p. 303-315, 1990.

MITTELBACH, G. G. et al. Perturbation and resilience - a long-term, whole-lake study of predator extinction and reintroduction. *Ecology*, v. 76, n. 8, p. 2347-2360, 1995.

MORTENSEN, E. et al. Nutrient dynamics and biological structure in shallow freshwater and brackish lakes. Developments in Hydrobiology 94. Kluwer Academic Publ., Dordrecht. Reprinted from *Hydrobiologia*, v. 275/276, 1994.

MOSS, B. Shallow lakes: biomanipulation and eutrophication. *Scope Newletter*, v. 29, p. 1-45, 1998.

MOSS, B. Engineering and biological approaches to the restoration from eutrophication of shallow lakes in which aquatic plant communities are importants components. *Hydrobiologia*, v. 275/276, p. 1-14, 1990.

MOSS, B. et al. Restoration of two lowland lakes by isolation from nutrient rich water sources with and without removal of sediment. *Journal of Applied Ecology*, v. 23, p. 319-345, 1996.

PARTHENIADES, E. Erosion and deposition of cohesive soils. *Proceedings of the American Society of Civil Engineers* (ASCE), v. 91 (HY1), p. 105-139, 1965.

PASSARGE, J. et al. Competition for nutrients and light: stable coexistence, alternative stable states or competitive exclusion? *Ecological Monographs*, v. 76, n. 1, p. 57-72, 2006.

PASTOROK, R. A. The effects of predator hunger and food abundance on prey selection by chaoborus larvae. *Limnology and Oceanography*, v. 25, n. 5, p. 910-921, 1980.

PERROW, M. R.; MOSS, B.; STANSFIELD, J. Trophic interations in a shallow lake following a reduction in nutrient loading – A long-term study. *Hydrobiologia*, v. 276, p. 43-52, 1994.

PERSSON, L.; EKLOV, P. Prey refuges affecting interations between piscivorous perch and juvenile perch and roach. *Ecology*, v. 76, p. 763-784, 1995.

PERSSON, L. et al. Trophic interactions in temperate lake ecosystems: a test of food chain theory. *American Naturalist*, v. 140, p. 59-84, 1992.

PERSSON, L. et al. Predation regulation and primary production along the productivity gradient of temperate lake ecosystems. In: CARPENTER, S. R. (Ed.). *Complex interactions in lake communities*. New York: Springer Verlag, 1988. p. 45-65.

PINTO, N. L. S; HOLTS, A. C. T.; MARTINS, J. A. *Hidrologia de superfície*. 2.ed. São Paulo: Edgard Blucher, 1973.

PRESS, W. H. et al. *Numerical recipes in FORTRAN*. 2.ed. Cambridge: Cambridge University Press, 1992.

RAHMSTORF, S. Bifurcations of the thermohaline circulation in response to changes in hidrological cycle. *Nature*, v. 387, p. 165-167, 1997.

REID, P. C. et al. Impacts of fisheries on plankton community structure. *Journal of Marine Science*, v. 57, p. 495-502, 2000.

RIEGMAN, R.; MUR, L. R. Regulation of phosphate uptake kinetics in *Oscillatiria agardhii*. *Arch. Microbiol.*, v. 139, p. 28-32, 1984.

RIETKERK, M.; VAN DEN BOSCH, F.; VAN DEN KOPPEL, J. Site-specific properties and irreversible vegetation changes in semiarid grazing systems. *Oikos*, v. 80, p. 241-52, 1997.

RIJKEBOER, M.; OTTEN, J. H.; GONS, H. J. Dynamics of phytoplankton detritus in a shallow, eutrophic lake (lake Loosdrecht, The Netherlands). *Hydrobiologia*, v. 233, n. 1-3, p. 61-67, 1992.

ROE, P. L. Some contributions to the modelling of discontinuous flows. *Lect. in Appl. Mathematics*, v. 22, p. 163-193, 1985.

ROSENZWEIG, M. L. The paradox of enrichment. *Science*, v. 171, p. 385-387, 1971.

ROSENZWEIG, M. L.; MACARTHUR, R. H. Graphical representation and stability conditions of predator-prey interactions. *Am. Nat.*, v. 97, p. 209-223, 1963.

ROSMAN, P. C. C. Subsídios para modelagem de sistemas estuarinos. In: *Métodos numéricos em recursos hídricos*. Rio de Janeiro: Associação Brasileira de Recursos Hídricos, 1999. v. 3. p. 229-343.

SARNELLE, O. Herbivore effects on phytoplankton succession in a eutrophic lake. *Ecological Monograph*, v. 63, p. 129-149, 1993.

SARNELLE, O. Nutrient enrichment and grazer effects on phytoplankton in lakes. *Ecology*, v. 73, p. 551-560, 1992.

SCAVIA, D.; ROBERTSON. A. (Eds.). *Perspectives on lake ecosystem modeling*. Ann Arbor (MI): Ann Arbor Science Publ., 1979.

SCHAAKE, J. C. Modeling urban Runoff as a deterministic process. In: *Treatise Urban Water Systems*. Colorado State University, 1971.

SCHEFFER, M. *Ecology of shallow lakes*. Population and Community Biology. London: Chapman and Hall, 1998.

SCHEFFER, M.; BAKEMA, A. H.; WORTELBOER, F. G. Mega-plant- a simulation model of the dynamics of submerged plants. *Aquatic Botany*, v. 45, p. 341-356, 1993.

SCHEFFER, M.; De REDELIJKHEID, M. R.; NOPPERT, F. Distribution and dynamics of submerged in a chain of shallow eutrophic lakes. *Aquatic Botany*, v. 42, p. 199-216, 1992.

SCHEFFER, M. et al. Catastrophic shifts in ecosystems. *Nature*, v. 413, p. 591-596, 2001.

SCHEFFER, M. et al. Twenty years of dynamics and distribution of *Potamogeton pectinatus* L. In: Lake Veluwe, in VAN VIESSEN, W.;

HOOTSMANS, M. J. M.; VERMAAT, J. (Eds.). *Lake Veluwe, a macrophyte-dominated system under eutrophication stress.* Dordrecht: Kluwer Academic Publ, 1994a. p. 20-25.

SCHEFFER, M. et al. Vegetated areas with clear water in turbid shallow lakes. *Aquatic Botany*, v. 49, p. 193-196, 1994b.

SCHLINDER, J. E. Food quality and zooplankton nutrition. *Journal of Animal Ecology*, v. 40, n. 3, p. 589-595, 1971.

SCS - SOIL CONSERVATION SERVICE. Urban hydrology for small watersheds. Washington, U.S. Dept. Agr., *Technical Release n. 55*, 1975.

SHAPIRO, J.; WRIGHT, D. I. Lake restoration by biomanipulation Round Lake, Minnesota, the first two years. *Freshwater Biology*, v. 14, p. 371-384, 1984.

SHAPIRO, J.; LAMARRA, V.; LYNCH, M. Biomanipulation: an ecosystem approach to lake restoration. In: BREZONIK, p. L.; FOX, J. L. (Eds.). *Proceedings Symposium On Water Quality Management Through Biological Control.* University of Florida, p. 85-96, 1975.

SHENG, Y. P.; LICK, W. The transport and resuspension of sediments in a shallow lake. *J. Geophys. Res.*, v. 84, p. 1809-1826, 1976.

SILVEIRA, A. L. L. Desempenho de fórmulas de tempo de concentração em bacias urbanas e rurais. *Rev. Brasileira de Recursos Hídricos*, v. 10, p. 5-23, 2005.

SMOLARKIEWICZ, P. K. A fully multidimensional positive-definite advection transport algorithm with small implicit diffusion. *J. Comput. Phys.*, v. 54, p. 325–362, 1984.

SOETAERT, K. et al. Meiobenthic distribution and nematode community structure in 5 european estuaries. *Hydrobiologia*, v. 311, n. 1-3, p. 185-206, 1995.

SOMMER, U. et al. The Plankton Ecology Group model of seasonal succession of planktonic events in freshwaters. *Archiv fur Hydrobiologie*, v. 106, p. 433-472, 1986.

SONDERGAARD, M.; JEPPESEN, E.; BERG, S. Pike (Esox lucius L.) stocking as a biomanipulation tool 2. Effects on lower trophic levels in Lake Lyng, Denmark. *Hydrobiologia*, v. 342, p. 319-325, 1997.

SONDERGAARD, M. et al. Lake restoration in Denmark. *Lakes & reservoirs: Research and Management*, v. 5, p. 151-159, 2000.

SOUZA, M. B. G. *Experimental analysis of ecological resilience.* Tese (Doutorado) - Universidade de Wageningen, Holanda, 2009.

SOUZA, R. C.; KJERVE B. Fundamentos da maré e sua predição. In: XX CONGRESSO NACIONAL DE MATEMÁTICA APLICADA E COMPUTACIONAL, 1997, Gramado - RS. *Anais...*, 1997.

STRECK, C.; SCHOLZ, S. M. The role of forests in global climate change: whence we come and where we go. *International Affairs*, v. 82, n. 5, p. 861-879, 2006.

STREETER, H. W.; PHELPS, E. B. A study of the pollution and natural purification of the Ohio River. Washington, U.S. Public Health Service, *Bulletin n. 146*, 1925.

TAKAHASHI, M. et al. Dynamic viscoelasticity and critical exponents in sol-gel transition of an end-linking polymer. *Journal of Chemical and Physics*, v. 101, p. 798-804, 1994.

TUCCI, C. E. M. Controle de enchentes. In: TUCCI, C. E. M. (Org.). Hidrologia: ciência e aplicação. 2.ed. Porto alegre: Ed. da Universidade/UFRGS/ABRH/Edusp, 2002. p. 621-652.

TUCCI, C. E. M. *Modelos hidrológicos.* Porto Alegre: Ed. da Universidade/UFRGS/ABRH, 1998.

TUCCI, C. E. M. (Org.). *Hidrologia: ciência e aplicação.* Porto Alegre: Ed. da Universidade/UFRGS/ABRHU/Edusp, 1993.

TUCCI, C. E. M.; SÁNCHEZ, J.; LOPES, M. O. S. Modelo IPH II de Simulação Precipitação - Vazão na bacia: alguns resultados. In: Simpósio Brasileiro de Hidrologia e Recursos Hídricos, 1981, Fortaleza-CE. Anais... São Paulo: ABRH, 1981. v. 4, p. 83-103.

UNEP - UNITED NATIONS ENVIRONMENT PROGRAMME (UNEP-IETC). *Planning and management of lakes and reservoirs*: an integrated approach to eutrophication. Washington (DC): UNEP, 2003.

UNESCO. *Guía metodológica para la elaboración del balance hídrico de América del Sur.* Montevideo: Unesco/Rostlac, 1982.

U.S. ARMY. *Program description and user manual for SSARR.* U.S. Army Engineer Division, North Pacific, Portland, Oregon, 1972.

VADEBONCOEUR, Y. et al. Effects of multichain omnivory on the strength of trophic control in lakes. *Ecosystems*, v. 8, n. 6, p. 682-693, 2005.

VAN den BERG, M. S. et al. Clear water associated with a dense Chara vegetation in the shallow and turbid Lake Veluwemeer, The Netherlands. In: JEPPESEN, E. et al. (Eds.). *The structuring role of submerged mecrophytes in lakes.* New York: Springer-Verlag, 1997.

VAN den KOPPEL, J.; RIETKERK, M.; WEISSING, F. J. Catastrophic vegetation shifts and soil degradation in terrestrial grazing systems. *Trends. Ecol. Evol.*, v. 12, p. 352-356, 1997.

VAN DONK, E.; GULATI, R. D. Transition of a lake to turbid state six years after biomanipulation: Mechanisms and pathways. *Wat. Scie. Tech.*, v. 32, p. 197-206, 1995.

VAN DONK, E. et al. Whole lake food-web manipulation as a means to study interations in a small ecosystem. *Hydrobiologia*, v. 200-201, p. 275-290, 1990.

VAN LUIJN, F. *Nitrogen removal by denitrification in the sediments of a shallow lake.* Tese (Doutorado) - Universidade de Wageningen, Holanda, 1997.

VAN NES, E. H. et al. Charisma: a spatial explicit simulation model of submerged macrophytes. Ecol. Model., v. 159, p. 103-116, 2003.

VAN NES, E. H. et al. Aquatic macrophytes: restore, eradicate, or is there a compromise? Aquatic Botany, v. 72, p. 387-403, 2002a.

VAN NES, E. H. et al. Dominance of charophytes in eutrophic shallow lakes - when should we expect it to be an alternative stable state? Aquatic Botany, v. 72, p. 275-296, 2002b.

VAN NES, E. H. et al. A simple model for evaluating costs and benefits of aquatic macrophytes. Hydrobiologia, v. 415, p. 335-339, 1999.

WALLACE, J. B.; WEBSTER, J. R. The role of macroinvertebrates in stream ecosystem function. *Annual Review of Entomology*, v. 41, p. 115-139, 1996.

WANG, P. F. et al. Modeling tidal hydrodynamics of San Diego Bay, California. *J. Amer. Water Resources Assoc.*, v. 34, p. 1123-1139, 1998.

WEISS, R. F. Carbon dioxide in water and seawater: the solubility of a non-ideal gas. *Marine Chemistry*, v. 2, p. 203-215, 1974.

WERNER, E. E. et al. An experimental test of the effects of predation risk on habitat use in fish. *Ecology*, v. 64, p. 1540-1548, 1983.

WETZEL, R. G. *Limnology.* Philadelphia: W. B. Saunders, 1975.

WILLIAMS, J. R.; HANN, R. W. *HYMO: Problem-Oriented Language for Hydrologic Modeling.* User's Manual. Washington (DC): USDA, ARS-S-9, 1973.

WIUM-ANDERSEN, S. Allelopathy among aquatic plants. *Arch. Hydrobiol. Beih. Ergebn. Limnol.*, v. 27, p. 167-172, 1987.

WROBEL, L. C. et al. *Métodos numéricos em recursos hídricos.* Rio de Janeiro: ABRH, 1989.

WURTSBAUGH, W. A. Food-web modification by an invertebrate predator in the Great Salt Lake (USA). *Oecologia*, v. 89, p. 168-175, 1992.